U0249639

"十二五"国家重点出版物出版规划项目

图解畜禽标准化规模养殖系列丛书

猪标准化规模养殖图册

吴 德 主编

中国农业出版社

内容简介

本书主要介绍猪标准化规模养殖全过程的关键技术环节和要点，包括猪场规划与建设、环境卫生和生物安全、猪的品种与繁殖技术、饲料与日粮配制、猪的饲养管理技术规程、猪常见疾病的诊断与防治、猪场经营管理和生猪屠宰、分割及副产物的综合利用等内容，通过简练、易懂、富有趣味性的文字，清晰、真实的照片以及生动、简洁的插图，以图文并茂的形式，给生猪规模化养殖场及相关技术人员提供简单、实用的技术参考。

丛书编委会

本书编委会

主　　编　吴　德

副主编　陈代文　余　冰　林　燕　车炼强

编　　者（按姓氏笔画排序）

万海峰　王　印　车炼强　文　江　方正锋

白　林　朱　砺　杨　勇　杨　鹏　杨双源

杨震国　吴　德　余　冰　宋　洁　陈　玲

陈小玲　陈代文　林　燕　周　盼　周远成

胡延春　晋　超　贾　刚　徐盛玉　黄志清

蔡景义

总　序

我国畜牧业近几十年得到了长足的发展和取得了突出的成就，为国民经济建设和人民生活水平提高发挥了重要的支撑作用。目前，我国畜牧业正处于由传统畜牧业向现代畜牧业转型的关键时期，畜牧生产方式必须发生根本的变革。在新的发展形势下，尚存在一些影响发展的制约因素，主要表现在畜禽规模化程度不高，标准化生产体系不健全，疫病防治制度不规范，安全生产和环境控制的压力加大。主要原因在于现代科学技术的推广应用还不广泛和深入，从业者的科技意识和技术水平尚待提高，这就需要科技工作者为广大养殖企业和农户提供更加浅显易懂、便于推广使用的科普读物。

《图解畜禽标准化规模养殖系列丛书》的编写出版，正是适应我国现代畜牧业发展和广大养殖户的需要，针对畜禽生产中存在的问题，对猪、蛋鸡、肉鸡、奶牛、肉牛、山羊、绵羊、兔、鸭、鹅等10种畜禽的标准化生产，以图文并茂的方式介绍了标准化规模养殖全过程、产品加工、经营管理的关键技术环节和要点。丛书内容十分丰富，包括畜禽养殖场选址与设计、畜禽品种与繁殖技术、饲料与日粮配制、饲养管理、环境卫生与控制、常见疾病诊治与防疫、畜禽屠宰与产品加工、畜禽养殖场经营管理等内容。

本套丛书具有鲜明的特点：一是顺应“十二五”规划要求，引领产业发展。本套丛书以标准化和规模化为着力点，对促进我国畜牧业生产方式的转变，加快构建现代产业体系，推动产业转型升级，深入推进畜牧业标准化、规模化、产业化发展具有重要意义。二是组织了实力雄厚的创作队伍，创作团队由国内知名专家学者组成，其中主要包括大专院校和科研院所的专家、教授，国家现代农业产业技术体系的岗位科学家和骨干成员、养殖企业的技术骨干，他们长期在教学和畜禽生产一线工作，具有扎实的专业理论知识和实践经验。三是立意新颖，用图解的方式完整解析畜禽生产全产业链的关键技术，突出标准化和规模化特色，从专业、规范、标准化的角度介绍国内外的畜禽养殖最新实用技术成果和标准化生产技术规程。四是写作手法创新，突出原创，用作者自己原创的照片、线条图、卡通图等多种形式的图片，辅助以诙谐幽默的大众化语言来讲述畜禽标准化规模养殖以及产品加工过程中的关键技术环节和要求，以及经营理念。文中收录的图片和插图生动、直观、科学、准确，文字简练、易懂、富有趣味性，具有一看就懂、一学即会的实用特点。适合养殖场及相关技术人员培训、学习和参考。

本套丛书的出版发行，必将对加快我国畜禽生产的规模化和标准化进程起到重要的助推作用，为现代畜牧业的持续、健康发展产生重要的影响。

中国工程院院士
中国畜牧兽医学会理事长
华中农业大学教授 陈焕春

2012年10月8日

编者的话

近年来，随着我国居民生活水平不断提高，消费者对肉、蛋、奶等畜禽产品的数量和质量提出了更高的要求。国家高度重视现代畜牧业生产，出台各类帮扶政策，组建现代农业产业技术体系，使我国肉类、禽蛋产量连续多年稳居世界第一。然而，我国畜牧业正处于由传统畜牧业向现代畜牧业转型的关键时期，在畜牧业高速发展和规模扩张的同时，也带来了一些不容忽视的问题，如养殖设施不齐备、饲养管理不规范、良种良繁率不高、饲料配方科学化和疾病防疫制度化程度不高、粪污无害化处理普及率低，从而导致了畜禽病多、淘汰率高、单产低、环境污染日趋加重、畜禽产品安全隐患突出、养殖综合效益低等系列问题。随着我国工业化、城镇化的快速发展，农村劳动力转移，散养农户逐步退出，规模化养殖场逐步增加。因此，要有效解决现代畜牧业面临的诸多问题，必须转变养殖观念、加大先进技术的集成应用力度，提升现代科技水平，实现畜禽规模养殖的科学化和标准化。

长期以来，我国动物营养、育种繁殖、疫病防控、食品加工等专业人才培养滞后于实际生产发展的需要，养殖场从业人员的文化程度和专业水平普遍偏低。虽然近年来出版的有关畜禽养殖生产的书籍不断增多，但是养殖场的经营者和技术人员难以有效理解书籍中过多和繁杂的理论知识并用于指导生产实践。为了促进和提高我国畜禽标准化规模养殖水平、普及标准化规模养殖技术，出版让畜禽养殖从业者看得懂、用得上、效果好的专业书籍十分必要。2009年，编委会部分成员率先编写出版了《奶牛标准化规模养殖图册》，获得读者广泛认可，在此基础上，我们组织了四川农业大学、中国农业大学、中国农业科学院北京畜牧兽医研究所、山东农业大学、山东省农业科学院畜牧兽医研究所、华中农业大学、四川省畜牧科学研究院、新疆畜牧科学院以及相关养殖企业等多家单位的长期在教学和生产一线工作的教授和专家，针对畜禽养殖存在的共性问题，编写了《图解畜禽标准化规模养殖系列丛书》，期望能对畜禽养殖者提供帮助，并逐步推进我国畜禽养殖科学化、标准化和规模化。

该丛书包括猪、蛋鸡、肉鸡、奶牛、肉牛、山羊、绵羊、兔、鸭、鹅等10个分册，是目前国内首套以图片系统、直观描述畜禽标准化养殖的系列丛书，可操作性和实用性强。然而，由于时间和经验有限，书中难免存在不足之处，希望广大同行、畜禽养殖户朋友提出宝贵意见，以期在再版中改进。

编委会

2012年9月

前 言

随着我国社会经济的快速发展，养猪生产模式正逐步发生变化，特别是农户分散饲养迅速减少，规模化养殖快速增加，使我国养猪生产水平得到了迅猛发展。但与养猪发达国家相比，差距仍然很大，其突出问题主要表现在：一是养猪生产条件（主要是畜舍条件）建设标准化程度差，畜舍的修建不能做到猪—环境—人的和谐共处；二是缺乏适应中国国情的生产模式，从而导致管理模式和生物安全模式的不规范；三是猪群的健康问题突出，许多猪场长期受多种免疫抑制性疾病的困扰，导致有规模无效益；四是从业人员的文化程度普遍较低，许多先进的养猪技术不能有效地应用到养猪生产各个环节中，不能建立高效的饲养模式和精细化饲养管理技术体系等。针对以上问题，编著出版一本简单实用的养猪丛书，快速提高我国规模化猪场的技术水平非常必要。

尽管近年来已出版了许多与生猪养殖有关的丛书，但猪场管理者和相关技术人员不能有效理解书籍中过多和复杂的理论知识，并应用于生产实践。鉴于此，在国家生猪产业技术体系和四川省生猪创新团队等项目的支持下，我们组织了四川农业大学动物营养研究所、动物遗传研究所、动物医学院和食品学院长期工作在教学和生产一线的专家，编写了可供规模化猪场经营者和技术人员学习的《猪标准化规模养殖图册》，其目的是通过简练、易懂、富有趣味性的文字，清晰、真实的照片以及生动、简洁的插图，介绍猪标准化规模养殖全过程的关键技术环节和要点，让养猪生产者快乐、轻松地掌握养猪生产技术，逐步使生猪养殖规范化和标准化。

本图册以直观性、实用性养殖技术为主，书中不可避免存在不足之处，希望广大同行、生猪养殖户朋友提出宝贵意见，以期在再版中改进。

编　者

2012年9月于雅安

目　录

1 第一章　猪场规划与建设

第一节　猪场生产模式和场址选择

一、因地制宜，科学地选择生产模式

● **集约化养殖**　集约化养殖指采用高度“集中、密集、约束、限制”的饲养方式，按工厂化的流水式生产作业，采用“全进全出”的工艺，以最低的成本获取最佳效益的方式进行养猪生产。该模式生产效率高，但是废弃物处理困难。集约化养猪模式近年来已演变为一点式、二点式和三点式生产三种模式。

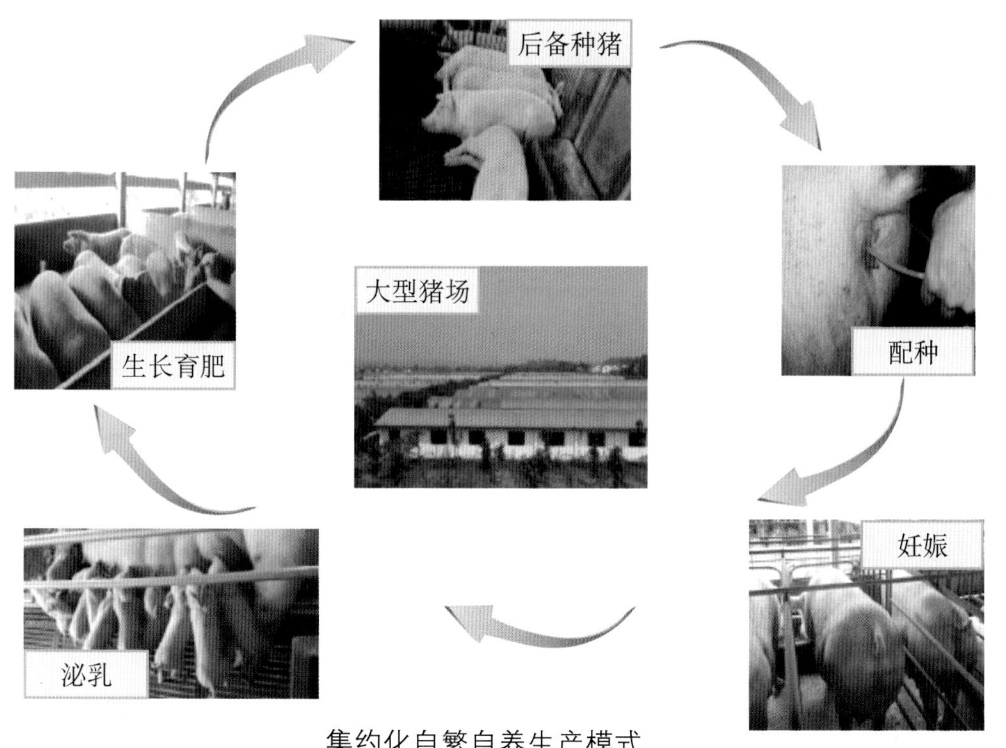
后备种猪
配种
妊娠
泌乳
生长育肥
大型猪场

集约化自繁自养生产模式

➢ **一点式生产模式** 指不同生理阶段的猪集中在一个区域进行饲养。

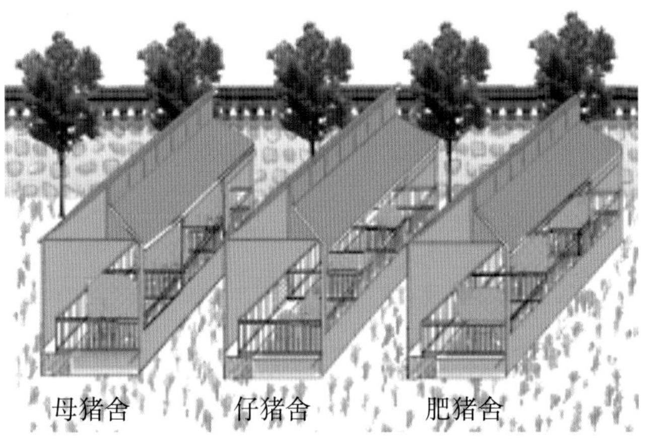
母猪舍
仔猪舍
肥猪舍

优点：转群简单，成本低，占地面积小
缺点：生物安全风险大

一点式生产模式

➢ **二点式生产模式** 指仔猪断奶后需要转运至隔离保育区并完成育肥。

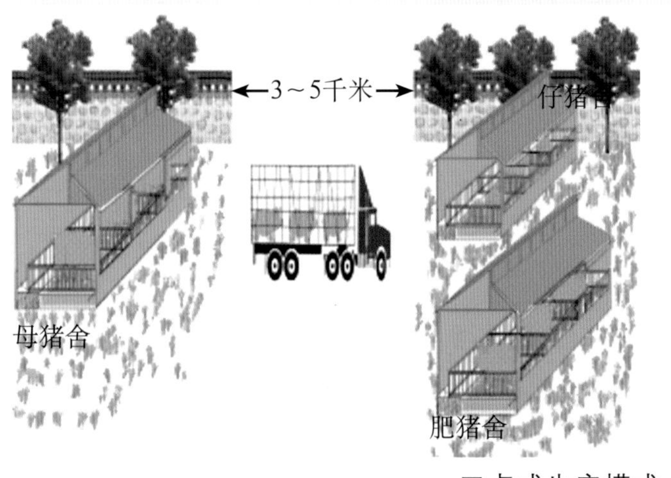
3～5千米
仔猪舍
母猪舍
肥猪舍

优点：有效控制垂直传播疾病
缺点：成本较高，占地面积较大

二点式生产模式

➢ **三点式生产模式** 指仔猪断奶后转运至隔离保育区，饲喂至8周龄（20千克体重左右）再转运至隔离育肥区。

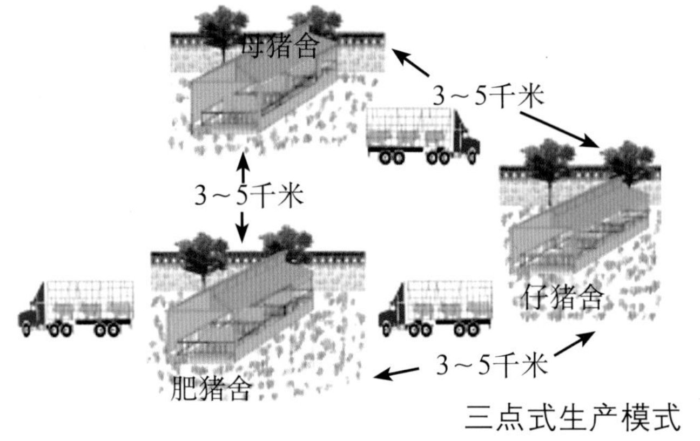
母猪舍
3～5千米
3～5千米
仔猪舍
3～5千米
肥猪舍

优点：生物安全风险最小
缺点：成本高，占地面积大

三点式生产模式

● **生态养殖**　遵循生态学规律，将生物安全、清洁生产、生态设计、物质循环、资源的高效利用和可持续性消费等融合一体的养殖模式。该模式包括特色生态养殖和种养结合循环生态养殖。

➢ **特色生态养殖**　该模式采用地方特色品种，将圈养和放牧有机结合起来，生产优质特色品牌猪肉。但占地面积大，平均每头母猪占地50米^2，此模式适用于小规模特色养猪。

在外面晒晒太阳
就是舒服

➢ **种养结合循环生态养殖**　以自然生态为基础，采用“猪—沼—果”，“猪—沼—蔬菜”，“猪—沼—林”，“草—猪—鱼”等多种模式，发展循环经济。

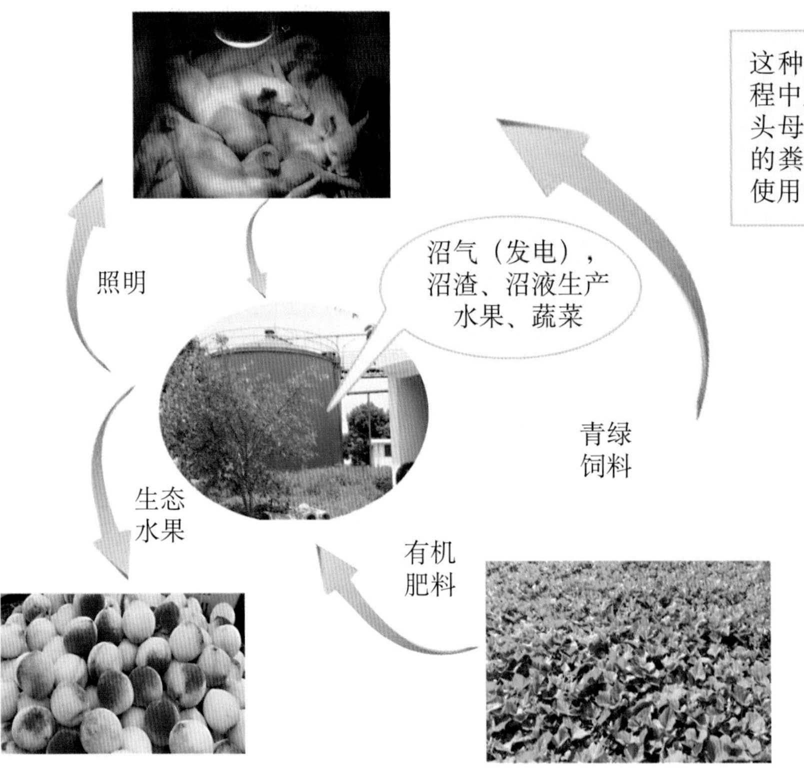
照明
沼气（发电），
沼渣、沼液生产
水果、蔬菜
青绿
饲料
生态
水果
有机
肥料

这种模式有利于养猪过程中废物资源化利用，1头母猪及后代每年产生的粪便相当于5亩*土地使用的有机肥料

“猪—沼—果—蔬菜”循环生态养殖模式

远离人群，快活
似神仙

有机生态农场

* 亩为非法定计量单位，1亩＝1/15公顷。

二、猪场场址的选择

● **地势地形**

➢ 地势高燥、向阳、高而平坦、通风良好。

➢ 地形开阔、整齐，有足够面积，万头出栏规模猪场占地面积应在50亩以上。

坡度较大、不宜建场

向阳、坡度不大、地势较高

场地不开阔、不规则、面积小

地形开阔、整齐、面积大

猪场地势地形选择

我国部分地区猪舍朝向

地区	最佳朝向	适宜朝向	不宜朝向
北京地区	南偏东30° 以内	南偏东或西各45° 范围以内	北偏西30° ～60°
上海地区	南至南偏东15°	南偏东30° 、南偏西15°	北、西北
石家庄地区	南偏东15°	南至南偏东30°	西
太原地区	南偏东15°	南至东	西北
呼和浩特地区	南至南偏东、南至南偏西	东南、西南	北、西北
哈尔滨地区	南偏东15° ～20°	南至南偏东或西各15°	北、东北、西北
长春地区	南偏东30° 、南偏西10°	南偏东或西各45°	北西
沈阳地区	南、南偏东20°	南偏东至东、南偏西至西	西偏北5° ～10°
济南地区	南、南偏东10° ～15°	南偏东30°	西、北
南京地区	南偏东15°	南偏东25° 、南偏西10°	北西
合肥地区	南偏东5° ～10°	南偏东15° 、南偏西5°	西
杭州地区	南偏东10° ～15° 、北偏东6°	南、南偏东30°	北西
福州地区	南、南偏东5° ～10°	南偏东25° 以内	西
郑州地区	南偏东15°	南偏东25°	西北
武汉地区	南偏西15°	南偏东15°	西、西北
长沙地区	南偏东9° 左右	南	西、西北
广州地区	南偏东15° 、南偏西5°	南偏东22° ～33° 、南偏西5° 至西	西
南宁地区	南、南偏东20°	南偏东15° ～25° 、南偏西5°	东、西
西安地区	南偏西10°	南、南偏西	西、西北
银川地区	南至南偏东23°	南偏东34° 、南偏西20°	西北
西宁地区	南至南偏东30°	南偏东30° 至南偏西30°	北、西北
乌鲁木齐地区	南偏东40° 、南偏西30°	东南、东、西	北、西北
成都地区	南偏东45° 至南偏西15°	南偏东45° 至东偏北30°	西、北
昆明地区	南偏东25° ～56°	东至南至西	北偏东或西各35°
拉萨地区	南偏东10° 、南偏西5°	南偏东15° 、南偏西10°	西北
厦门地区	南偏东5° ～10°	南偏东22° ～33° 、南偏西10°	南偏西25° 、西偏北30°
重庆地区	南、南偏东10°	南偏东15° 、南偏西5° 、北	东、西
大连地区	南、南偏西15°	南偏东45° 至南偏西至西	北、东北、西北
青岛地区	南、南偏东5° ～15°	南偏东15°	西、北

水源和地下水位

➢ **水量充足，水质良好**　水质参数：无色无味无臭，浑浊度≤5度，硝酸盐≤20毫克/升，铅≤0.05毫克/升，汞≤0.001毫克/升，细菌总数≤100个/毫升。

看似干净的
水也要经过
仔细检测！！！

某猪场水源

➢ **地下水位要求**　选址地点地下水位要低于2米以下，一是防潮，二是避免养猪污水污染水源，同时应定期对地下水进行检测。

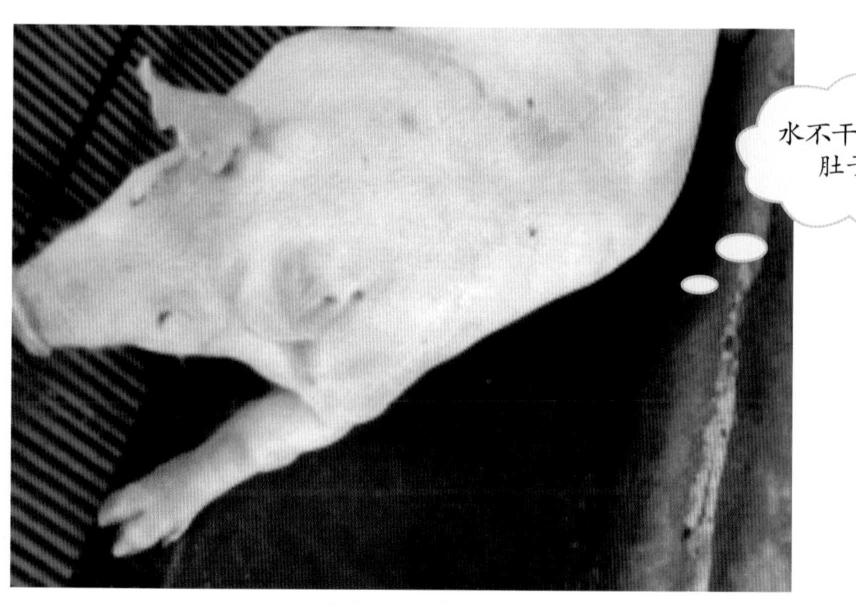
水不干净，喝了
肚子痛啊

喝脏水后生病的猪

● **场地与居民点、交通和其他环境的关系**

➢ 避开居民点、人口密集区域和交通繁华地段。

➢ 在居民点下风向，环境地理隔离较好。

村道

100米

1 500米

500米

3 000米

猪场与周围环境的距离

第二节　猪场规划布局与猪舍工艺图设计

一、猪场总平面规划

猪场通常分为生活管理区（或行政管理区）、辅助生产区、生产区和兽医卫生管理区（或隔离区）。

● **总平面分区规划**　下图所示猪场分区清楚，利用自然地形构成隔离屏障，猪舍间距15米以上，有大量鱼塘和林果培育区，猪粪就地利用，场内环境优美，生产效率高。

主风向
生产区
生活行政管理区
防疫隔离区

某大型猪场平面分区规划图

● **生产区建筑物布局**

➢ **功能亚区划分**　猪场生产区布局根据猪群生理阶段可分为三个亚区，即种猪亚区、保育亚区和育肥亚区。在防疫要求较高的猪场，三个亚区间距达到1.5千米以上，称为三点式布局。由于土地面积有限，国内猪场多为一点式，如果采用一点式，三个亚区的间距最好不低于20米。

➢ **生产区猪舍单元数（栏位数）确定**　猪场生产一般按周节律、21天节律和季度节律生产。大型猪场大多采用周节律，便于高强度生产。小型猪场可以采用月节律或季度节律。周节律计算方法如下：

猪场周节律计算公式

项　目	计算公式
周配母猪数	妊娠母猪数/15周
周分娩母猪数	周配母猪数 × 受胎率
周产仔数	周分娩母猪数 × 窝产仔数
周保育仔猪数	周产仔数 × 断奶存活率
周生长育肥猪数	周保育仔猪数 × 存活率
周上市肥猪数	周生长育肥猪数 × 存活率

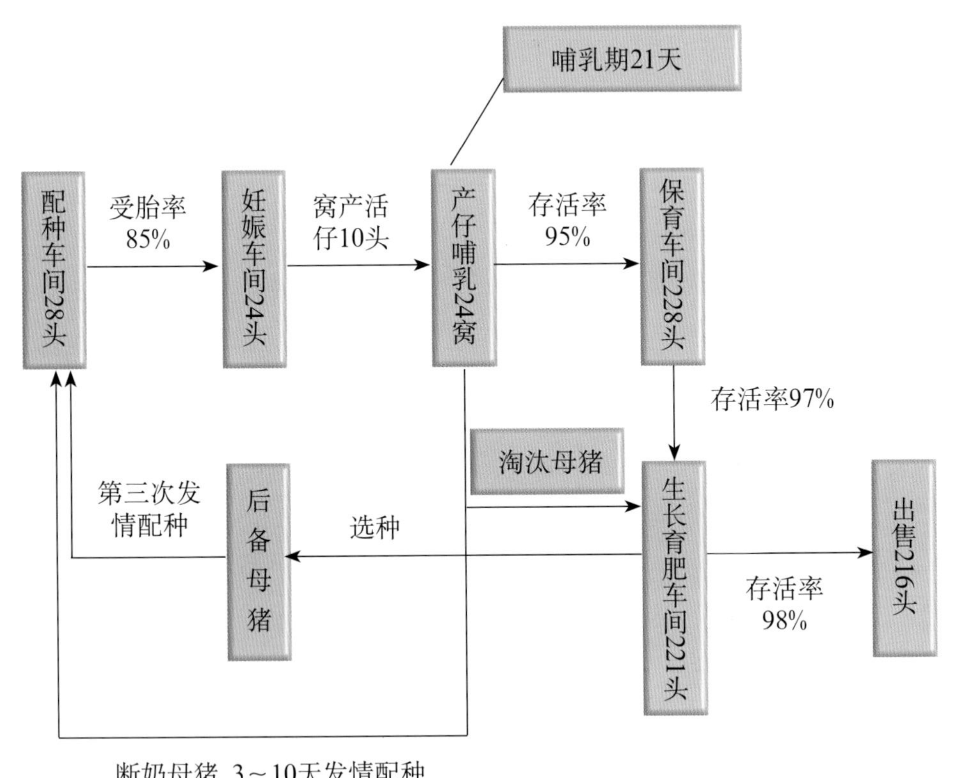
哺乳期21天
配种车间28头
受胎率
85%
妊娠车间24头
窝产活
仔10头
产仔哺乳24窝
存活率
95%
保育车间228头
存活率97%
淘汰母猪
第三次发
情配种
后备母猪
选种
生长育肥车间221头
存活率
98%
出售216头
断奶母猪 3～10天发情配种

某万头猪场周节律生产工艺流程图

按周节律生产的猪场，引种时就要建立年龄梯队，以适应每周配种一批的制度，减少适配期空怀数量，节省饲料。

我还小，慢慢来

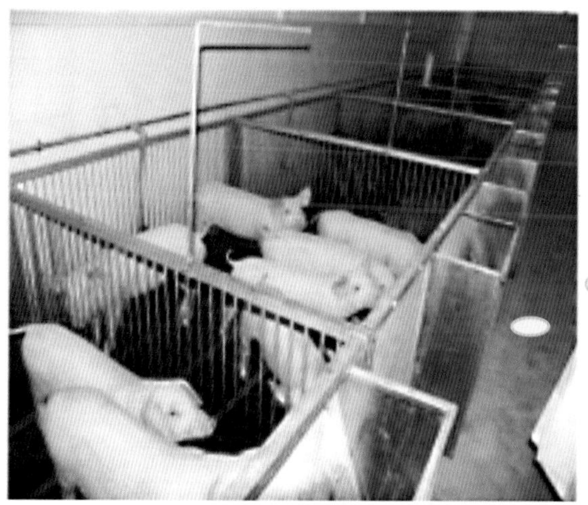
妈妈说我越长
越漂亮

我想快点有个
男朋友

引种需要年龄梯队

➢ **生产建筑布局**　生产区应按功能联系确定不同猪舍的位置，同时还要考虑地势地形和施工难易等。生产区各幢猪舍最好要有走廊连接，便于猪群周转。转群通道要保证猪只单向前进。出猪台的设置应保证猪场员工单向进入猪场，装猪的栏和坡道每次使用后必须用高压水枪冲洗消毒。

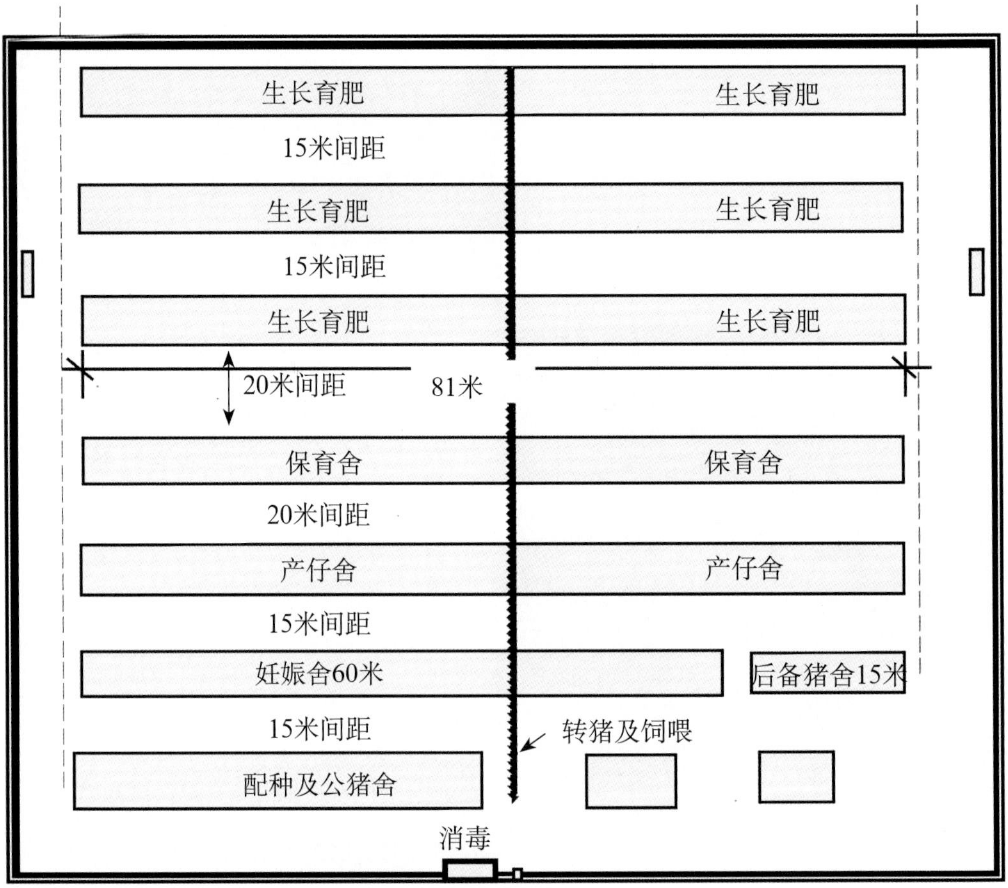

生长育肥　生长育肥
15米间距
生长育肥　生长育肥
15米间距
生长育肥　生长育肥
20米间距　81米
保育舍　保育舍
20米间距
产仔舍　产仔舍
15米间距
妊娠舍60米　后备猪舍15米
15米间距　转猪及饲喂
配种及公猪舍
消毒

某猪场生产区平面布局示意图

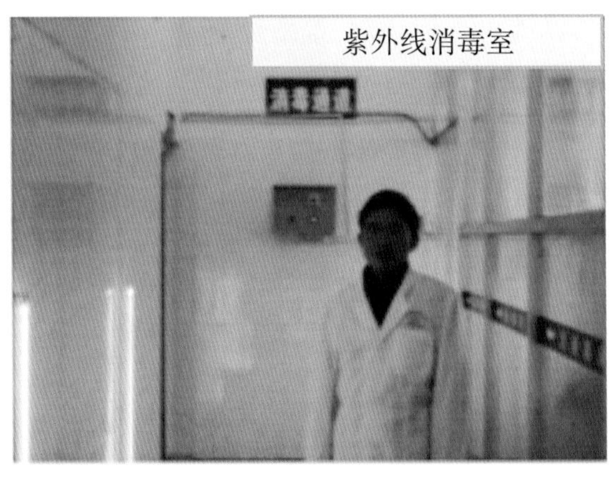
紫外线消毒室

喷雾式消毒室

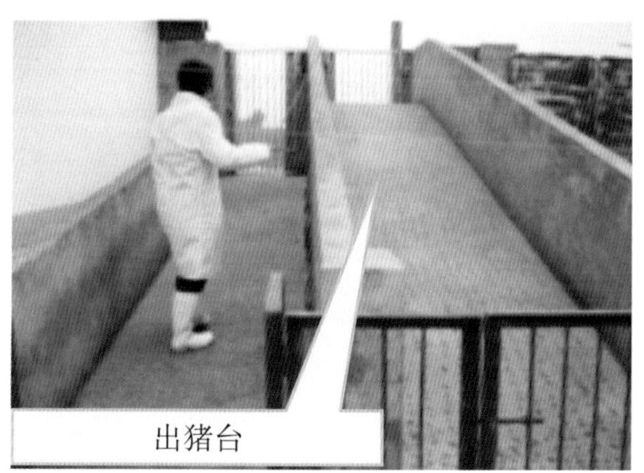
出猪台

转猪通道

猪场消毒和防疫设施

二、猪舍工艺图设计

猪舍是猪场的核心部分和工程设施，为猪群的繁殖、生长发育提供良好的环境。猪舍必须满足猪群生物学特性要求。根据各类猪群生长环境的需要，采用不同建筑结构和工程技术设计，为不同类别的猪的生长发育提供相适应的环境，符合饲养工艺流程的要求。

● **猪舍类型**　猪舍按照结构分为开放式猪舍、半开放式猪舍和封闭式猪舍。

➢ 开放式猪舍　该猪舍两侧或一侧没有墙，有端墙和顶棚。

开放式猪舍

优点：结构简单、通风采光好、投资小
缺点：保温性能差
适宜于南方地区

- **半开放式猪舍** 猪舍端墙完整，一侧或两侧只有半截墙。

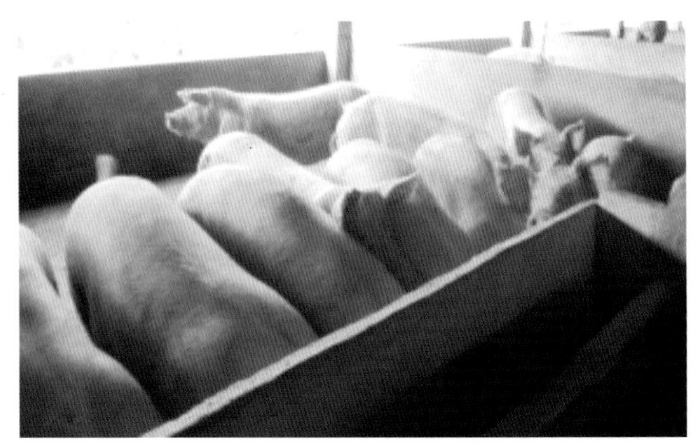

半封闭式猪舍

优点：通风采光好，造价较低，保温性能略高于开放式
缺点：保温性能较差
适用于南方地区

- **封闭式猪舍** 该猪舍屋顶和四面墙均完整,设窗或不设窗。

全封闭式猪舍

优点：环境好，适宜猪生长繁殖，又便于管理
缺点：投资大
可应用于任何地区

猪舍按照其功能划分为公猪舍、配种舍、妊娠舍（限位栏舍和群养管理系统）、分娩舍、保育舍、生长育肥舍和隔离舍。

➢ **公猪舍**　公猪舍设计时应特别注意防止公猪脚蹄受损，因此应避免使用条状地面，而以采用不过滑或过粗之水泥地及高压水泥砖地面（坚固且可防滑）为宜。舍外设有运动场保证公猪精液质量，一般可选择沙土地面或水泥地面，建于栏旁的舍外，大小与栏大小相当。每头公猪占地面积6～8米^2。

2.5米
7.8米
26米
1.3米

公猪舍

➢ **配种舍**　为便于公猪活动，能较方便地接近发情母猪，配种舍的栏圈通常采用菱形(推荐设计成八角形)、防滑地面设计，每头母猪占地面积2.5米^2。

配种定位栏
7.8米
26米
2.5米

配种舍

➢ 妊娠舍

◆ **妊娠母猪舍（限位栏式）** 中国常见的妊娠猪舍多为双列式设计，采用限位栏设计，每头母猪占地面积2.5米^2。

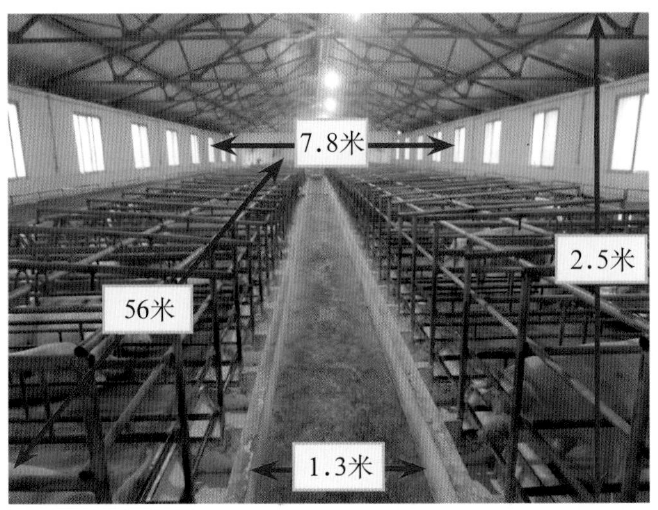
7.8米
2.5米
56米
1.3米

妊娠舍（限位栏）

◆ **妊娠母猪群养管理系统** 该设备能精细化管理母猪采食和体重，优化母猪体况，提高产仔数；群养重视动物福利，提高母猪生产成绩；智能化管理，节省人力，提高生产效率。每台饲喂站饲养60～70头母猪，60头为最佳，每头母猪占地2.3米^2。

8米
17米
2.5米

智能化妊娠母猪群养管理系统

➢ **分娩舍**　分娩舍每头母猪占地面积8米²，每个分娩栏分三个功能区（母猪区：长×宽×高=2.2米×0.6米×1.0米；乳猪休息区：长×宽×高=2.2米×0.45米×0.5米；乳猪活动区：长×宽×高=2.2米×0.45米×0.5米）。分娩栏安装高度一般要离地0.25米左右，以便于清粪和转栏。保温箱的高度应高出分娩栏20厘米为宜。

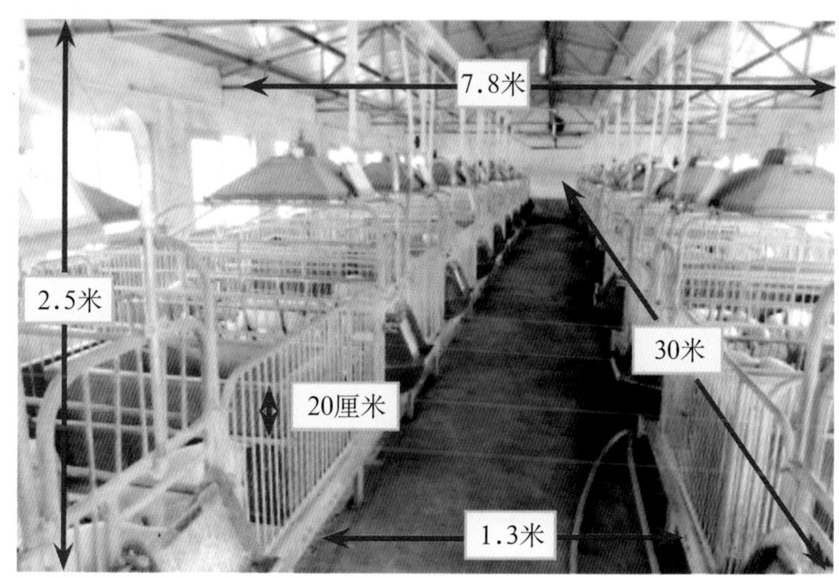
7.8米
2.5米
30米
20厘米
1.3米

分娩舍

➢ **保育舍**　保育猪舍设计的目的是为保育猪提供一个良好的生长环境，应注意保暖和通风。饲养密度不宜过大，每头仔猪占0.3～0.4米²的空间。

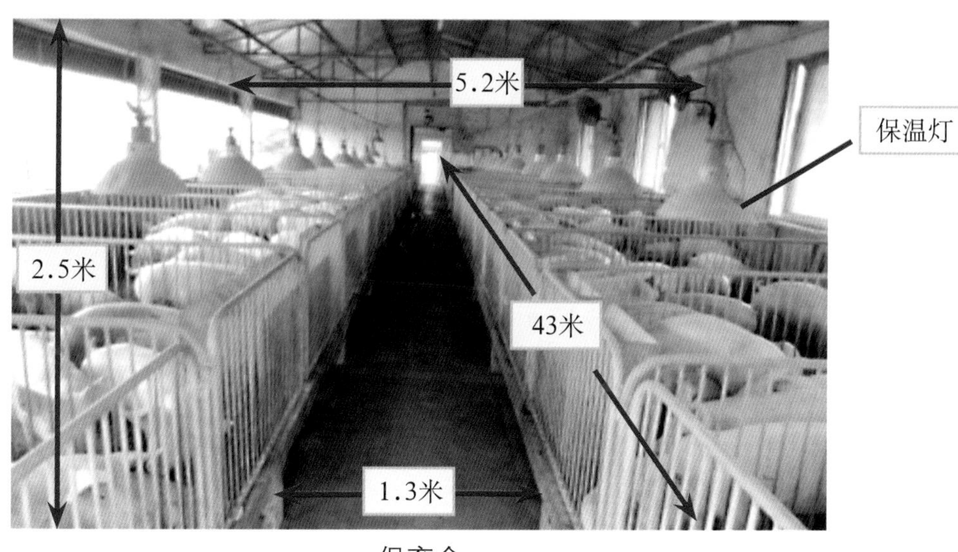
5.2米
保温灯
2.5米
43米
1.3米

保育舍

➢ **生长育肥舍** 生长育肥舍的设计可遵循简单、实用的原则。育肥舍的大小一般为长 × 宽 × 高 =5 米 ×3.8 米 ×0.9 米。每头生长猪占地面积不小于0.5 米^2，每头育肥猪占地面积不小于0.7 米^2。

7.3米
2.5米
35米
1.3米

生长育肥舍

➢ **隔离舍**

7.8米
2.5米
28米
1.3米

隔离舍

● **猪舍内部布局** 猪舍内部布局采用最多的是双列单走道和双列三走道。如果一栋猪舍由多个单间构成，称为单元式猪舍。为了更好地实现全进全出生产工艺，很多猪场采用单元式猪舍。

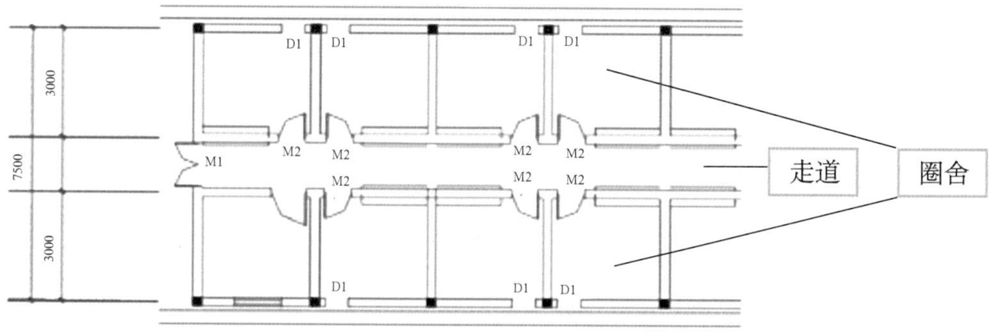
走道
圈舍

双列单走道猪舍平面布局图（单位：毫米）

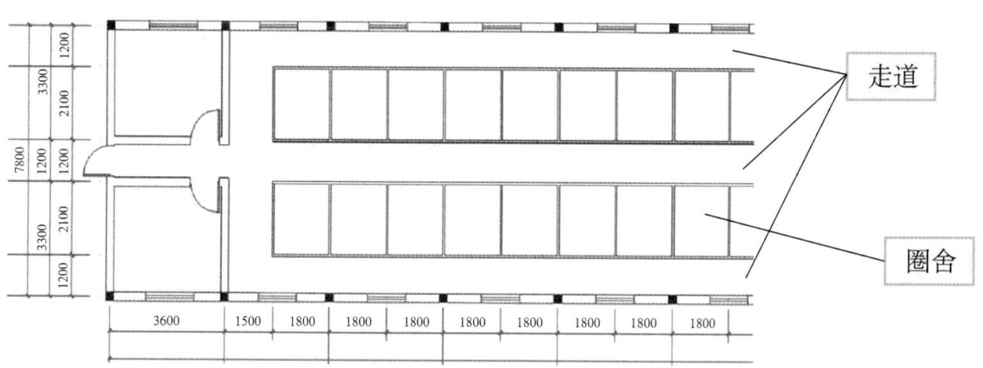
走道
圈舍

双列三走道猪舍平面布局图（单位：毫米）

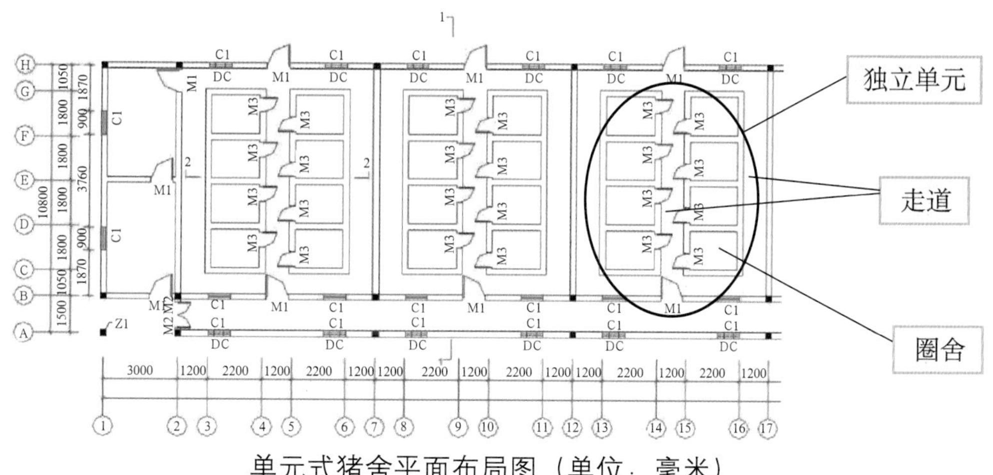
独立单元
走道
圈舍

单元式猪舍平面布局图（单位：毫米）

第三节 猪场设备设施

猪场主要设备包括：

- 圈栏设备

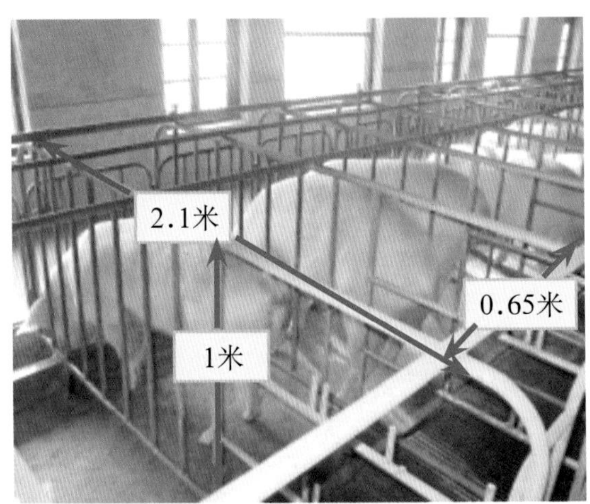
2.1米
0.65米
1米
限位栏：多用于妊娠母猪

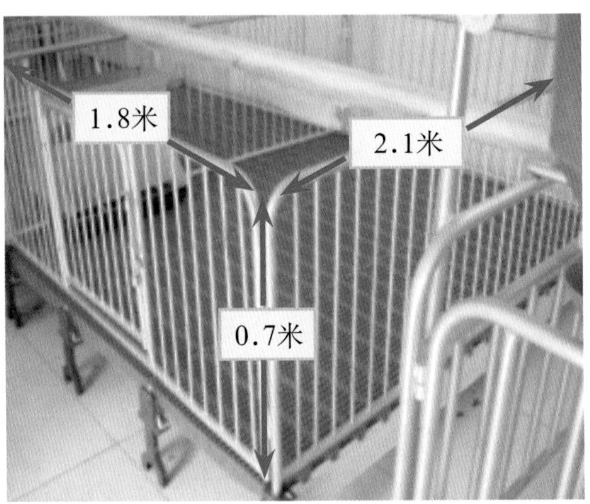
1.8米
2.1米
0.7米
保育栏：多用于保育仔猪

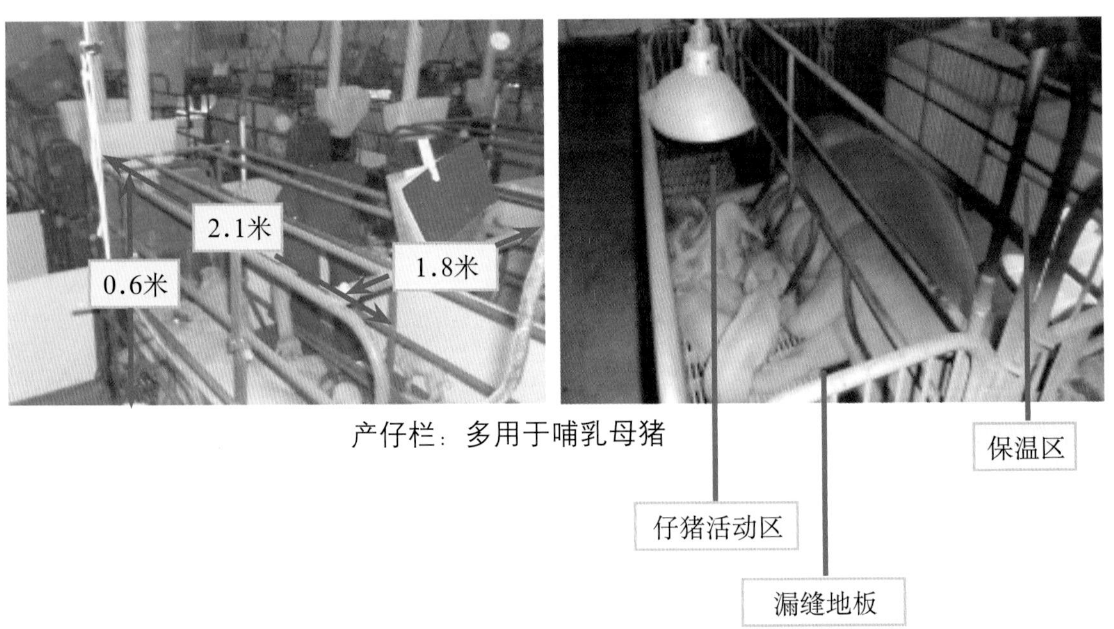
2.1米
1.8米
0.6米
保温区
仔猪活动区
漏缝地板
产仔栏：多用于哺乳母猪

自动饮水器：种猪舍自动饮水器的水流速度2000～2500毫升/分，安装高度60厘米；分娩舍仔猪活动区的水流速度300～800毫升/分，安装高度12厘米；保育舍的水流速度 800～1 300毫升/分，安装高度28厘米；肥猪舍的水流速度 1 300～2 000毫升/分，安装高度38厘米

漏缝地板：间隙2.0～2.5厘米，多用于母猪舍和保育舍

猪场圈舍设备

猪栏种类与规格（毫米）

猪栏种类	规格				每栏饲养头数或窝数
	长	宽	高	隔条间距	
后备猪栏	2 100	2 400	1 000	10.3	5头
配种栏（组合式）	4 900	2 565	母猪950 公猪1 200	11.7	4头母猪 1头公猪
空怀妊娠栏	2 100	600	1 000	—	1头
产仔栏 其中母猪分娩栏	2 200 2 100	1 700 600	500 1 000	4	1头母猪 1窝仔猪
保育栏	1 800	1 700	700	6.7	1窝
生长栏	2 700	1 900	800	10	1窝
育肥栏	2 900	2 400	900	10	1窝

● 其他设备（饮水器、水帘、通风设施、喂料车、仔猪转运车）

自动喂料槽

哺乳仔猪补料槽

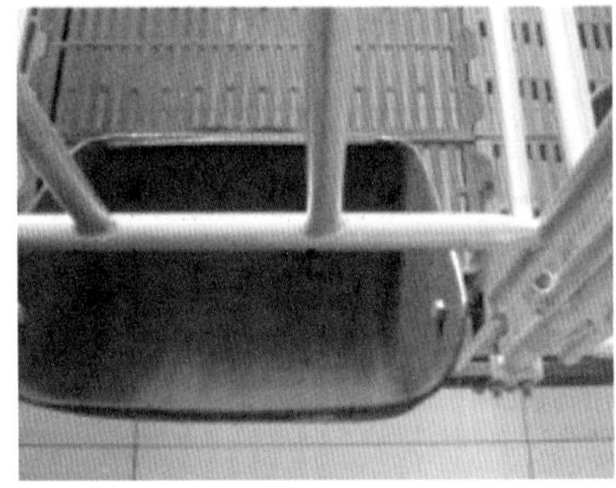

哺乳母猪饲槽

妊娠母猪饲槽

饲料罐自动送料

保温箱

消毒车

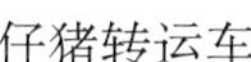

仔猪转运车

喂料车

风　机

水　帘

猪场其他设备

现代化集约化猪场设备

数量 设备名称		年产商品猪（头）					
		1 500	3 000	5 000	6 000	7 500	10 000
公猪栏（套）		5	10	15	20	25	30
空怀妊娠栏（套）	单栏饲养	80	160	240	320	400	480
	分组饲养	19	34	52	76	86	116
后备母猪栏（套）		3	4	6	8	10	12
分娩栏（套）		24	48	72	96	120	144
保育栏（套）		24	48	72	96	120	144
育肥栏（套）		64	128	192	256	320	384
风机（台）		6	15	15	20	31	38
清洗机（台）		1	1	1	1	1	2
仔猪转运车（台）		1	1	1	2	2	2
喂料车（台）		4	6	6	8	9	13

2 第二章　环境卫生和生物安全

环境是猪赖以生存的基础，猪场的环境条件直接影响猪的健康，而搞好猪场生物安全体系是实现疫病“防大于治”的重要保障。控制好猪场环境卫生及生物安全将有利于猪群良好的生长与繁殖。

第一节　环境卫生

养殖场应严格按照NY/T388—1999《畜禽场环境质量标准》对猪场的内外环境进行监控。

一、卫生条件

● **猪舍外环境卫生**　猪舍外环境卫生包括绿化带建立、清洁卫生和粪污清理。

➢ **建立绿化带**　猪场周围和场区空闲地应植树种草，建立5～10米的绿化带，起到绿化环境、降低噪声、防疫隔离、防暑降温的作用，并可净化25%～40%的有害气体、吸附50%左右的粉尘。

美丽的花园小别
墅，住着真舒服

猪舍外绿化

大树底下
好乘凉

树大哥，别长太
高，以免把晒我
的阳光挡住了

猪舍空地种树

➤ **保持猪舍外排粪沟通畅、干净** 粪便进池后，要及时清理，保证排污沟通畅、规范和干净整洁。

粪便堆积

排污沟积水

粪尿沟未及时清理

● **猪舍内环境卫生** 猪舍内环境与猪的健康生长直接相关，应保持清洁卫生、满足适宜的温湿度、控制空气质量并保证饮水的供给等。

➤ **保持舍内清洁卫生** 及时清除猪舍内各种垃圾，保证猪舍清洁卫生，没有异味，以防止苍蝇滋生。

真干净，真舒服

苍蝇快要把我们的家霸占了
苍蝇滋生

猪舍保证清洁卫生

◆不同季节猪舍温度控制　冬季注意防寒保暖、夏季注意防暑降温。

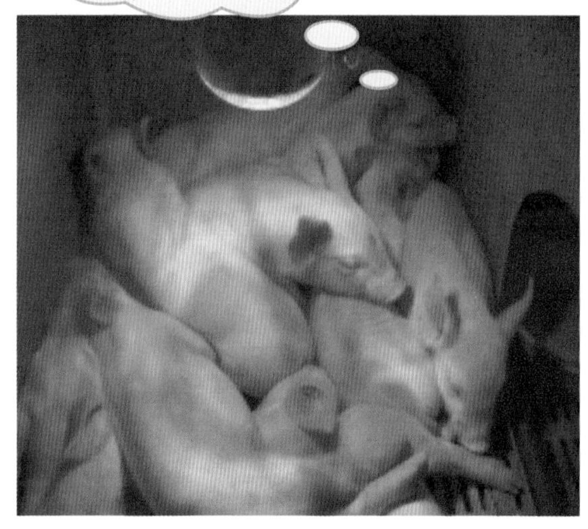
真暖和，让我也照照

冬季红外线保暖

水帘

夏季水帘降温

猪舍温度控制措施

◆ 生猪各饲养阶段适宜温度和湿度

猪的类别	日龄	推荐的适宜温度（℃）	推荐的适宜湿度（%）
仔猪	初生几小时	32～35	50～60
	＜7	27～32	
	＜14	23～27	
	14～28	23～25	
	28～35	21～23	
	35～56	20～22	
保育仔猪	28～60	20～22	50～60
生长育肥猪	＞60	12～22	55～70
成年公猪		10～18	
哺乳母猪		18～22	
妊娠母猪		13～20	

➢ 舍内空气质量控制

◆控制有害气体、尘埃、细菌数　猪舍内有害气体（如氨、二氧化碳、一氧化碳、硫化氢等）、灰尘、有害微生物（如细菌、病毒、真菌等）含量增加会严重影响猪只的健康，严重时甚至会导致暴发传染病。

各类型猪舍控制有害气体、尘埃、细菌的标准范围（毫克／米^3）

	哺乳仔猪舍	妊娠后期母猪舍	断奶仔猪舍	种公猪舍	空怀及妊娠前期母猪舍	育成舍	育肥舍
氨气（NH_3）	≤15	≤20	≤20	≤20	≤20	≤20	≤20
二氧化碳（CO_2）	0.15%～0.2%	0.15%～0.2%	0.15%～0.2%	0.15%～0.2%	0.15%～0.2%	0.15%～0.2%	0.15%～0.2%
一氧化碳（CO）	≤5	≤5	≤5	≤15	≤15	≤15	≤20
硫化氢（H_2S）	≤10	≤10	≤10	≤10	≤10	≤10	≤10
灰尘	≤1.0	≤1.5	≤1.5	≤1.5	≤1.5	≤1.5	≤3.0
细菌	≤2.5万个/米^3	≤2.5万个/米^3	≤2.5万个/米^3	≤2.5万个/米^3	≤2.5万个/米^3	≤2.5万个/米^3	≤2.5万个/米^3

◆注意通风换气　猪舍通风方式主要有自然通风和机械通风两种，以利于及时排除猪舍内有害气体，保证猪舍内空气质量。

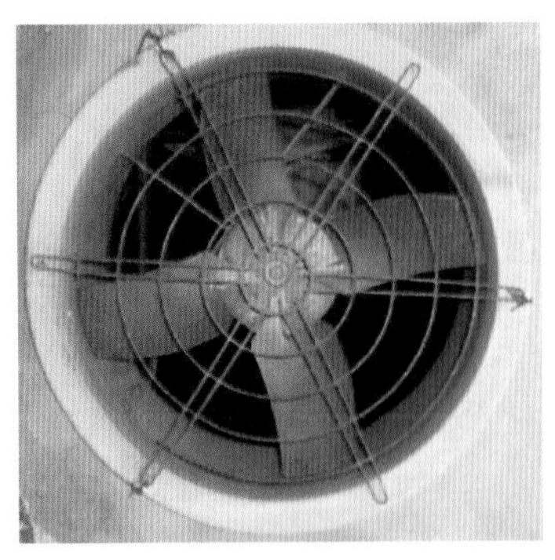
机械通风

自然通风

猪舍通风方式

猪舍一般应建立两套通风系统，一套用于夏季的通风降温，另一套用于冬季的通风换气。冬夏季做好通风，夏天对风速要加以控制，冬天注意避免贼风。

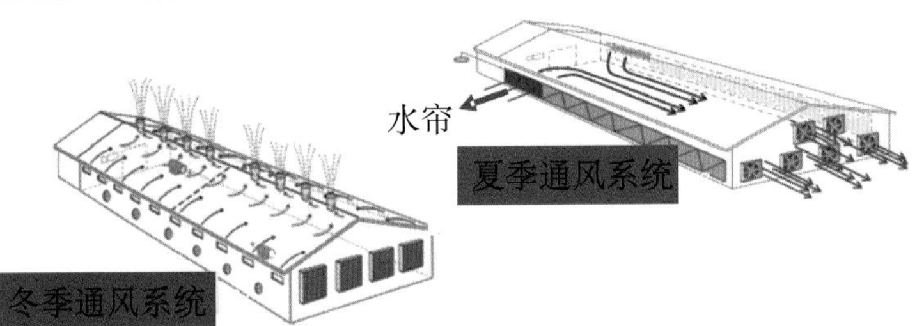
水帘
夏季通风系统
冬季通风系统
不同季节猪舍通风系统

不同猪舍适宜风速

猪群类别	最大通风速（厘米／秒）
种公猪	25
空怀配种母猪	25
带仔哺乳母猪	5
断奶仔猪	8
后备猪	25
育肥猪	15

● **保证清洁饮水的供给** 猪舍内应保证饮水充足，水质应符合（NY5027）《无公害食品 畜禽饮用水水质》的要求。

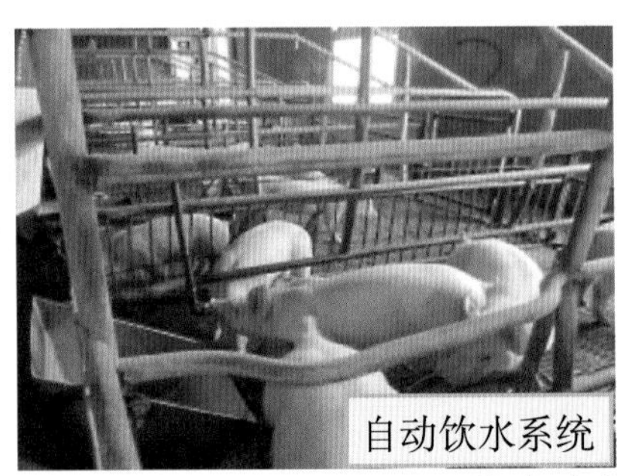
自动饮水系统

我们也要喝纯净水
纯净的饮用水

猪舍内的自动饮水系统

二、粪污处理

粪污不能及时处理将严重影响猪的健康，甚至会影响周围居民的正常生活。及时清理粪污并通过相应措施处理，不仅有利于环境卫生，还能实现废物再利用。

● **粪便及时清理**　每天应及时清理猪场内的粪便和污水，防止其堆积时间太长而引发猪呼吸道疾病。

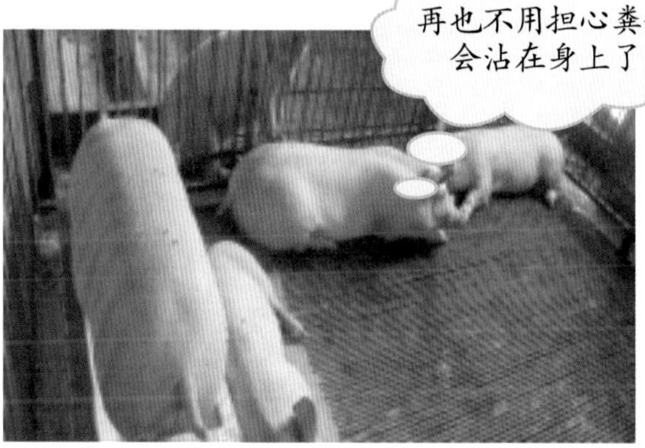

再也不用担心粪便
会沾在身上了

漏缝式地板

人工清粪

防止粪便堆积

建立化粪池，使粪
污入池

水冲式清粪

化粪池

● 粪污处理措施

➢ **粪污可采用干湿分离** 猪粪干湿分离是将猪粪进行固液分离，分离出的干粪便于运输，可制造肥料；粪水可发酵产沼气，是解决猪粪污染最理想的方法。

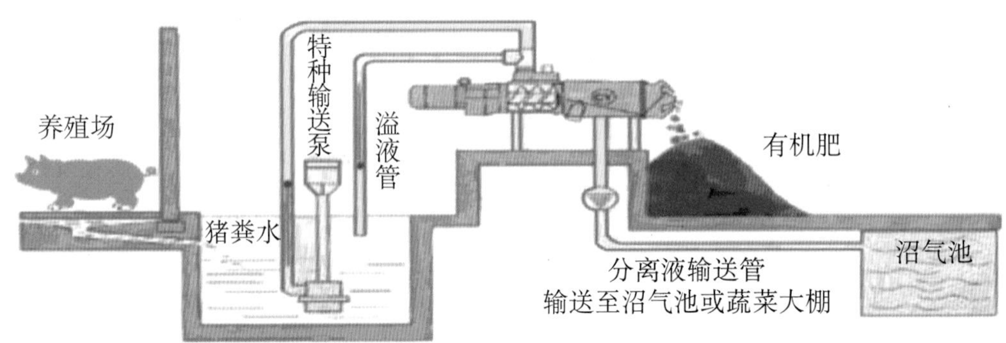

养殖场
特种输送泵
溢液管
有机肥
猪粪水
沼气池
分离液输送管
输送至沼气池或蔬菜大棚

粪污干湿分离流程

➢ **发酵处理** 利用粪污生产沼气，可用于照明、作燃料、发电以及生产肥料等。

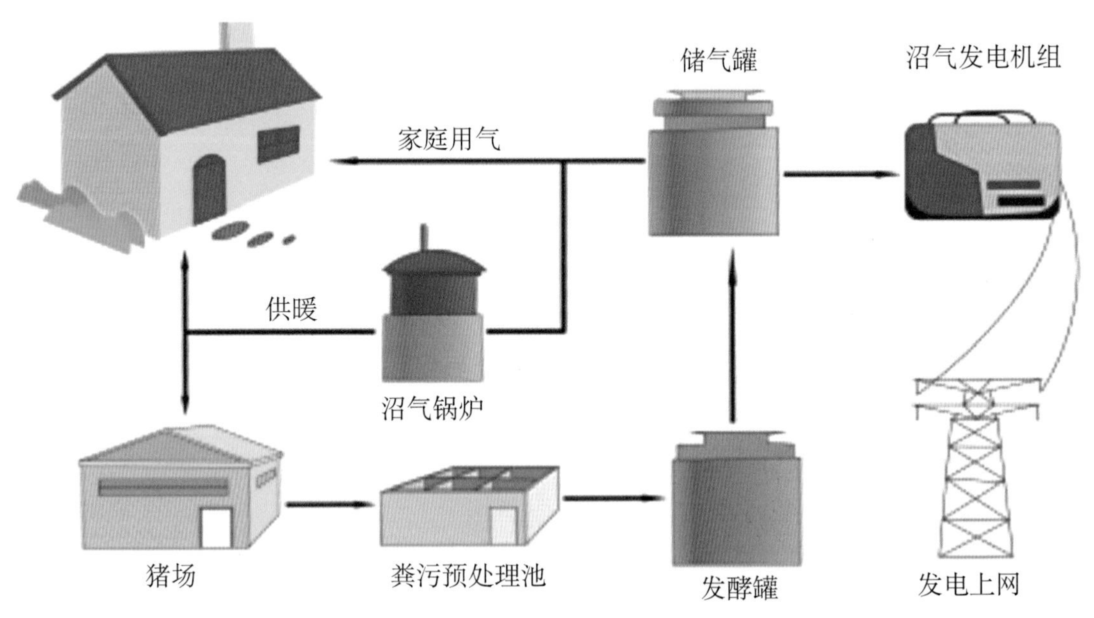

储气罐
沼气发电机组
家庭用气
供暖
沼气锅炉
猪场
粪污预处理池
发酵罐
发电上网

粪污产沼气流程

沼气池

堆粪发酵装置

粪便发酵装置

➢ **生态处理**　猪粪生态处理是将猪场粪污通过无害化处理，还田利用，发展粮食、果品和蔬菜等种植业，或将粪污用于饲养蚯蚓和养鱼（每亩水面施猪粪250～300千克），实现粪便无害化处理和资源化利用。这样既解决了大中型猪场粪便污染环境的问题，又为无公害农产品生产基地提供“绿色肥料”。

种植蔬菜
粪便养鱼
种植水稻
种植树木

粪便生态处理方式

第二节　猪场生物安全体系建立

随着我国养猪业集约化程度越来越高，猪场疾病的大面积暴发给养猪业带来了巨大压力。生物安全工作的重要性日益受到从业者的重视。生物安全体系就是为阻断病原微生物侵入动物群体、保障动物健康而采取的一系列动物疾病综合防治措施。其内容包括隔离、消毒、防疫、驱虫、灭害（鼠、蝇、蚊、驱狗猫等）、监测等。

休想进猪场，病
菌统统杀掉
猪场
病菌来袭

猪场生物安全体系

一、隔离

● **引种隔离**　新引进的猪应在专门的隔离观察猪舍进行隔离饲养1 ～ 2个月，隔离期后进行血清学检测，确定猪只健康后方可混群饲养。

为了同胞的健康，
还是戴上口罩等待
我的体检结果

体检项目

采血经有关兽医检疫部门检测，确认为没有细菌感染和病毒野毒感染，并监测猪瘟、伪狂犬病、口蹄疫、细小病毒病、蓝耳病等抗体情况

引进猪隔离饲养

● 人员隔离

➢ **区分生活区和生产区**　生产区工作人员除休假等特殊情况外均应在生产区，不得随意到生活区。生产区和生活区应间隔至少30米的距离。

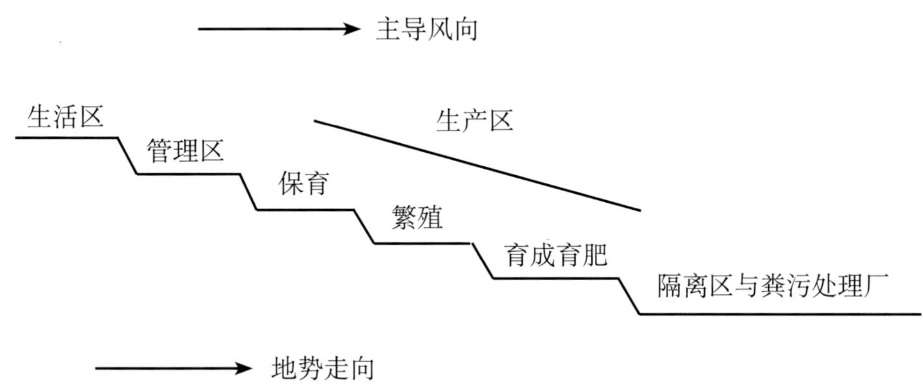
主导风向
生活区
管理区
生产区
保育
繁殖
育成育肥
隔离区与粪污处理厂
地势走向

猪场分区示意图

➢ **饲养、兽医人员**　除工作需要外，禁止串舍，且不得互相借用工具。场内兽医人员不对外诊疗猪及其他疾病动物，猪场配种人员不对外开展配种工作。

亲，不要
串圈哦

猪场工作人员

➤ **外来人员**　禁止外来人员进入生产区，如确需入场，按规定填写《外来人员入场登记表》，且必须在场内生活区隔离48小时后，经沐浴、更衣、消毒后方可进入。

外来人员
生活区隔离

外来人员
沐浴消毒

外来人员隔离防疫措施

二、消毒

● **设置完善的清洁消毒程序**　一般情况下每周消毒2～3次，但在防疫期，或场内有疫情发生，应每天1次，甚至多次。

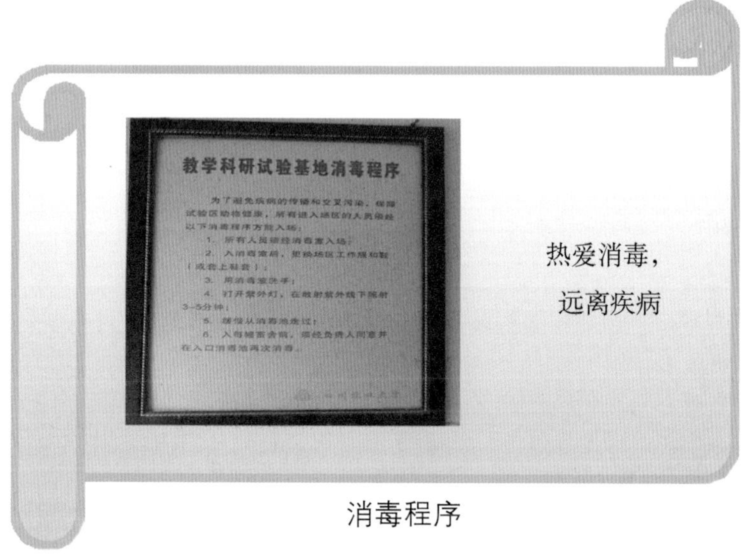
教学科研试验基地消毒程序
热爱消毒，
远离疾病

消毒程序

● **入场消毒**

➢ **入场车辆、物资消毒**　进场车辆车轮必须经过消毒池消毒。同时配置低压消毒器械，用1%～2%福尔马林对车身消毒。托运物资（饲料、药物、医疗器械和生产工具等）根据其特性喷雾消毒或紫外灯照射30～60分钟后方可入场。

每周更换
两三次哦
池宽同于门宽
3%烧碱溶液，深度至少15厘米
池长至少为汽车轮胎周长1.5倍

消毒池消毒

➢ 入场人员消毒 三步走：沐浴后更换紫外线灭菌工作服，0.1%洁而灭液洗手并脚踩4%火碱液消毒池，紫外线消毒3～5分钟或0.1%新洁而灭液喷雾消毒后方可入内。

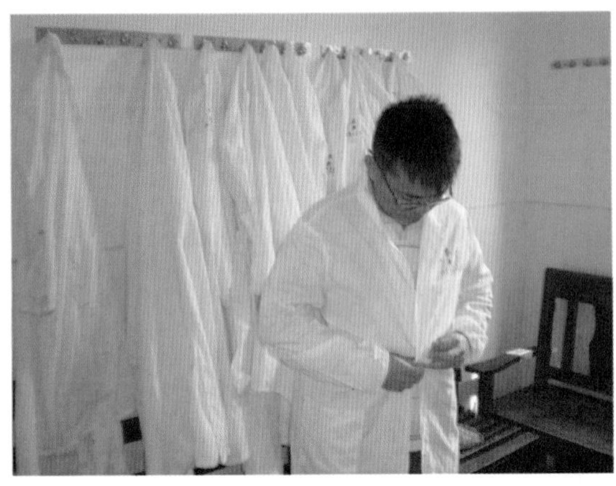

更换工作服

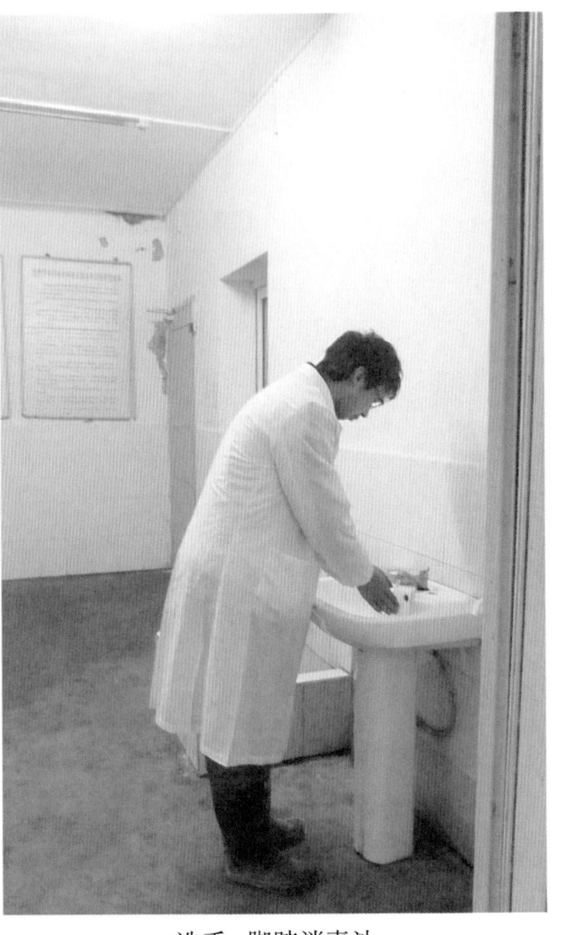

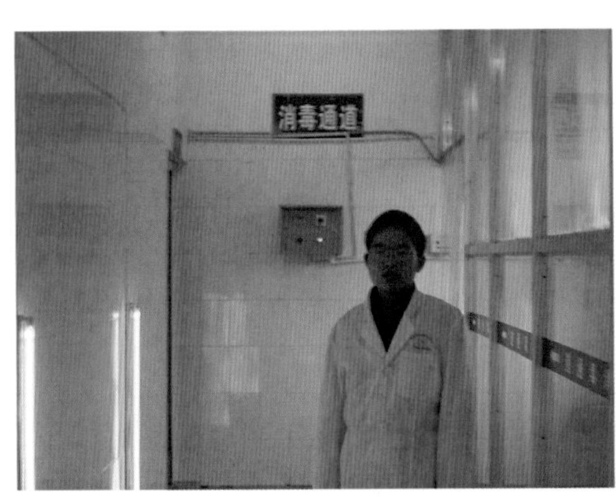
消毒通道

紫外线消毒

洗手–脚踏消毒池

喷雾消毒

进入生产区消毒程序

➢ **场区消毒**　搞好环境卫生，彻底清理生产场区的杂草、垃圾和杂物；用背式消毒器每周一次定期进行彻底的场区消毒，可选用2%的火碱溶液或0.05%的过氧乙酸等，消毒药物应交替使用。

清除场区杂草

病菌，看我消毒液的厉害

场区喷雾消毒

生产区环境卫生控制措施

➢ **猪舍消毒**　空栏时先对猪舍地面、猪床、过道、食槽、围栏、用具以及下水道等进行清洗，之后用2%～3%的氢氧化钠消毒24小时以上，高压水枪清水冲净。放干数日，封闭门窗，用甲醛和高锰酸钾熏蒸消毒12小时。猪在圈时，清洗后用0.1%过氧乙酸对猪圈、地面、墙体、门窗以及猪体表等喷雾消毒，每周1～2次。

干干净净
迎新猪

猪舍打扫清洁

猪圈也要定期
洗澡哦

高压水枪冲洗

猪舍消毒措施

➢ **器械消毒** 医疗器械在消毒前要对其进行彻底的冲刷，冲洗干净。注射针头、手术刀、手术剪、手术钳用酒精擦去血迹，用高压灭菌法灭菌。

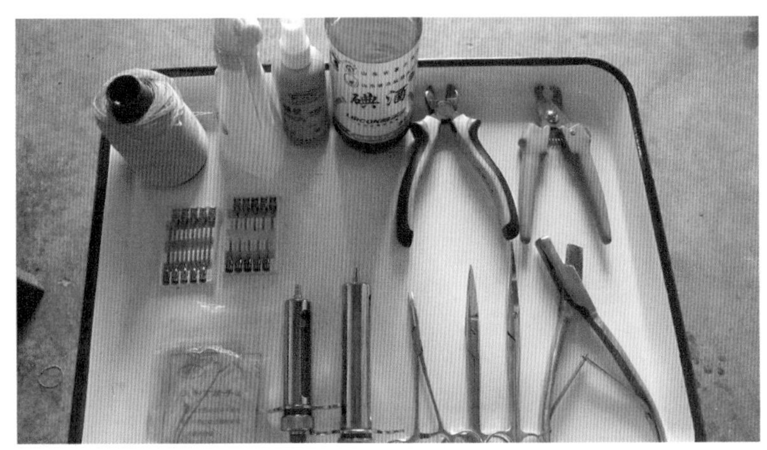

需要灭菌的物品

高压灭菌锅

准备高压灭菌

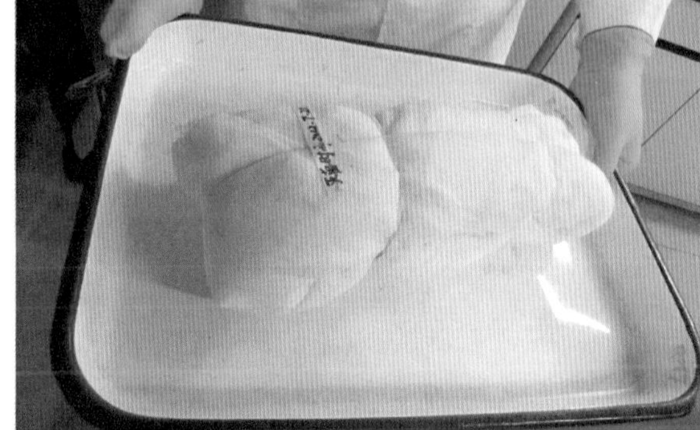

灭菌后器械

医疗器械高压灭菌

三、防疫

● **建立严格的卫生防疫制度**　贯彻“预防为主，防治结合，防重于治”的原则，制定严格的猪场卫生防疫制度并监督执行。定期做好员工的卫生防疫培训工作。

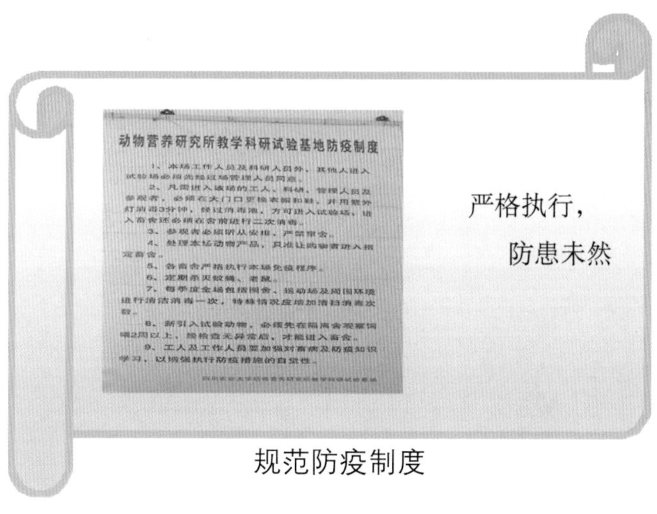

动物营养研究所教学科研试验基地防疫制度

1、本场工作人员及科研人员外，其他人进入试验场必须先经过场管理人员同意。

2、凡需进入该场的工人、科研、管理人员及参观者，必须在大门口更换衣帽和鞋，并用紫外灯消毒3分钟，经过消毒池，方可进入试验场，进入畜舍还必须在舍前进行二次消毒。

3、参观者必须听从安排，严禁串舍。

4、处理本场动物产品，只准让购物者进入指定畜舍。

5、各畜舍严格执行本场免疫程序。

6、定期杀灭蚊蝇、老鼠。

7、每季度全场包括圈舍、运动场及周围环境进行清洁消毒一次，特殊情况应增加清扫消毒次数。

8、新引入试验动物，必须先在隔离舍观察饲喂2周以上，经检查无异常后，才能进入畜舍。

9、工人及工作人员要加强对畜病及防疫知识学习，以增强执行防疫措施的自觉性。

严格执行，
防患未然

规范防疫制度

● **猪免疫程序规范化** 根据猪场猪群的实际抗体效价，结合本场流行病特点，制定合理的免疫程序。

➢ 推荐商品猪免疫程序

免疫时间	使 用 疫 苗
1日龄	猪瘟弱毒疫苗①
7日龄	猪喘气病灭活疫苗②
20日龄	猪瘟弱毒疫苗
21日龄	猪喘气病灭活疫苗②
23～25日龄	高致病性猪蓝耳病灭活疫苗
	猪传染性胸膜肺炎灭活疫苗②
	链球菌Ⅱ型灭活疫苗②
28～35日龄	口蹄疫灭活疫苗
	猪丹毒疫苗、猪肺疫疫苗或猪丹毒-猪肺疫二联苗②
	仔猪副伤寒弱毒疫苗②
	传染性萎缩性鼻炎灭活疫苗②
55日龄	猪伪狂犬基因缺失弱毒疫苗
	传染性萎缩性鼻炎灭活疫苗②
60日龄	口蹄疫灭活疫苗
	猪瘟弱毒疫苗
70日龄	猪丹毒疫苗、猪肺疫疫苗或猪丹毒-猪肺疫二联苗②

注：①在母猪带毒严重，垂直感染引发哺乳仔猪猪瘟的猪场实施。
②根据本地疫病流行情况选择进行免疫。

➢ 推荐种母猪免疫程序

免疫时间	使 用 疫 苗
每隔4～6个月	口蹄疫灭活疫苗
初产母猪配种前	猪瘟弱毒疫苗
	高致病性猪蓝耳病灭活疫苗
	猪细小病毒灭活疫苗
	猪伪狂犬基因缺失弱毒疫苗
经产母猪配种前	猪瘟弱毒疫苗
	高致病性猪蓝耳病灭活疫苗
产前4～6周	猪伪狂犬基因缺失弱毒疫苗
	大肠杆菌双价基因工程苗①
	猪传染性胃肠炎、流行性腹泻二联苗①

注：①根据本地疫病流行情况可选择进行免疫。

● **疫苗保存及使用**　不同疫苗应按说明书上规定的温度和时间保存，禁止使用过期、变质和失效的疫苗。严格按说明书规定的方法稀释、注射，现配现用。做好免疫计划和免疫记录。

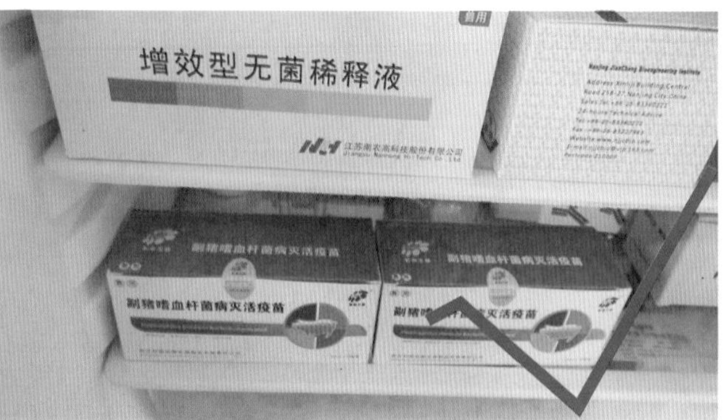
增效型无菌稀释液
副猪嗜血杆菌病灭活疫苗

开封久置的疫苗
不能使用
瘟克清

疫苗保存

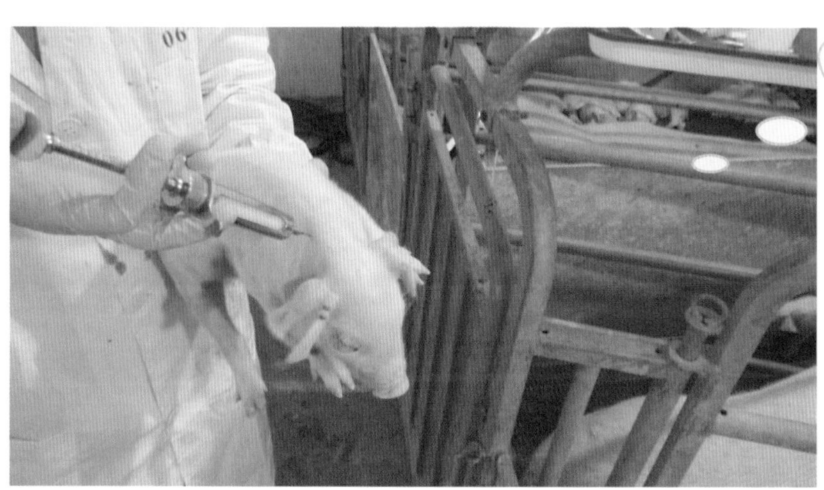
人家还小，叔叔
阿姨下手轻点

疫苗注射

● **病死猪处理** 病死猪处理方法包括焚化、腐化和埋葬等，一般传染病死猪必须采用焚化炉焚化，无病原猪可用腐化法或埋葬法，埋尸坑、焚化炉和腐化池用于处理胎衣及生病、死亡的猪只，禁止随处扔放而造成疫病的传播。

容量约35米^3，建在相对隐蔽位置或下风向
病死猪只要及时焚化、腐化、深埋

死猪腐尸池

四、驱虫

选择高效、安全、广谱的抗寄生虫药，进行一次彻底的驱虫，而后建立驱虫程序。首选的驱虫药有伊维菌素和阿苯咪唑。各猪群的驱虫时间如下：

类 型	时 间	次 数
仔猪	转群时	1次
后备母猪	配种前	1次
妊娠母猪	产前1～4周	1次
种公猪	每年	至少2次

备注：①对引进猪应驱虫2次，间隔10～14天，隔离30天以上合群。
②已感染寄生虫的猪场，每年驱虫4～6次。

五、灭害

加强猪场的灭害工作，消灭可能的传播媒介。保持猪场环境卫生，杜绝犬、猫等及其他鸟类进入，定期进行灭鼠、灭蝇、灭蚊工作，并根据实际情况每月普查一次。

你们都给我离远点，哼哼

灭“四害”

六、监测

建立监测系统，创造条件积极开展如下监测工作：

免疫监测　流行病监测　消毒效果监测　健康与营养监测

疾病与死亡原因监测

↓

猪场生物安全体系良好运行

3 第三章　猪的品种与繁殖技术

一、常见猪品种和种猪选育

● 三大外种猪品种

➢ 长白猪　原名兰德瑞斯，原产丹麦，是世界上运用最广泛的瘦肉型猪品种之一。

腰背平直不松弛，全身被毛白色
耳大前倾
体躯长，前躯窄，后躯宽

长白猪（公）

长白猪屠宰率高，胴体瘦肉率约65%，产肉性能好

土杂猪肥肉好多

长白猪与土杂猪的胴体比较

繁殖性能好，6月龄出现性行为，9～10月龄达130～140千克时开始配种。初产仔9～10头，经产仔猪10～11头

长白猪（母）

➢ **大白猪** 又名大约克夏猪，原产英国，是世界上运用最广泛的瘦肉型猪品种之一。

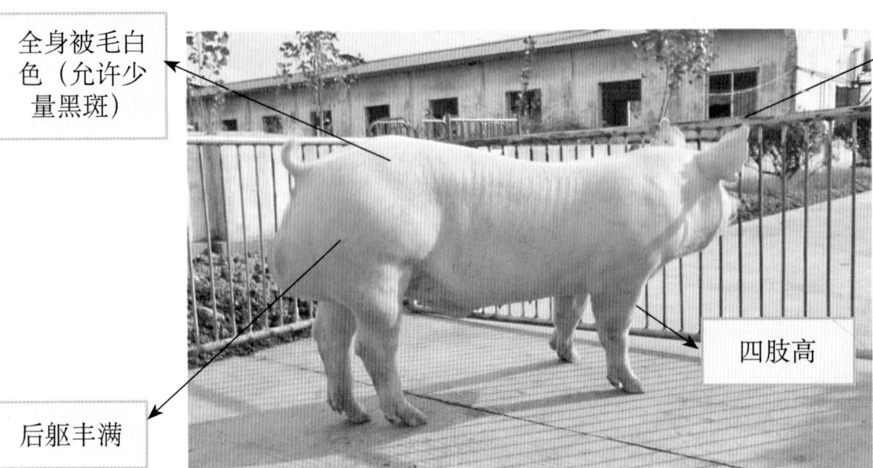
全身被毛白色（允许少量黑斑）
耳大直立
四肢高
后躯丰满

大白猪（公）

生长速度快，屠宰率高，背膘薄，胴体瘦肉率65%左右
繁殖性能好，初情期在6月龄左右，初产仔数10头，经产仔数12头

大白猪（母）

➢ **杜洛克**　原产美国，其突出优点为体质健壮，抗逆性强，肉质良好。

我很强壮，肉质非常香哦
全身被毛金黄或棕红色
头小、清秀，嘴短直，耳中等大，略前倾，耳尖稍下垂
体躯宽厚，肌肉丰满，后躯发达
四肢粗壮、结实，蹄黑，多直立

杜洛克（公）

繁殖力稍低，6～7月龄开始发情。初产产仔数7～8头，经产产仔数9～10头
我的臀部美不美

杜洛克（母）

● 几种常见中国地方猪品种

➤ **太湖猪** 原产长江下游太湖流域，由梅山猪、二花脸、枫泾、嘉兴黑、横泾、米猪、沙乌头等猪种归并，统称太湖猪。其最大优势是具有超高繁殖性能，在中国通常作为商品杂交的母本。

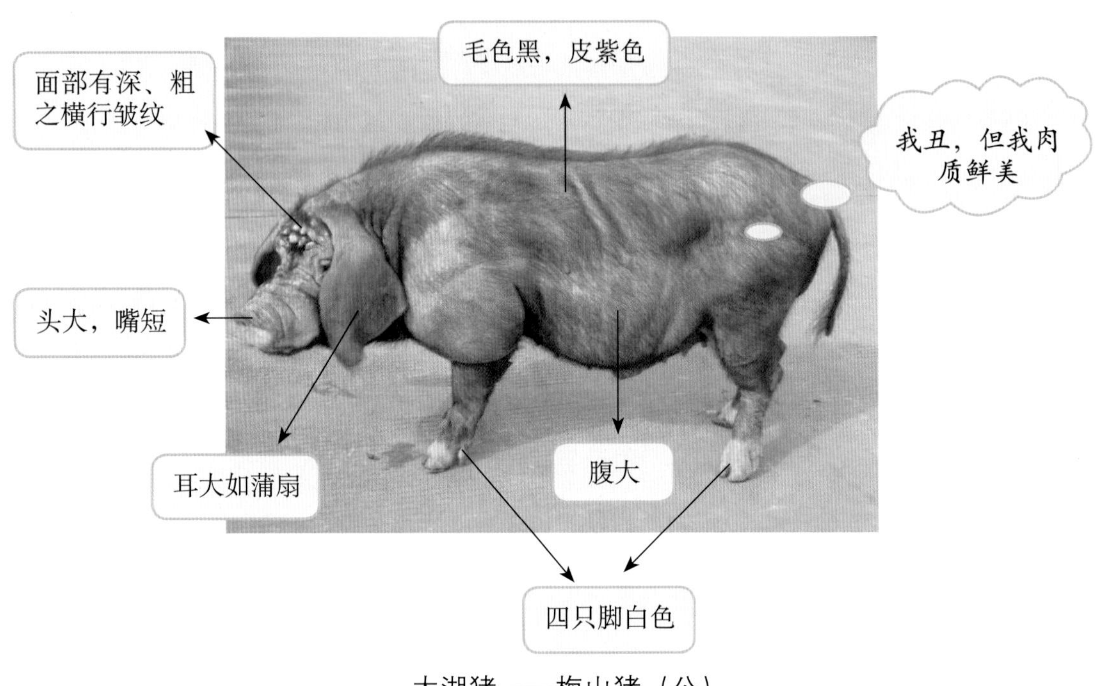
面部有深、粗之横行皱纹
毛色黑，皮紫色
我丑，但我肉质鲜美
头大，嘴短
耳大如蒲扇
腹大
四只脚白色

太湖猪——梅山猪（公）

性成熟早，产仔数高。一般初产窝仔数12头，经产14头以上
五谷杂粮我都吃，尤爱吃青草
我是英雄妈妈，能生好多崽崽

太湖猪——梅山猪（母）

➢ **荣昌猪**　原产于重庆市荣昌县和四川省隆昌县。体型较大，头部和眼圈有黑斑，是中国地方猪种中少有的一个全白品种。

我肉质优良，耐粗饲，适应性强
我是熊猫眼
毛色以白色为主

荣昌猪（公）

性成熟早，产仔数中等。一般初产窝仔数9头，经产10～11头
地方品种中，我的瘦肉率相对较高哟

荣昌猪（母）

➢ **雅南猪** 原产四川省的眉山、雅安、乐山等地，具有肉质优良、耐粗饲、适应性强、繁殖力较高、脂肪沉积较早等特点。

俺适合丘陵地区的
饲养模式哦
被毛黑色
体躯略长而窄

雅南猪（公）

我什么都能吃，肉质很鲜美，我还会生很多猪宝宝哦
性成熟早，产仔数中等。一般初产窝仔数8头，经产12头左右

雅南猪（母）

➢ **金华猪**　原产于浙江省金华市及其周边地区。体型大小适中，肥瘦适度，皮薄骨细，肉脂品质好。特别适合腌制优质火腿，是生产金华火腿的原料猪种。

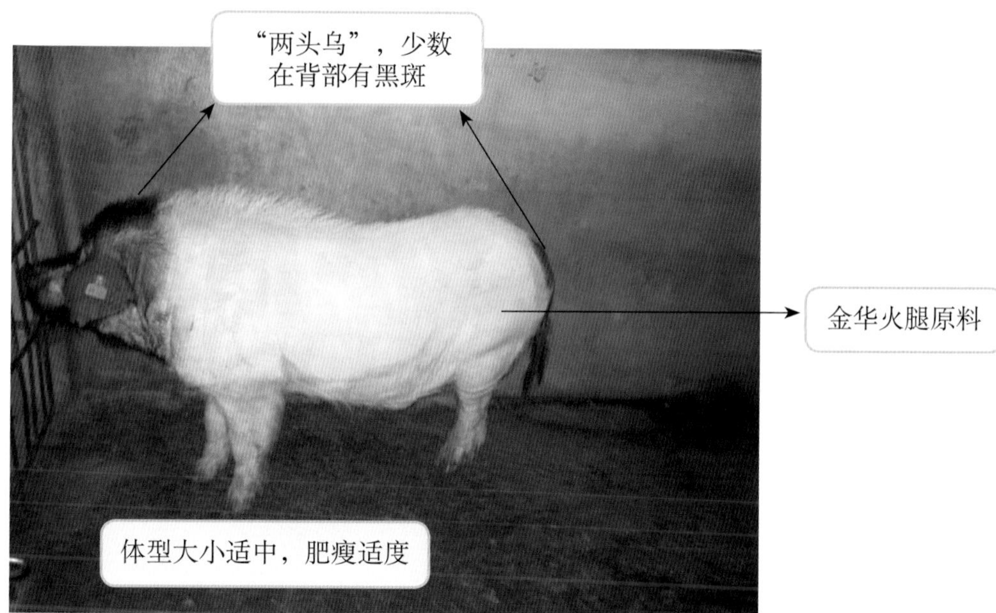
“两头乌”，少数在背部有黑斑
金华火腿原料
体型大小适中，肥瘦适度

金华猪（公）

性成熟早，产仔数高。一般初产窝仔数10头以上，经产13头左右
性成熟早，繁殖力高

金华猪（母）

➤ **藏猪** 藏猪主产于海拔3 000米以上的青藏高原地区，包括云南迪庆藏猪、四川阿坝及甘孜藏猪、甘肃的合作猪以及分布于西藏自治区山南、林芝、昌都等地的藏猪类群。

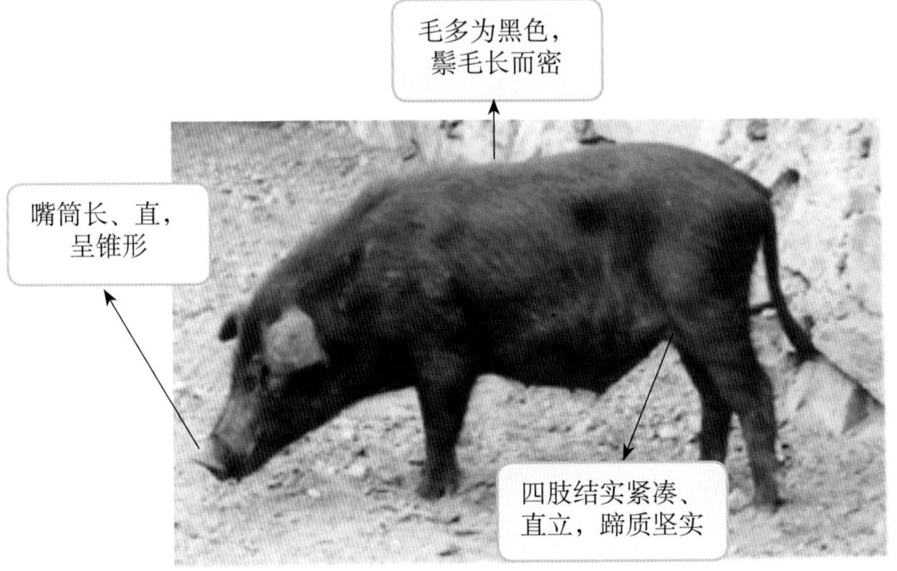
毛多为黑色，
鬃毛长而密
嘴筒长、直，
呈锥形
四肢结实紧凑、
直立，蹄质坚实

藏猪（公）

小型晚熟，产仔数低。一
般初产窝仔数4～6头
体躯短
耳小直立、
转动灵活

藏猪（母）

➢ **陆川猪**　原产于广西东南部的陆川县，与福绵猪、公馆猪和广东小耳花猪归并，统称两广小花猪。属典型的小型早熟品种，具有适应性强、耐粗饲、早熟易肥和肉质优良等特点。

背腰宽广凹下
耳小而薄向外平伸，额有横行皱纹

陆川猪（公）

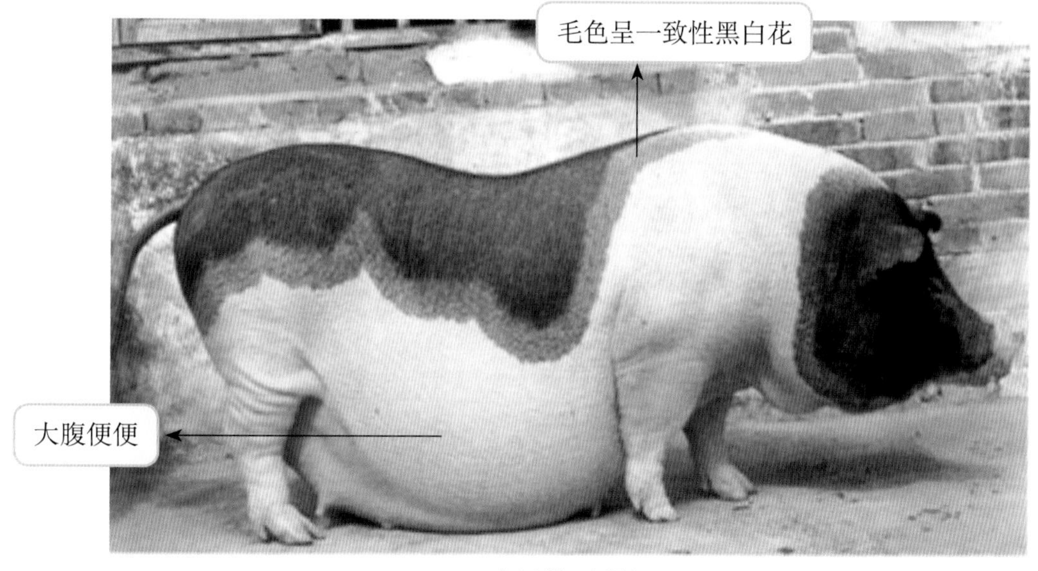
毛色呈一致性黑白花
大腹便便

陆川猪（母）

➢ **东北民猪** 主要产于中国北方地区。突出的特点在于抗寒能力强，体质强健，脂肪沉积能力强，肉质好，适于放牧和粗放饲养。

背腰较平、单脊
被毛黑色
后躯斜窄
额头有皱褶
四肢粗壮
耳大下垂

东北民猪（公）

肉质坚实，肉色鲜红，大理石纹分布均匀，给人口感细腻多汁，色香味俱全。

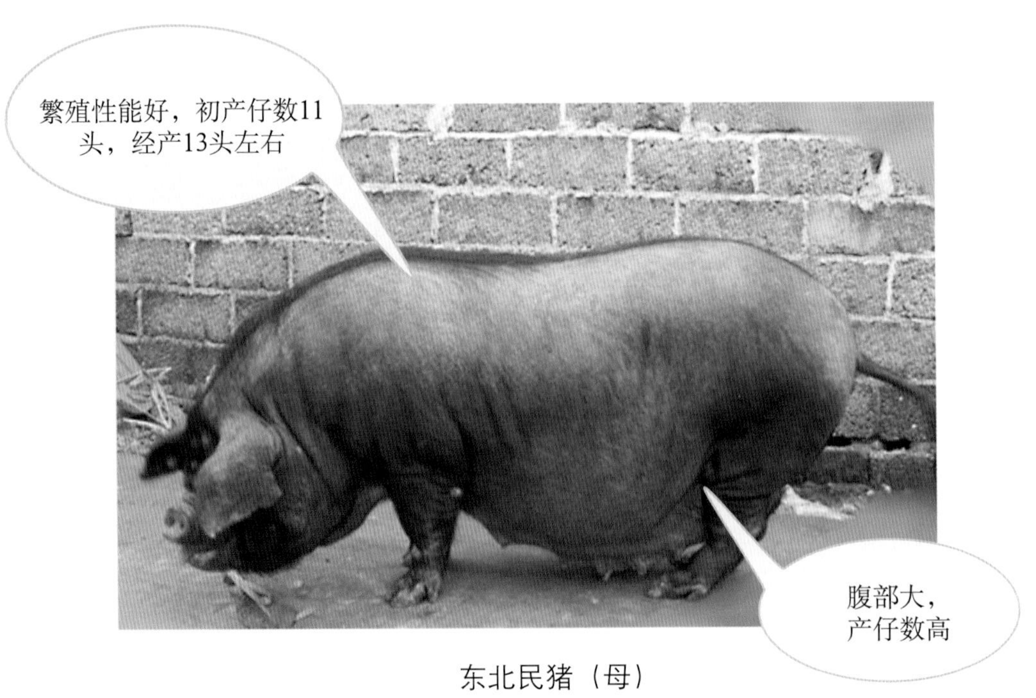
繁殖性能好，初产仔数11头，经产13头左右
腹部大，产仔数高

东北民猪（母）

猪的杂交模式

我比父母都
长得壮哦

杂交优势：指杂交后代生活力和繁殖力都高于亲本的现象

杂交优势图

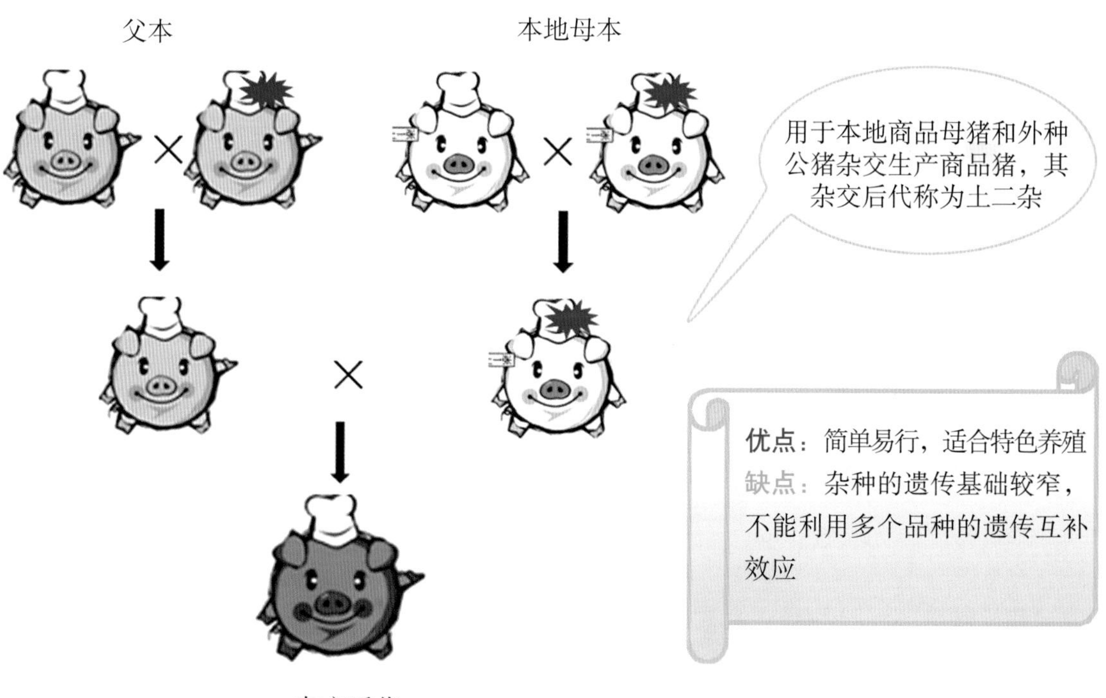
父本
本地母本
用于本地商品母猪和外种公猪杂交生产商品猪，其杂交后代称为土二杂
杂交后代
优点：简单易行，适合特色养殖
缺点：杂种的遗传基础较窄，不能利用多个品种的遗传互补效应

二元杂交图

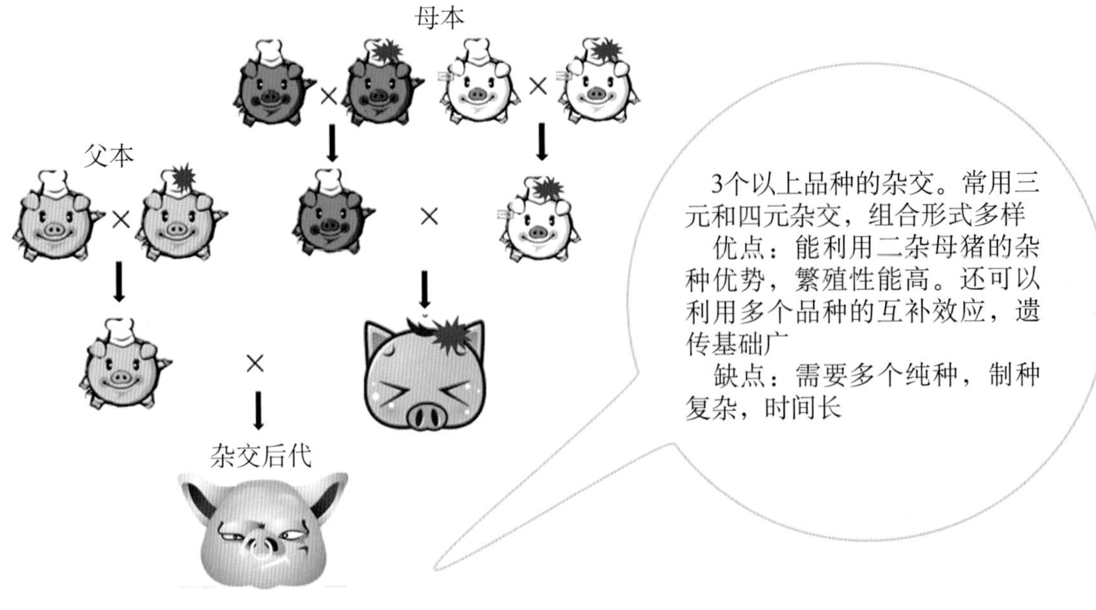
母本
父本
杂交后代
3个以上品种的杂交。常用三元和四元杂交，组合形式多样
优点：能利用二杂母猪的杂种优势，繁殖性能高。还可以利用多个品种的互补效应，遗传基础广
缺点：需要多个纯种，制种复杂，时间长

多元杂交图

● **杂交繁育体系**

➢ **繁育体系** 完整的繁育体系包括以遗传改良为核心的育种场，以良种扩繁为中介的繁殖场和以商品生产为基础的生产场。

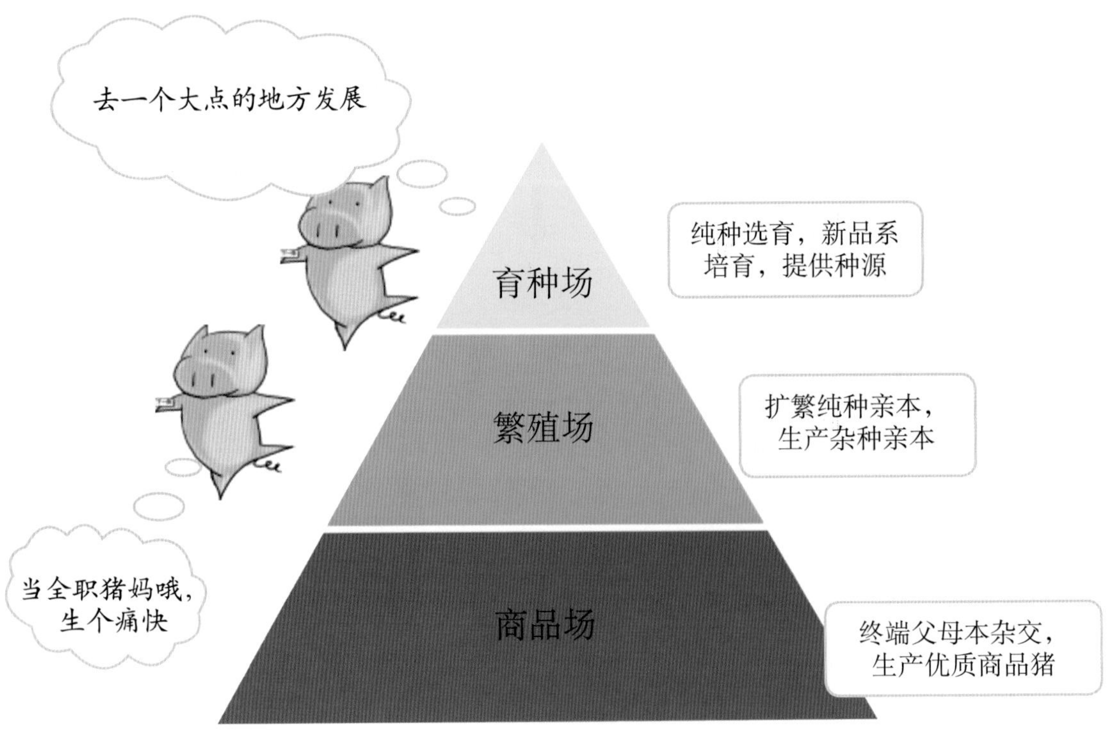
去一个大点的地方发展
当全职猪妈哦，生个痛快
育种场
纯种选育，新品系培育，提供种源
繁殖场
扩繁纯种亲本，生产杂种亲本
商品场
终端父母本杂交，生产优质商品猪

杂交繁育体系

➢ **猪群结构**　母猪的规模和比例是繁育体系结构的关键，呈典型的金字塔结构。

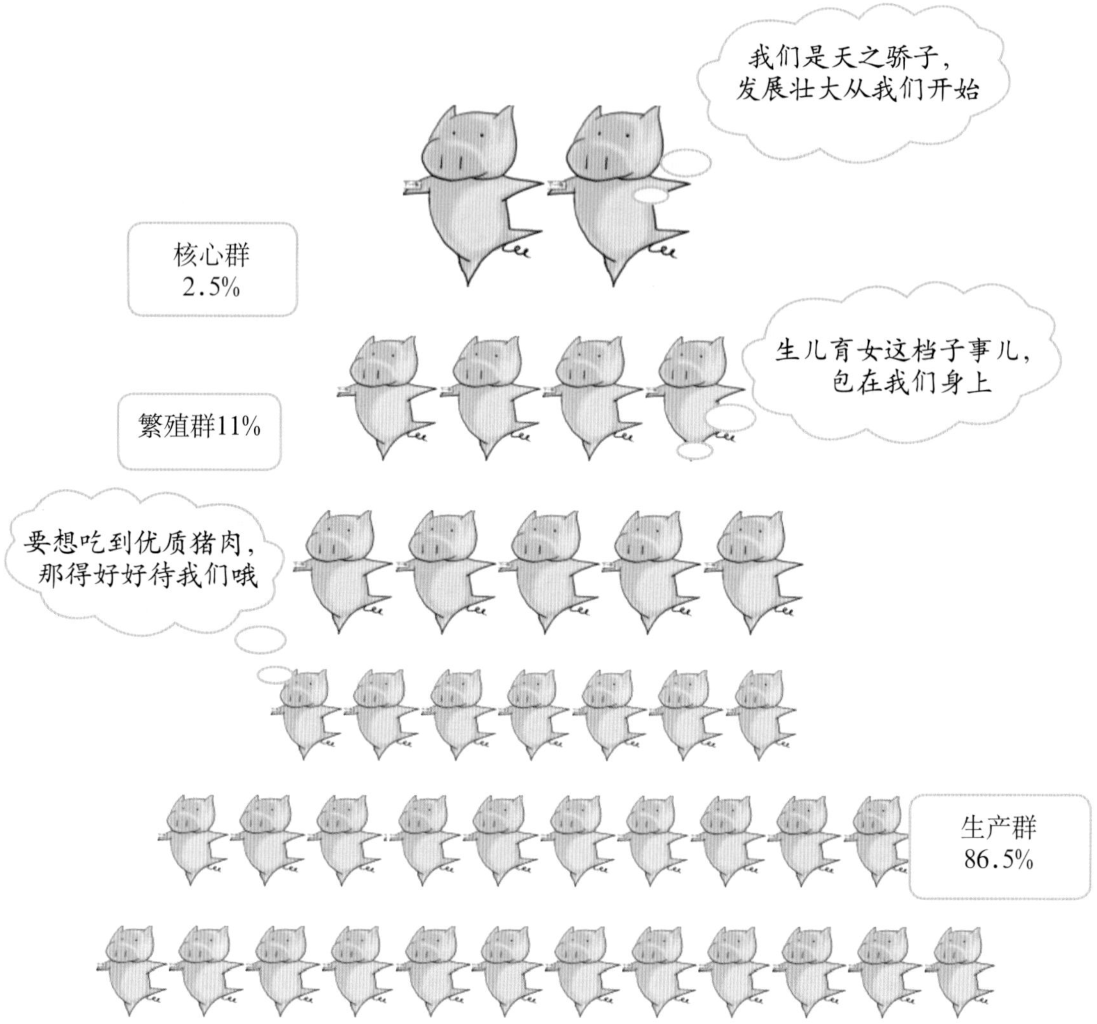

我们是天之骄子，
发展壮大从我们开始

核心群
2.5%

生儿育女这档子事儿，
包在我们身上

繁殖群11%

要想吃到优质猪肉，
那得好好待我们哦

生产群
86.5%

猪群结构图

● 种猪选育

➢ 后备种猪选择（三部曲）

◆ 断奶初选　选留数量标准，公猪是最终留种数的10～20倍以上，母猪5～10倍。

对保育期结束的初选仔猪（27～33千克到85～100千克）的生长阶段性能测定。选留数量标准：比最终留种数多15%～20%。

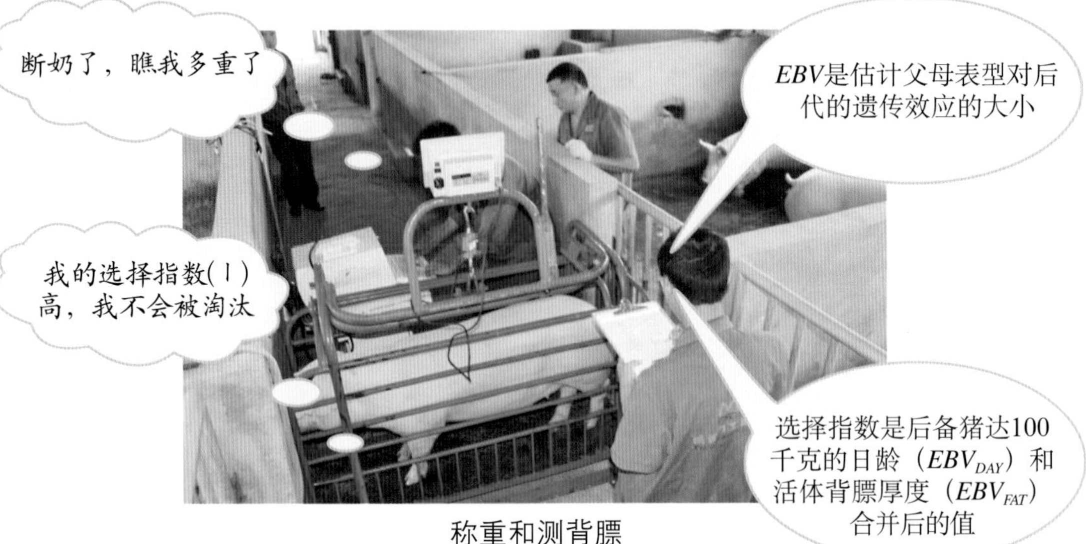
断奶了，瞧我多重了
EBV是估计父母表型对后代的遗传效应的大小
我的选择指数(I)高，我不会被淘汰
选择指数是后备猪达100千克的日龄（EBV_{DAY}）和活体背膘厚度（EBV_{FAT}）合并后的值

称重和测背膘

瞧，有多厚的膘

活体背膘厚度的B超测定

◆ **育种值**（*BV*） 是影响表型值的因素中可以真实遗传的效应。现行选种方案中一般通过对后备猪达100千克的日龄（EBV_{DAY}）和活体背膘厚度（EBV_{FAT}）两个性状性能测定后运用最佳线性无偏预测法（BLUP）估计出这两个性状的估计育种值（*EBV*），再把两部分*EBV*值进行合并，就得到每头猪的综合选择指数(*I*)。这个选择指数的高低就代表了后备种猪的遗传性能水平。

$$I = 100 - 17.68 \times \frac{EBV_{DAY}}{STD_{DAY}} - 17.68 \times \frac{EBV_{FAT}}{STD_{FAT}}$$

实际选种中也可以根据不同的选择目标对主选性状进行调整，构成不同的综合选择指数（*I*），但在同一个选择群体中应该保持一致。

◆ 第三阶段选留　在母猪第一胎产仔后到有第二胎繁殖记录阶段的种用价值选择。

我的配种率、产仔数高，可以留着当基础母猪了。哈哈，不会被淘汰了

后备猪群

种猪的选育是一个长期的过程，只有通过持续的不间断选育，才能取得明显的进展。下图所示为英国种猪改良国际集团（PIC）1962—2002年连续40年的选育情况。

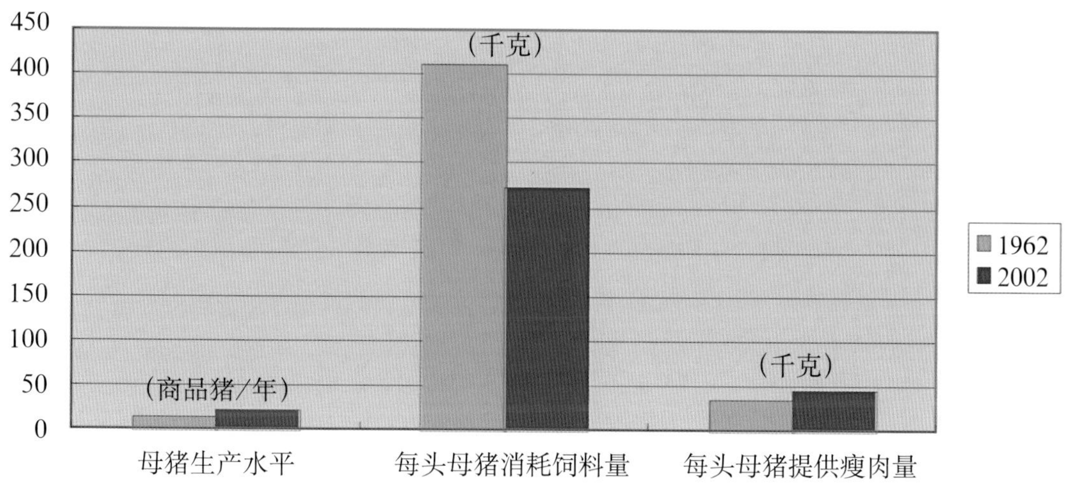
450
400
350
300
250
200
150
100
50
0
（千克）
（商品猪/年）
（千克）
1962
2002
母猪生产水平
每头母猪消耗饲料量
每头母猪提供瘦肉量

PIC1962—2002年遗传进展

● 猪生殖机能发育过程

➢ 公猪的生殖系统 公猪生殖系统包括如下所示的器官。

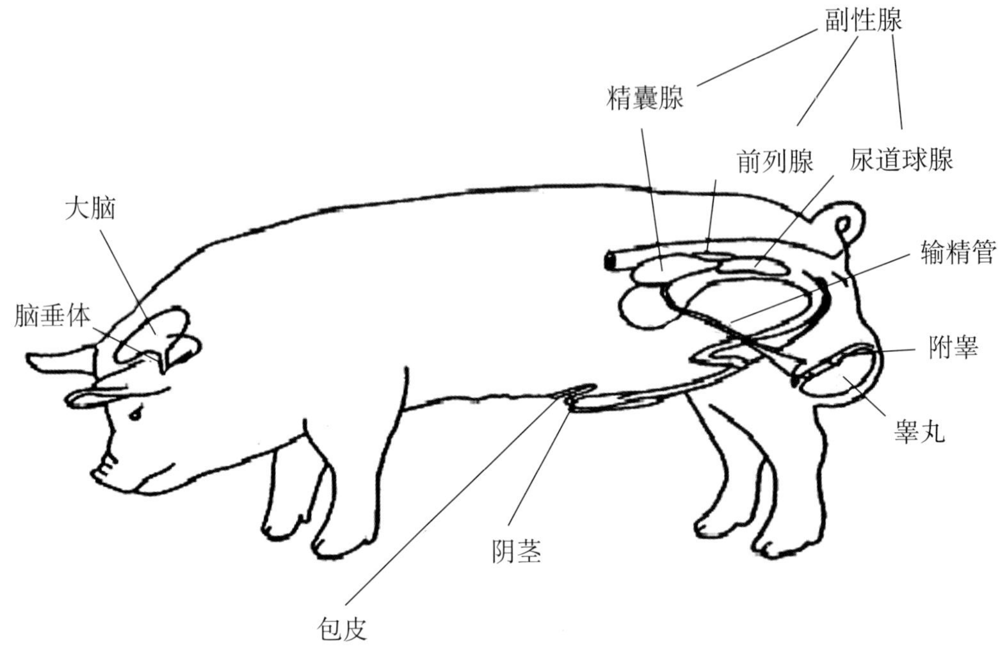

副性腺
精囊腺
前列腺
尿道球腺
大脑
输精管
脑垂体
附睾
睾丸
阴茎
包皮

公猪的生殖系统

➢ 精子的生成

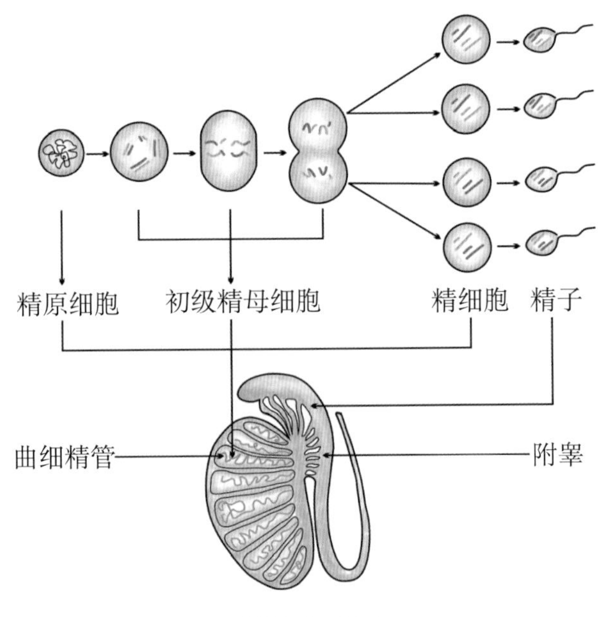

精原细胞
初级精母细胞
精细胞
精子
曲细精管
附睾

精子形成图

➢ 母猪的生殖系统

母猪生殖系统由如下器官构成。

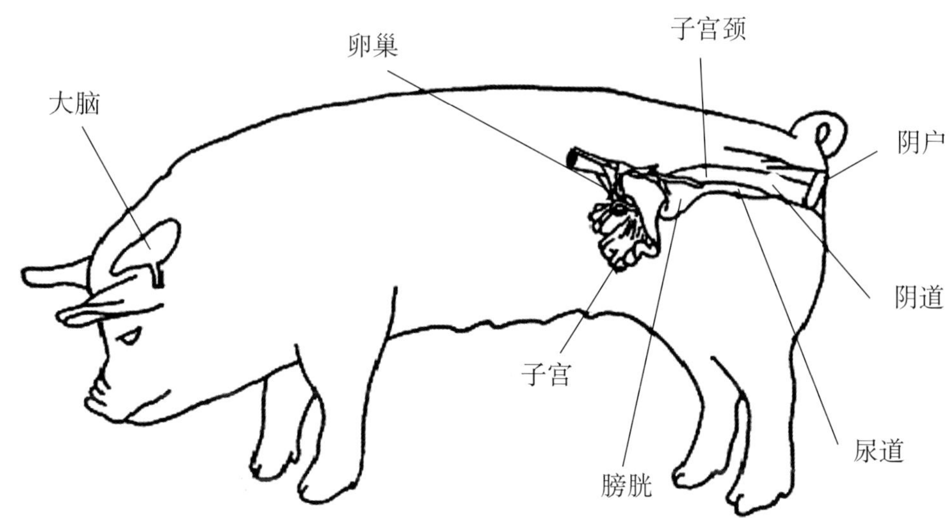
卵巢
子宫颈
大脑
阴户
阴道
子宫
尿道
膀胱

母猪的生殖系统

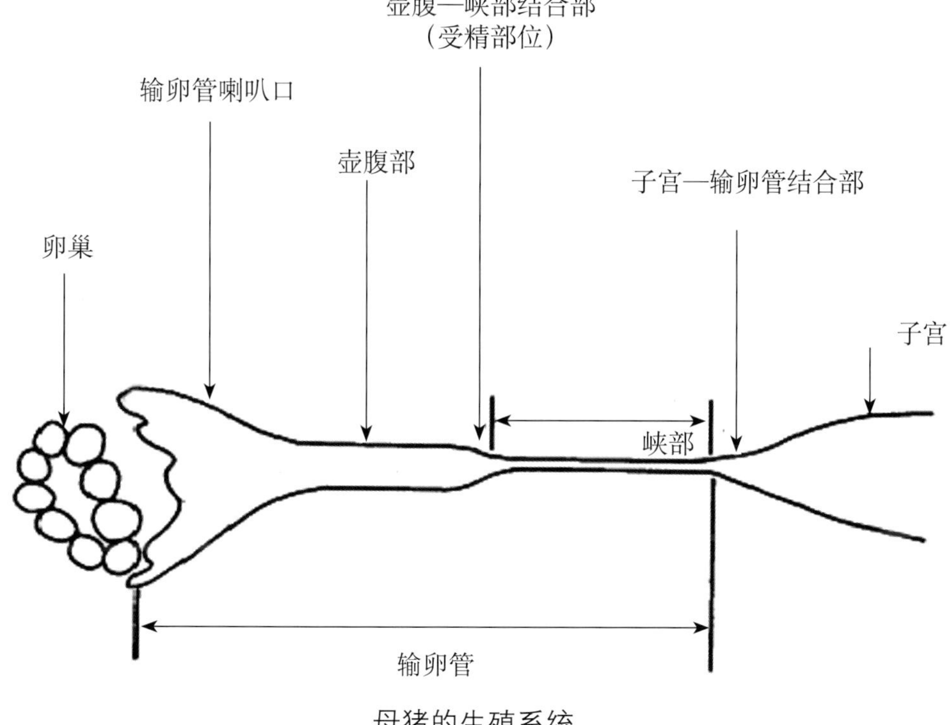
壶腹—峡部结合部
（受精部位）
输卵管喇叭口
壶腹部
子宫—输卵管结合部
卵巢
子宫
峡部
输卵管

母猪的生殖系统

➢ 卵子的生成

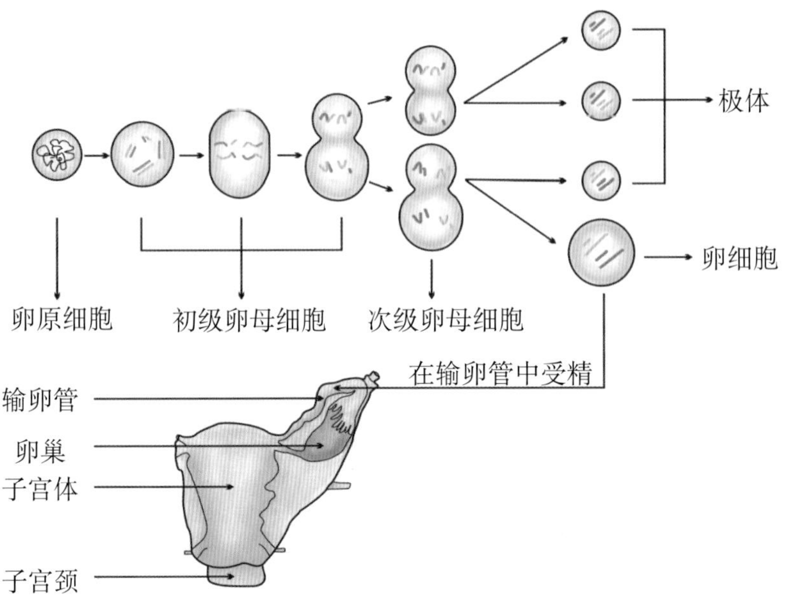
极体
卵细胞
卵原细胞
初级卵母细胞
次级卵母细胞
在输卵管中受精
输卵管
卵巢
子宫体
子宫颈

卵子形成图

● **初情期与初配日龄** 瘦肉型青年母猪的初情期一般在6 ~ 7月龄，我国地方猪种母猪初情期多在3 ~ 4月龄。母猪初情期后，再隔2 ~ 3个情期开始初配。过早配种会影响其自身发育，造成终身繁殖力下降。过晚配种则增加饲养成本，并影响繁殖机能。同时，应考虑品种、年龄和体重等因素。

最佳初配时间和体重

品种	母猪月龄	母猪体重（千克）	公猪月龄	公猪体重（千克）
地方猪种	6	60 ~ 80	7 ~ 8	75以上
外种猪	8 ~ 10	100 ~ 120	9 ~ 10	110以上

二、猪群结构及后备猪的选择

● **猪群结构** 猪群构成以基础母猪数量确定。自繁自养的猪场必须保持适当规模的后备猪群，并维持合理的年龄结构，以保证种猪的正常淘汰和补充，使群体始终保持较高生产水平。

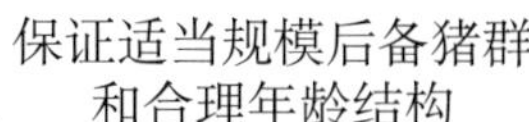
保证适当规模后备猪群
和合理年龄结构

种猪群

➢ **基础母猪构成**　基础母猪指经一胎产仔鉴定合格的种母猪，分为空怀、妊娠和哺乳三种生产阶段。决定基础母猪的比例应考虑猪场性质，育种场和繁殖场应该增加初产母猪比例，以缩短群体世代间隔。商品猪场应该适当增加基础母猪比例。

空怀期：终于
可以休息了
妊娠期：我又有宝宝
了，好开心
哺乳期：我看着猪宝
宝慢慢长大

基础母猪结构

➢ **公猪群数量**　猪场结构决定公猪数量，公猪数量决定配种方式。

本交比例

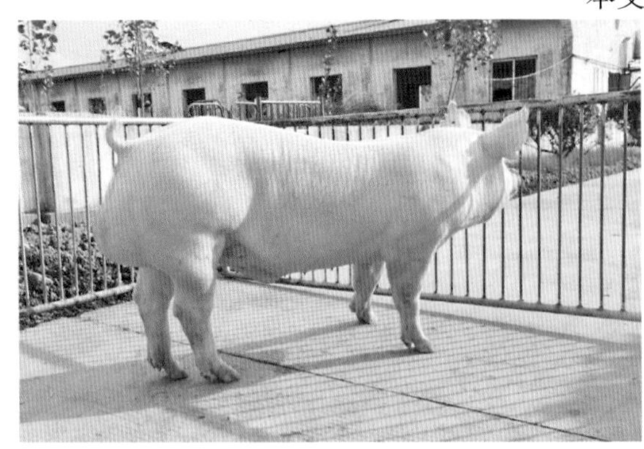

公猪：母猪＝1：20～30

人工授精比例

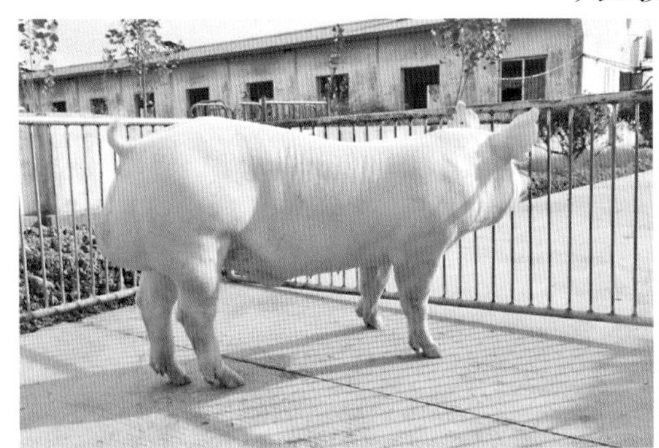

公猪：母猪＝1：150～300

育种场和保种场公母比例

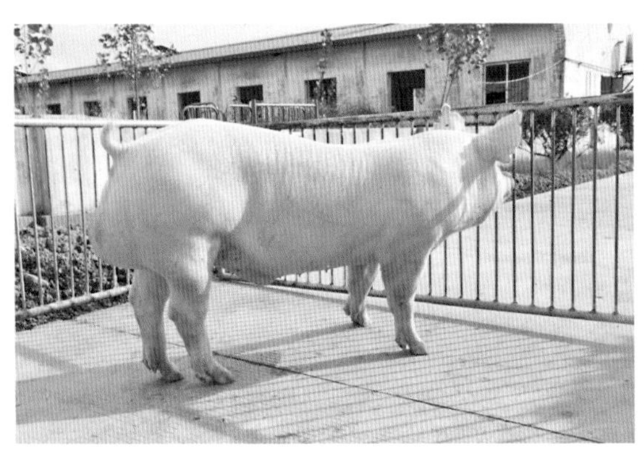

公猪：母猪＝1：5

猪群结构与配种比例

● **后备猪的选择** 种猪的淘汰和更新是维持群体合理年龄结构和较高生产水平的关键环节。淘汰不适宜的种猪，如下图所示，可以使群体成绩保持最佳状态。

母猪体况差

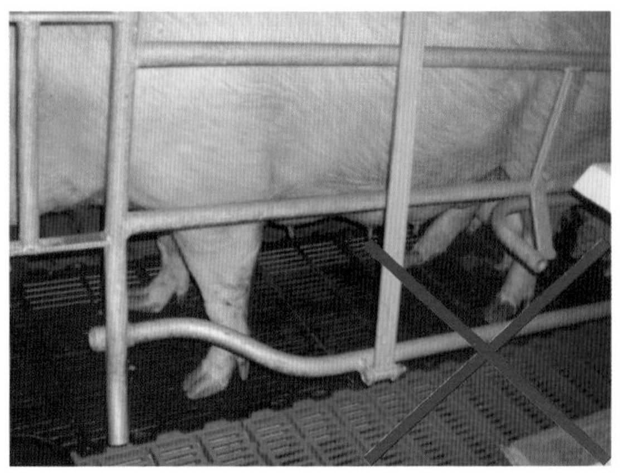

肢蹄差

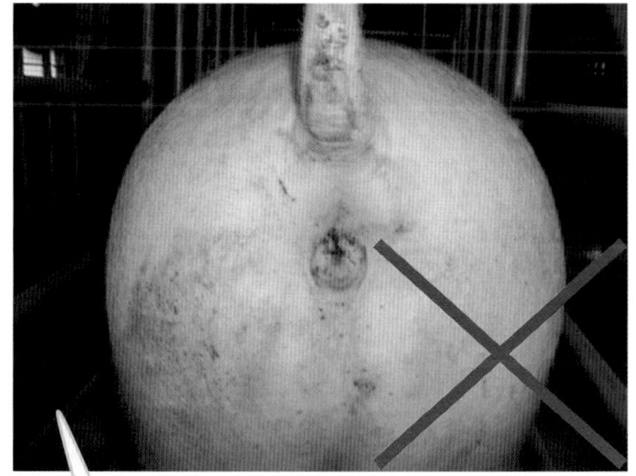

肛门闭锁

原始肛发育异常，未形成肛管，致使直肠与外界不通

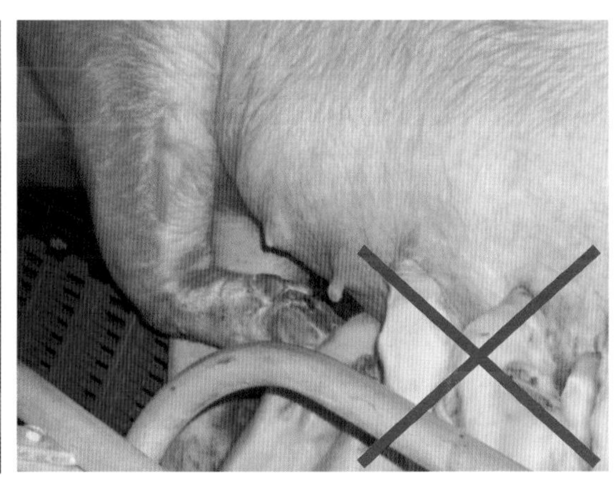

瞎乳头

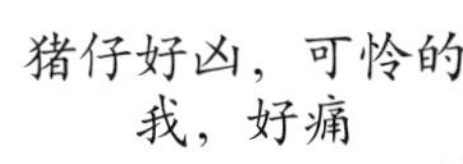
猪仔好凶，可怜的我，好痛

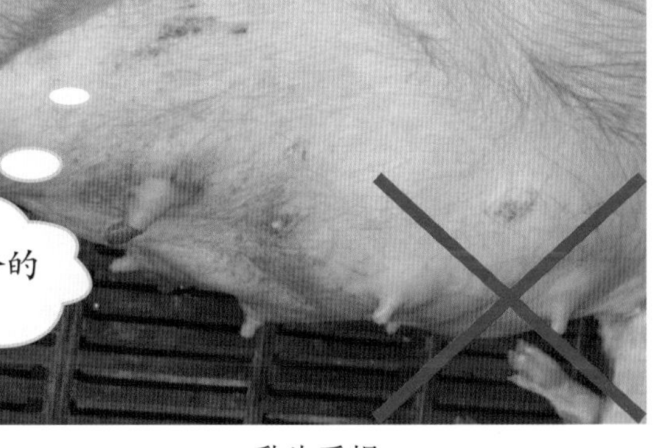

乳头受损

需要淘汰的种母猪

➢ **公猪的淘汰标准** 通常以利用年限为准（2～4年），但体躯笨重、精液品质差、配种成绩差、肢蹄受损、性情凶暴者应及时淘汰。

太重，难受啊

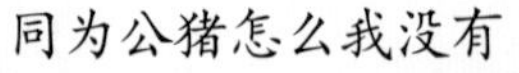
同为公猪怎么我没有

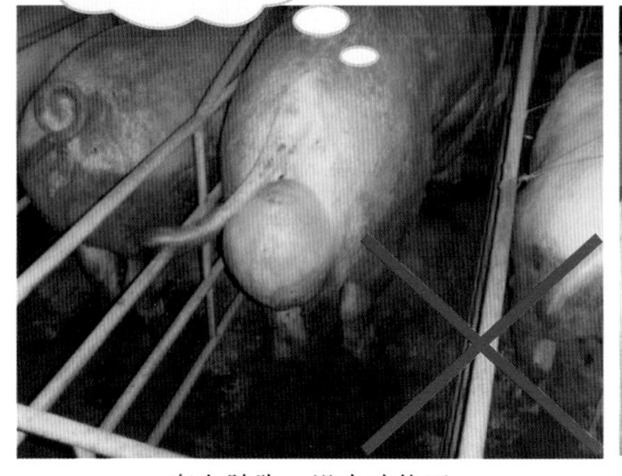

睾丸肿胀，没有功能了

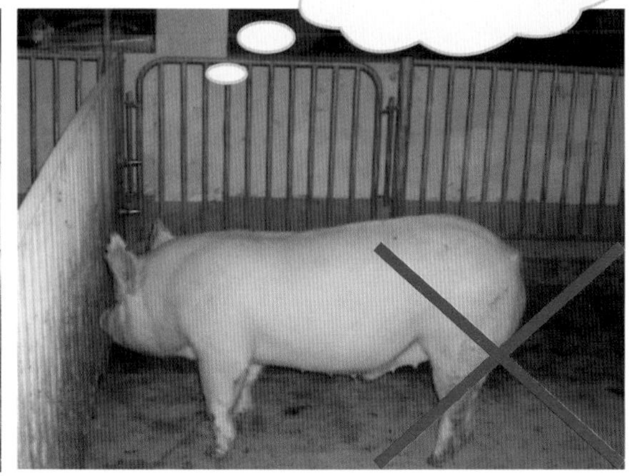

无睾丸

需要淘汰的种公猪

➢ **后备猪的选择** 获得后备种猪的综合选择指数（I）后，按指数值高低确定备选个体，再对个体进行外貌评定。总体要求是品种特征明显，体质结实，健康无病，四肢有力，体躯结构良好。繁殖器官发育好，公猪睾丸明显、发育匀称，母猪外阴发育良好，乳头发育良好且排列整齐。

● **发情表现和鉴定**

➢ **母猪发情征状**

◆ *发情初期* 从出现神经征状或外阴开始肿胀到接受爬跨，持续2～4天。

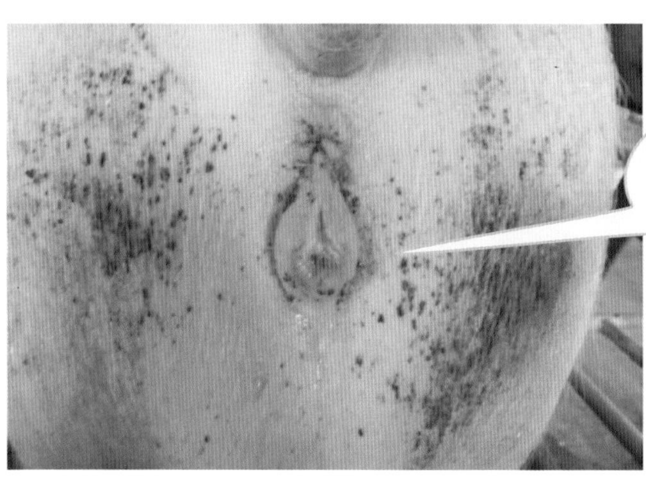

阴户开始潮红肿胀，食欲减退，行动不安，阴门开始流出分泌物。拒绝爬跨

发情初期

◆ 发情期　从母猪接受爬跨到拒绝爬跨，是性周期的高潮阶段。发情持续期后备母猪一般1～3天，经产母猪1～4天。

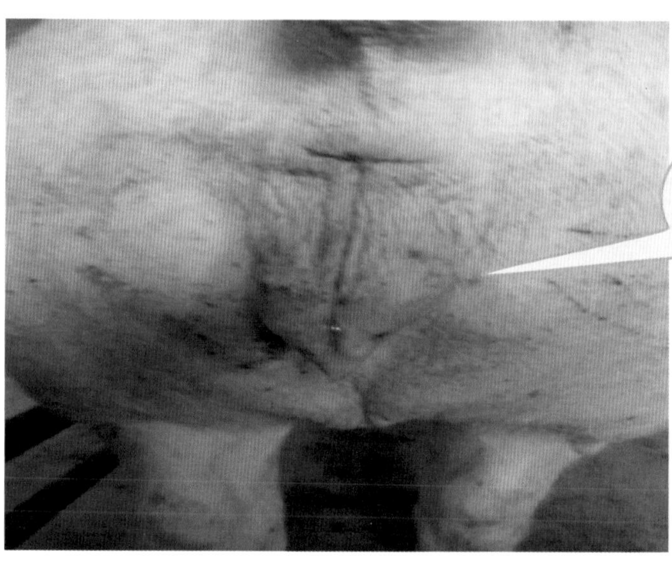
阴户肿胀开始消退，颜色由红变暗，微皱。按压腰荐部，母猪静立不动，尾巴举起，接受爬跨

发情期

◆ 发情后期（恢复期）　从拒绝爬跨到发情征状完全消失，持续3~5天（平均4天），此时拒绝公猪爬跨。

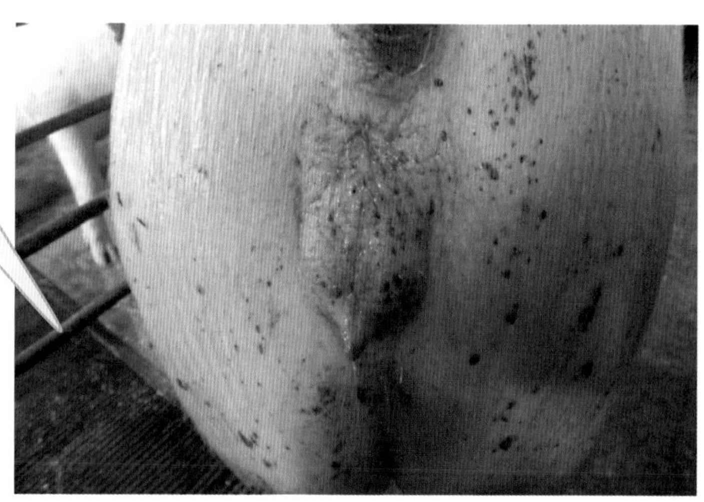
阴户收缩，红肿消失，黏液呈黏稠凝固状，发情逐渐终止

发情后期

◆ 休情期（间情期）　从本次发情征状消失到下次发情。

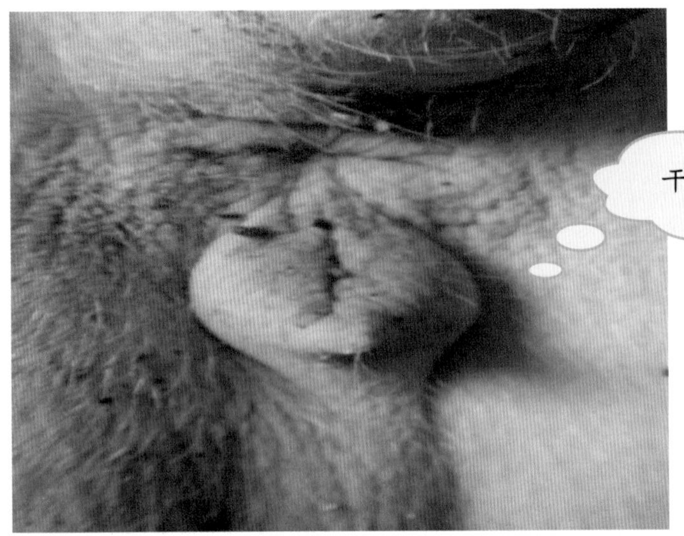
干爽清洁，一身轻松

休情期

● **适时配种** 配种的适宜时间是在母猪排卵前2～3小时，即发情开始后的21～22小时（可放宽到20～30小时）。

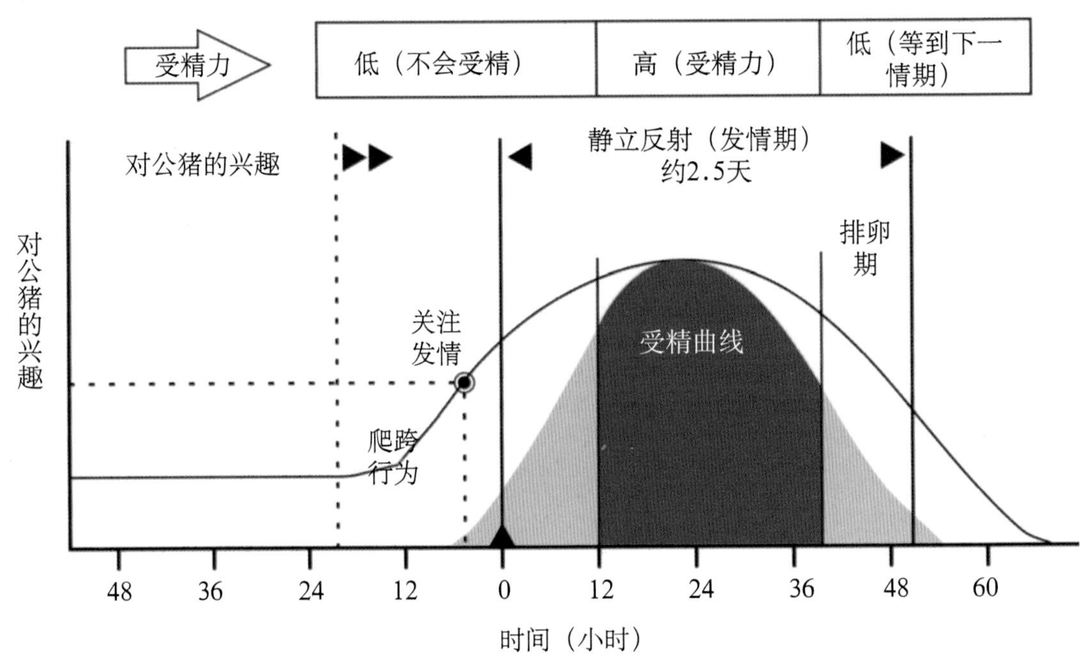
受精力
低（不会受精）
高（受精力）
低（等到下一情期）
对公猪的兴趣
静立反射（发情期）
约2.5天
排卵期
对公猪的兴趣
关注发情
受精曲线
爬跨行为
48
36
24
12
0
12
24
36
48
60
时间（小时）

配种时间的确定

公猪试情法可以提高发情鉴定的准确性。

谁对我会有
好感呀，我要
好好看看

公猪试情

三、猪的配种和人工授精

● **本交**　尽可能先利用有经验的公猪，减少大公猪配小母猪。

本交（个体差异不大，自由交配）

公猪大，母猪小的本交时母猪站在高处

公猪小，母猪大的本交时母猪站在低处

➢ **配种时间**　配种时间在采食后2小时较好。夏季天气炎热时应在早晚凉爽时进行。

➢ **配种地点**

我们需要安静、平坦、清洁的环境谈恋爱
靠近母猪圈、远离公猪圈、宜为八角区、直径大于3米、墙壁结实、无突出物

配种地点的选择

● 人工采精和授精

➢ **采精的方法**

◆ **徒手采精法**　这是目前最常用的采精方法。

在采精前，一定要擦洗干净，以防污染哦

擦洗公猪腹部

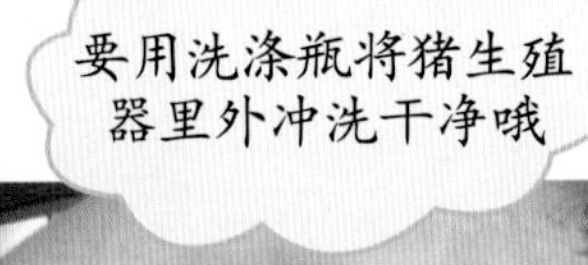

要用洗涤瓶将猪生殖器里外冲洗干净哦

擦洗公猪外生殖器

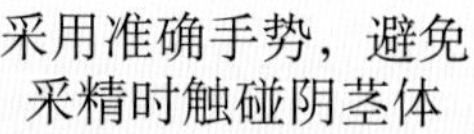
采用准确手势，避免
采精时触碰阴茎体

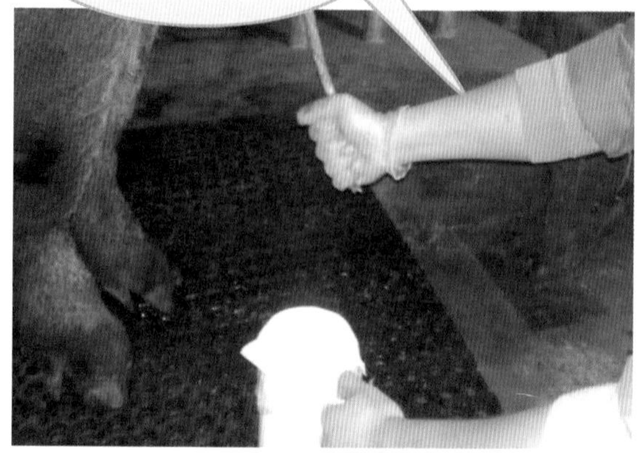

徒手采精

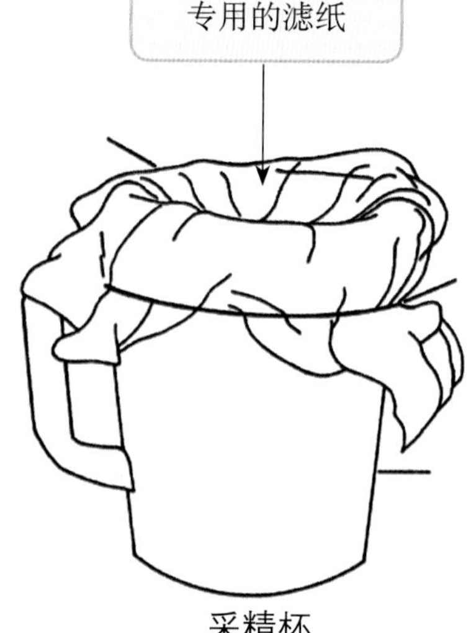
一定要用采精
专用的滤纸

采精杯

最初射出约20毫升液体，
不含精子，不收集

精液采集

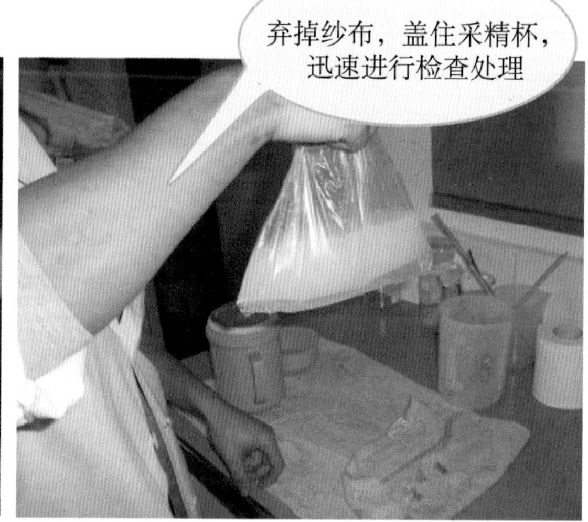
弃掉纱布，盖住采精杯，
迅速进行检查处理

精液转运

➢ **精液处理**　采精后要进行精液品质评定、精液稀释和保存等处理。

◆ **精液品质评定**　目的是评判精液品质优劣。主要评定精液量、颜色、气味、密度、精子形态和精子活力六个指标。

评定要在37℃、10分钟内完成哦
HH-2
数显恒温水浴锅
精液水浴恒温

正常范围：200～300毫升
精液量的测定

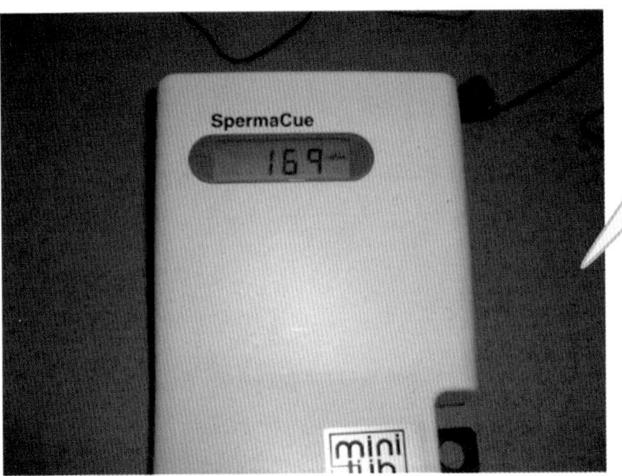
SpermaCue
169
精子密度正常范围：2亿～3亿/毫升
精子密度测定

HH-2
精液品质评定

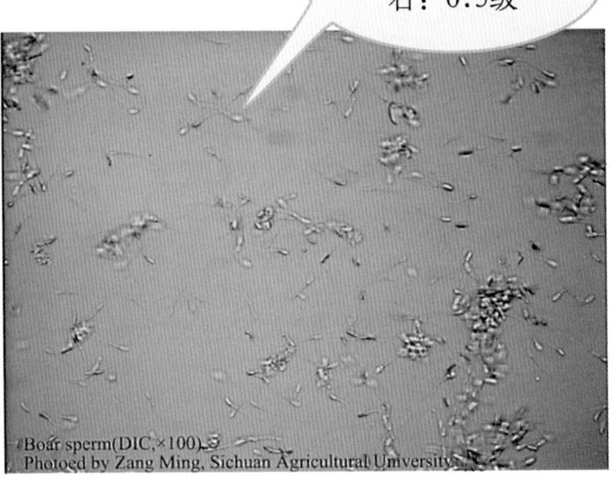
左：0.9级
右：0.5级
Boar sperm(DIC,×100)
Photoed by Zang Ming, Sichuan Agricultural University
精子的显微镜检

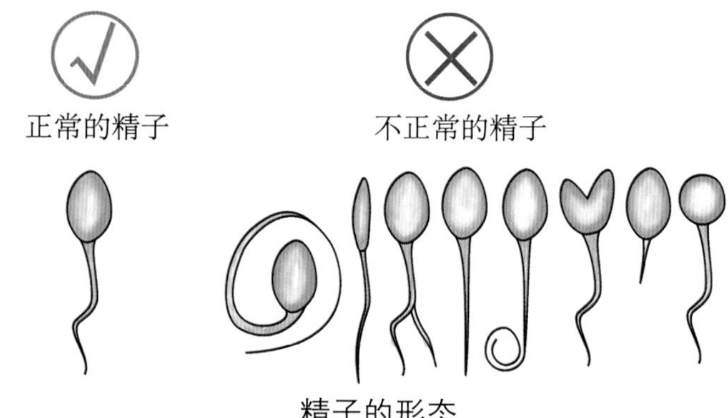
正常的精子
不正常的精子

精子的形态

◆ **精液稀释**　目的是以稀释液降低精子密度，增加精液量，扩大配种数。

◆ **精液稀释倍数**　根据原精液品质、待配母猪数，以及是否需要运输和贮存确定。

精子
活力0.8及以上者
按精液：稀释液＝1：2来稀释精液
精子
活力0.6～0.7者
按精液：稀释液＝1：0.5来稀释精液
精子
活力不足0.6者
不稀释，只能用原精液，随取随用

◆ **精液稀释流程**

稀释所用仪器高温消毒，确保卫生

↓

稀释所用的蒸馏水或去离子水要新鲜，pH呈中性；药品成分要纯净，称量要准确；稀释液现配现用，保持新鲜

↓

采精后原精液应保持在33～35℃，检查精液品质后确定稀释倍数

↓

稀释液预热，与精液同温稀释，两者温差不超过1℃

↓

将稀释液约按1：1比例缓慢倒入精液中，混匀，30秒后将剩余稀释液倒入精液中混匀

↓

稀释后镜检精子活力，分装，保存

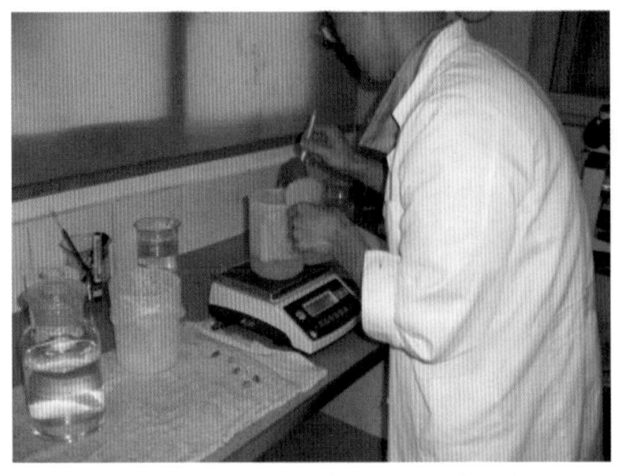
采用专业精液稀释粉，配制稀释液

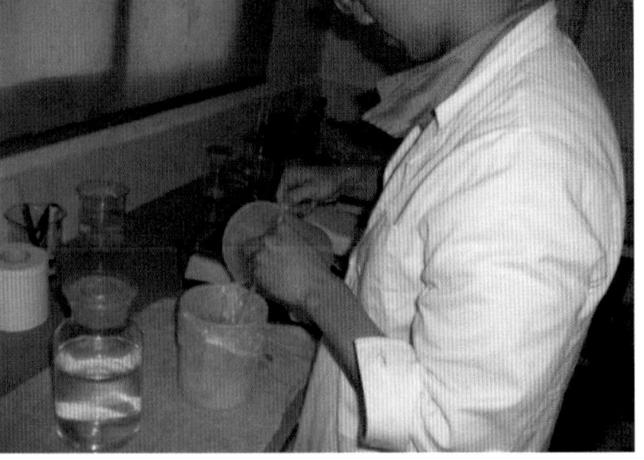
精液稀释

分装	每头份80～100毫升分装；标明公猪品种、耳号、时间等信息
保存	常温(15～25℃)保存：放置1～2小时，然后平放于15℃恒温保存，有效保存时间48小时 低温(0～5℃)和超低温（−79～−196℃）保存：保存时间长，但效果不如常温好

我对温度要求很高哦，否则我会死的

精液分装和保存

➢ **人工授精**　将检查合格的精液，以每2分钟升温1℃的速度把精液升温到35～38℃，输精时要保证所有器具的清洁，输精过程控制在5～10分钟，输完后再慢慢抽出输精管。

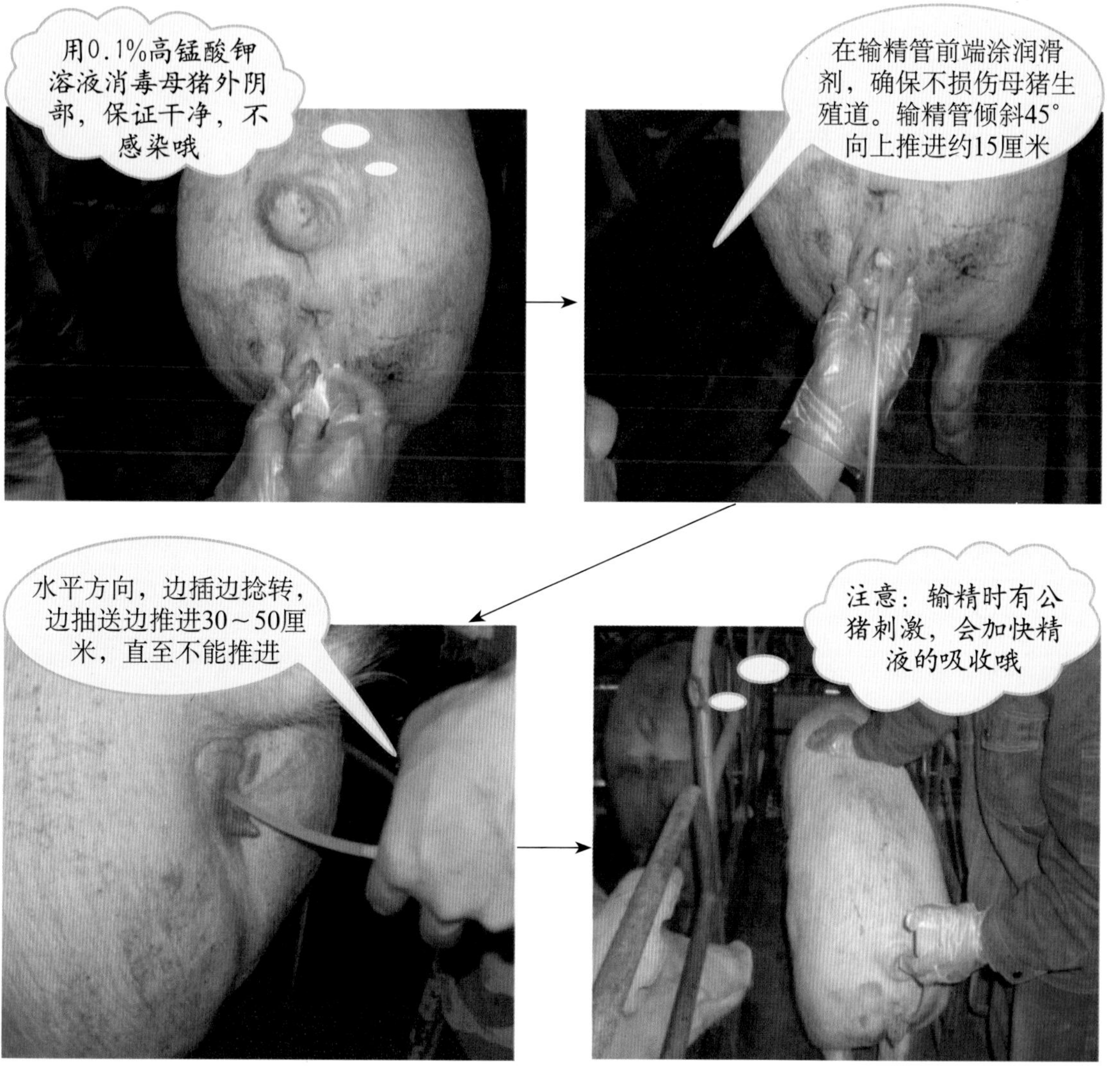

用0.1%高锰酸钾溶液消毒母猪外阴部，保证干净，不感染哦
在输精管前端涂润滑剂，确保不损伤母猪生殖道。输精管倾斜45°向上推进约15厘米
水平方向，边插边捻转，边抽送边推进30～50厘米，直至不能推进
注意：输精时有公猪刺激，会加快精液的吸收哦

人工授精

四、妊娠诊断方法

● **观察法时间**　配种后一个情期（21天左右）。

好想睡、好想吃、不想动，长胖了，这是怎么了呀

观察法妊娠诊断

● **超声波测定时间** 一般配种后21天左右的诊断准确率为80%，40天以后的准确率可达100%。

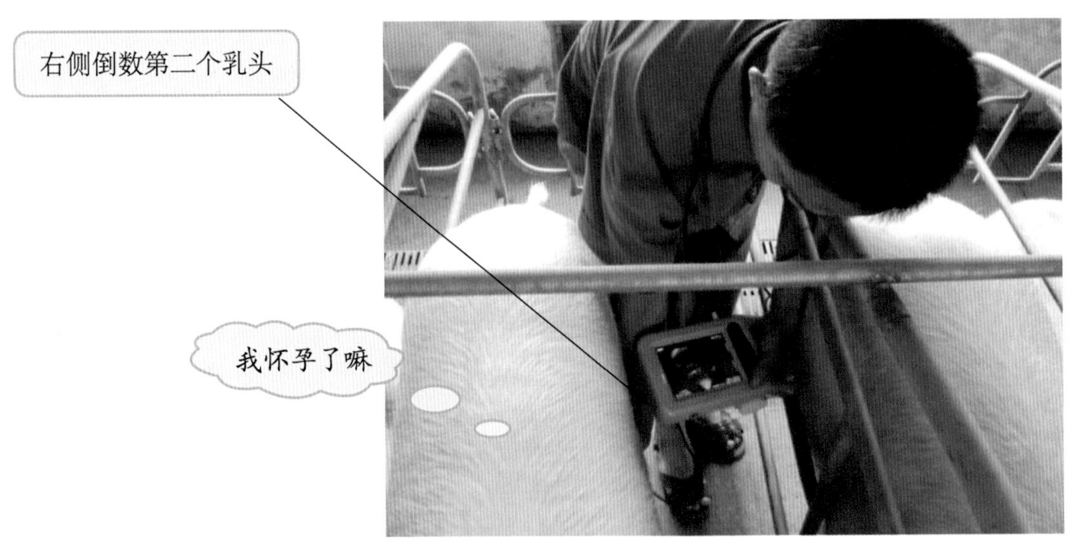
右侧倒数第二个乳头
我怀孕了嘛

超声波妊娠诊断

现代养猪生产越来越强调品种选育与繁殖技术的标准化。选育的成功必须依赖正确的繁殖技术，只有坚持做好品种选育和繁殖才能取得良好的生产效果。

4 第四章　饲料与日粮配制

第一节　饲料分类

猪是杂食性动物，可利用的饲料种类很多。国标饲料分类法将饲料分为能量饲料、蛋白质饲料、青绿饲料、青贮饲料、饲料添加剂等。中国饲料分类法则将其分为青绿多汁类饲料、青贮饲料、谷实类饲料、糠麸类饲料、饲料添加剂等。

一、能量饲料

能量饲料是猪使用量最多的一类优质原料，在动物饲粮中所占比例一般为50%～70%，对动物主要起着供能作用。主要包括谷物籽实类、糠麸类、糟渣类、块根块茎及其加工副产物、油脂和乳清粉等。

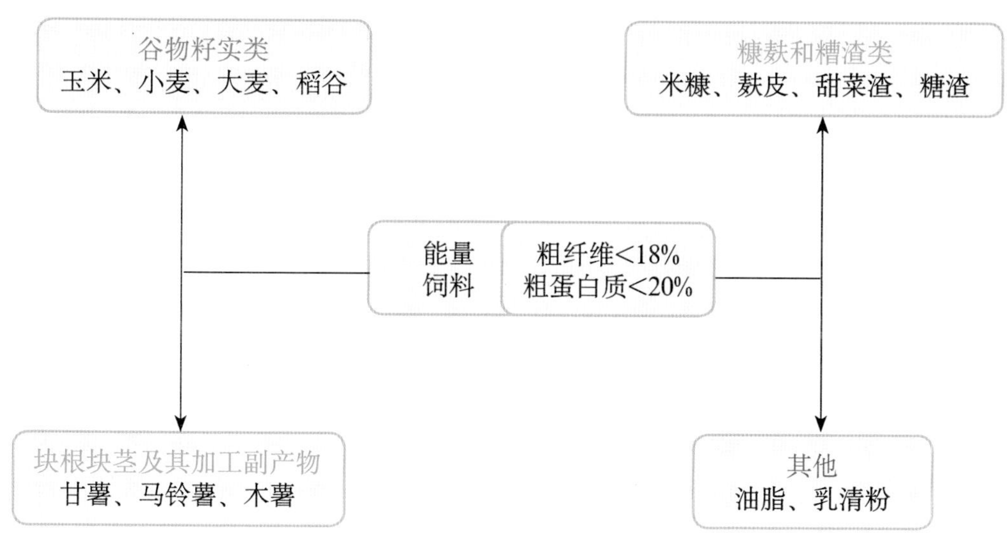
谷物籽实类
玉米、小麦、大麦、稻谷
糠麸和糟渣类
米糠、麸皮、甜菜渣、糖渣
能量
饲料
粗纤维<18%
粗蛋白质<20%
块根块茎及其加工副产物
甘薯、马铃薯、木薯
其他
油脂、乳清粉

● **谷物籽实类** 谷物籽实类饲料富含无氮浸出物（70%以上），粗纤维含量低，适口性好，消化率高，但蛋白质品质差，钙、磷不平衡，磷利用率差。

玉 米

玉米质量要求（GB1353—2009）

等级	容重/（克/升）	不完善粒（%）		杂质	水分（%）
		总量	生霉率		
1	≥720	≤4.0			
2	≥685	≤6.0			
3	≥650	≤8.0	≤2.0	≤1.0	≤14.0
4	≥620	≤10.0			
5	≥590	≤15.0			
等外	<590	不要求			

小 麦

小麦质量要求（GB1351—2008）

等级	容重（克/升）	不完善粒（%）	杂质（%）		水分（%）
			总量	矿物质	
1	≥790	≤6.0			
2	≥770				
3	≥750	≤8.0			
4	≥730		≤1.0	≤0.5	≤12.5
5	≥710	≤10.0			
等外	<710	不要求			

● **糠麸和糟渣类** 糠麸和糟渣类饲料是一类谷实加工后的副产物，包括米糠、小麦麸、谷糠、甜菜渣等，具有粗蛋白质含量低、粗纤维含量高等特点。

麦 麸

麦麸质量要求（GB10368—89）

项目	一级	二级	三级
粗蛋白质（%）	≥15.0	≥13.0	≥11.0
粗纤维（%）	<9.0	<10.0	<11.0
粗灰分（%）	<6.0	<6.0	<6.0

米　糠

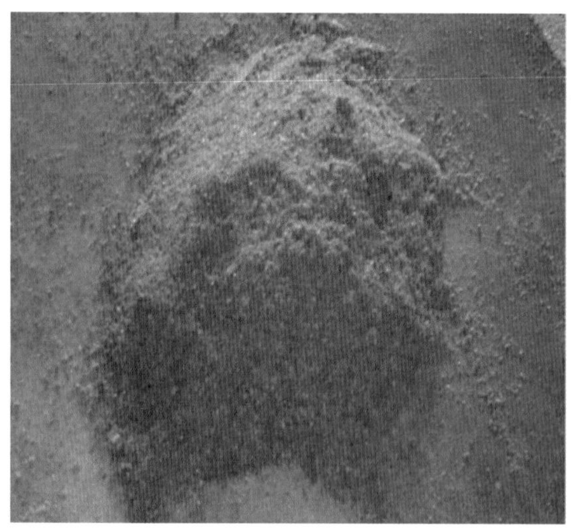

玉米酒精糟

● **块根块茎及其加工副产物**　块根块茎及其加工副产物类饲料特点是无氮浸出物含量高，蛋白质、脂肪、粗纤维含量低，包括甘薯、马铃薯、木薯等。

甘　薯

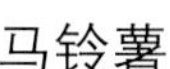

马铃薯

● 乳清粉和油脂

乳 清 粉　　　　大 豆 油　　　　玉 米 油

二、蛋白质饲料

蛋白质饲料也是猪生产中非常重要的一类饲料原料。主要特点是蛋白质含量高，适口性好，粗纤维含量低，有些含抗营养物质等。主要包括植物性蛋白饲料和动物性蛋白饲料等。

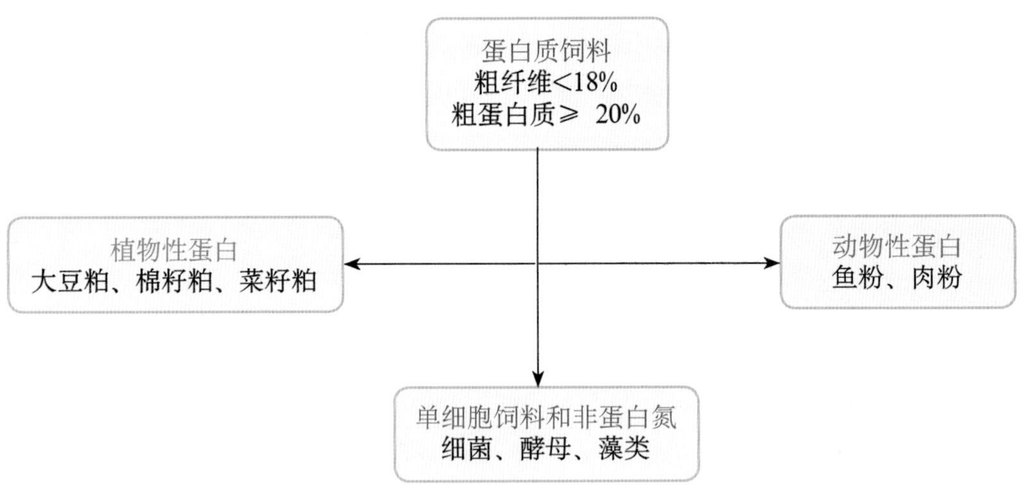
蛋白质饲料
粗纤维<18%
粗蛋白质≥ 20%
植物性蛋白
大豆粕、棉籽粕、菜籽粕
动物性蛋白
鱼粉、肉粉
单细胞饲料和非蛋白氮
细菌、酵母、藻类

● **植物性蛋白**　植物性蛋白饲料是动物生产中使用量最多、最常用的蛋白质饲料，其主要特点是蛋白质含量高，且蛋白质品质好，粗脂肪变异大，钙、磷不平衡，大多数含有抗营养因子等。

大　豆

大豆质量要求（%）

等级	不完善粒		粗蛋白质
	合计	热损伤粒	
1	≤5	0.5	≥36
2	≤15	1.0	≥35
3	≤30	3.0	≥34

豆　粕

豆粕质量要求（%）

项目	一级	二级
水分	≤13.0	≤13.0
粗蛋白	≥44.0	≥43.0
粗纤维	≤5.0	≤6.0
赖氨酸	≥2.66	≥2.62
苏氨酸	≥1.7	≥1.68
尿素酶活性	0.05～0.3	0.05～0.3
氢氧化钾溶解度	70～80	70～80

棉　籽　粕

棉籽粕质量要求（%）

项　目	指标
水分	≤12.0
粗蛋白质	≥37.0
赖氨酸	≥1.68
苏氨酸	≥1.33
蛋氨酸	≥0.60
胱氨酸	≥0.73
游离棉酚（毫克/千克）	≤1200

菜 籽 粕

菜籽粕质量要求（%）

项目	一级	二级	三级
水分	≤12.0	≤12.0	≤12.0
粗蛋白质	≥37.0	≥34.0	≥30.0
赖氨酸	≥1.83	≥1.80	≥1.78
苏氨酸	≥1.46	≥1.45	≥1.43
蛋氨酸	≥1.71	≥0.69	≥0.67
胱氨酸	≥1.84	≥0.82	≥0.80
异硫氰酸酯+噁唑烷硫酮（毫克/千克）	≤4000	≤4000	≤4000

菜 籽 饼

菜籽饼质量要求（%）

项目	一级	二级	三级
水分	≤12.0	≤12.0	≤12.0
粗蛋白质	≥37.0	≥34.0	≥30.0
赖氨酸	≥1.83	≥1.80	≥1.78
苏氨酸	≥1.46	≥1.45	≥1.43
蛋氨酸	≥1.71	≥0.69	≥0.67
胱氨酸	≥1.84	≥0.82	≥0.80

● **动物性蛋白** 动物性蛋白饲料是畜禽水产及乳品业加工后的副产品，其主要特点是蛋白质含量高（40%～85%），氨基酸组成平衡，粗脂肪含量高，不含粗纤维，但容易氧化等。

鱼 粉

鱼粉质量要求（%）

项目	一级	二级	三级
水分	≤8	≤8	≤12.0
粗蛋白质	≥70	≥65	≥62.0
粗脂肪	≤9.3	≤8.9	≤12.0
钙	≤2.41	≤3.85	≤6.0
磷	≥2.06	≥2.52	≥2.0
盐	≤2.46	≤2.9	≤3.5
赖氨酸	≥5.26	≥4.89	≥4.64
沙门氏菌	阴性	阴性	阴性
胃蛋白酶消化率	≥85.0	≥85.0	≥85.0

三、青绿饲料

猪常用的青绿饲料包括甘薯藤、青菜、萝卜、牛皮菜、南瓜、苜蓿、三叶草、紫云英等。特点：含水量高，蛋白质含量较高，粗纤维含量较低，维生素含量丰富，容易消化，适口性好等。

甘 薯 藤

三 叶 草

大 白 菜

常用青绿饲料

四、矿物质饲料

常用的矿物质饲料包括石粉、贝壳粉、骨粉、磷酸氢钙、沸石粉、饲用微量元素、无机化合物和有机螯合物等。

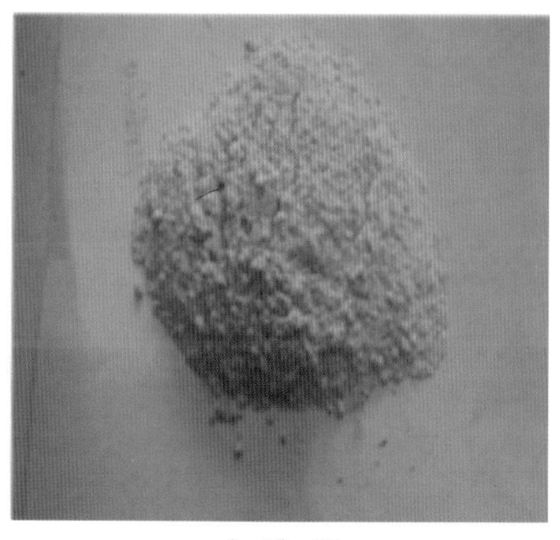

硫 酸 铜

亮蓝色结晶

铜≥25.0%

砷≤5.0毫克/千克

粒度：全部通过20目筛，

95%通过40目筛，

80目筛下物≤20.0%

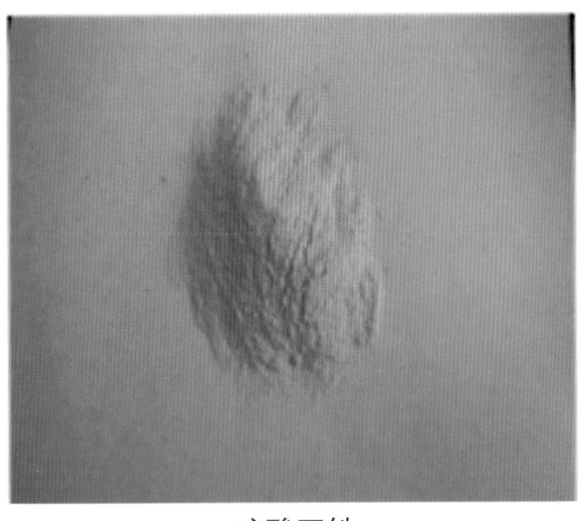

浅灰色或褐色粉末

铁≥30.0%

铅≤20.0毫克/千克

砷≤2.0毫克/千克

粒度：全部通过40目筛，

80目筛下物≥90.0%

硫酸亚铁

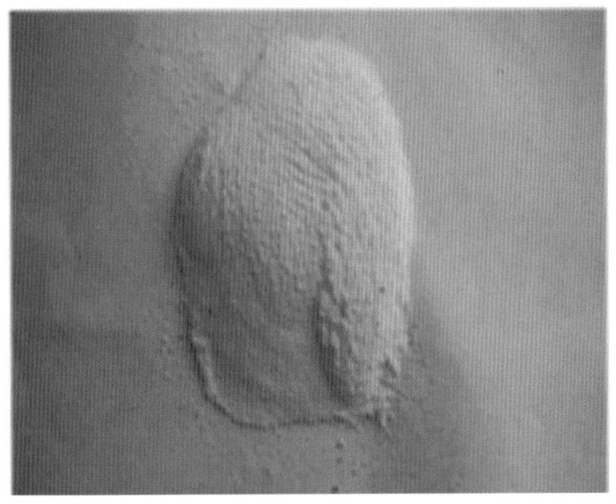

白色结晶粉末

锌≥35.0%

铅≤20.0毫克/千克

砷≤5.0毫克/千克

镉≤30.0毫克/千克

粒度：全部通过40目筛，

80目筛下物≥90.0%

硫 酸 锌

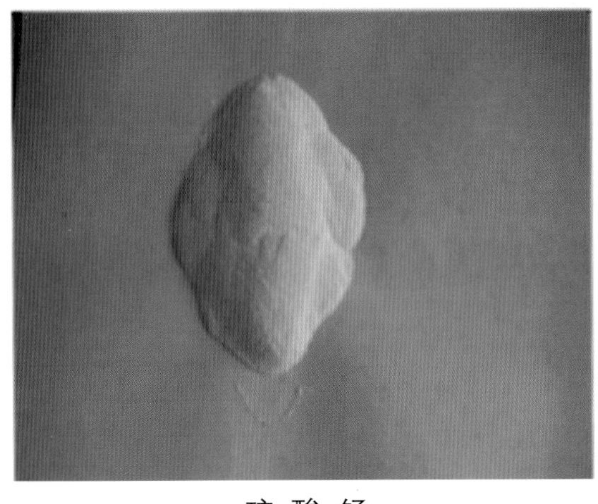

白色或略带粉红色结晶粉末

锰≥31.8%

铅≤10.0毫克/千克

砷≤5.0毫克/千克

粒度：全部通过40目筛，

80目筛下物≥90.0%

硫 酸 锰

常用矿物质原料

五、维生素饲料

由工业合成或提取的单一或复合维生素，但不包括富含维生素的天然青绿饲料在内。

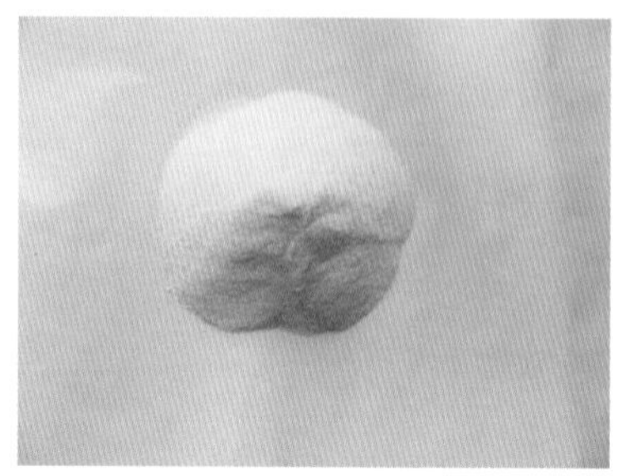

维 生 素

胆　碱

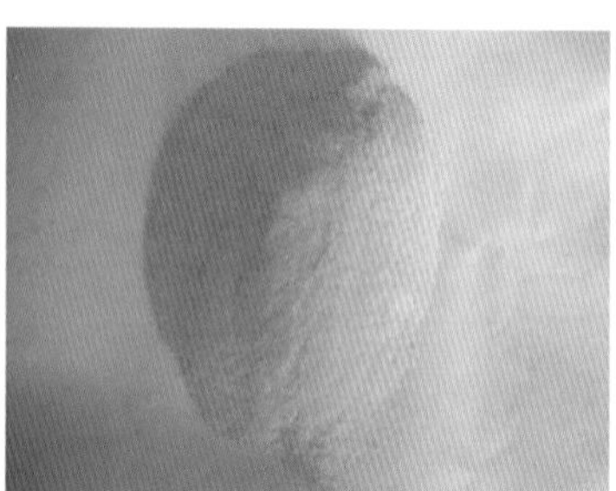

多　维

常用维生素原料

六、饲料添加剂

饲料添加剂是添加到饲粮中能促进营养物质的消化吸收、调节机体代谢、增进动物健康，从而改善营养物质的利用效率、提高动物生产水平、改进动物产品品质的物质的总称。饲料添加剂习惯性分为营养性和非营养性饲料添加剂。

● **营养性添加剂**　主要作用是补充动物必需的营养物质，如氨基酸、微量元素、维生素等。

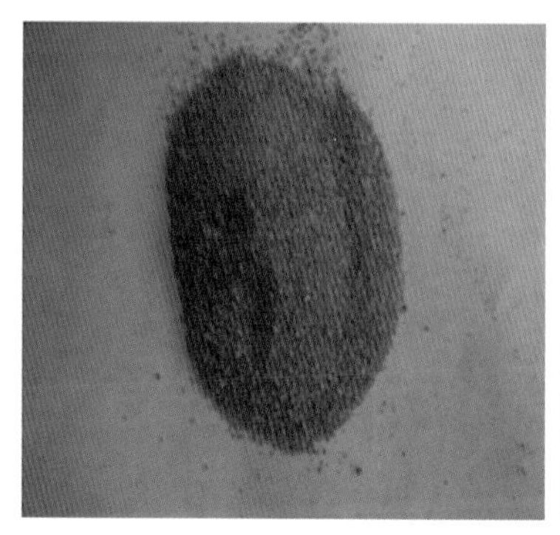

赖 氨 酸

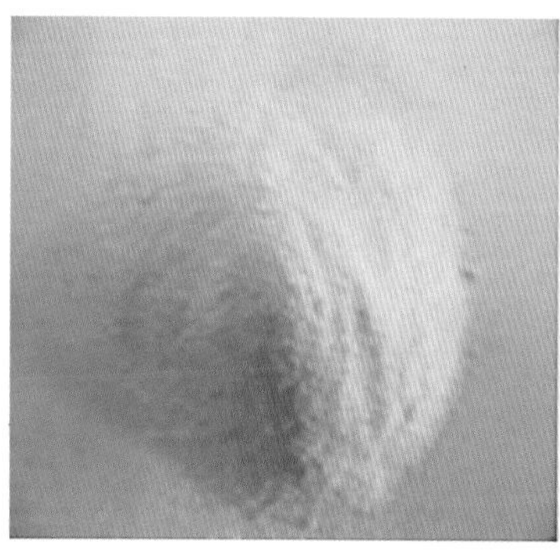

蛋 氨 酸

苏 氨 酸

营养性添加剂

● **非营养性添加剂**　非营养性添加剂种类多，包括饲料保护剂（抗氧化剂）、助消化剂（酶制剂、益生素、酸化剂）、生长促进剂、动物保健剂（药物、免疫调节剂）等。

植　酸

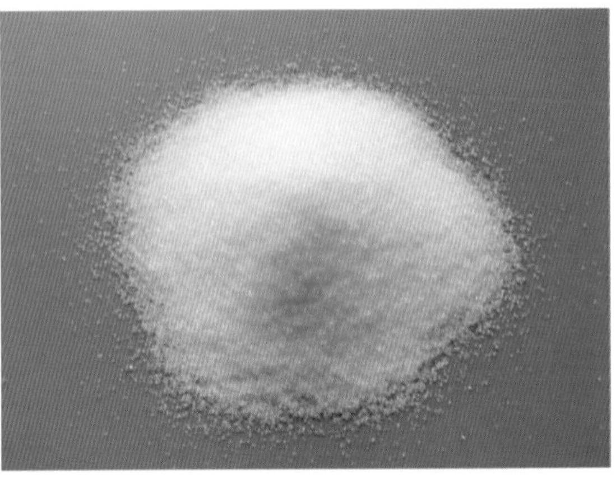
酸 化 剂

微生态制剂

非营养性添加剂

第二节　饲料原料安全控制

饲料原料不安全有许多因素，如饲料自身含有的有毒有害物质和抗营养因子，外界污染带来的微生物等。做好饲料原料的安全控制，猪饲料原料应符合GB13078—1991《饲料卫生标准》要求，饲料药物添加剂应符合《饲料药物添加剂使用规范》（中华人民共和国农业部公告第168号）要求。

一、原料采购

原料采购在饲料企业中是非常重要的一个环节，直接关系到饲料厂的成本和效益。原料采购除对饲料原料行情把握准确外，还要对原料相关内容进行调查和分析，包括原料产地的情况，原料加工的工艺及过程，根据检测结果后计算实际的原料价值等。

合格肥料
合格农药
产地生态条件良好，远离污染

设备先进，加工规范，管理严格

检测报告
无公害
绿色有机
提供合格检验报告

购销合同
合同购销，安全运输

原料采购流程

二、原料检测

原料检测流程：感官判定、实验室分析、评价结论。

眼看色泽、粒度、掺杂、霉变
……手触质地，鼻嗅气味……

掺杂、营养、卫生指标检测

豆粕

分类码放，明确标识，遮风避雨，
防晒，防潮，防霉，防鼠，防蛀

原料检测及评价流程图

感官判定

取样 → 感官测定

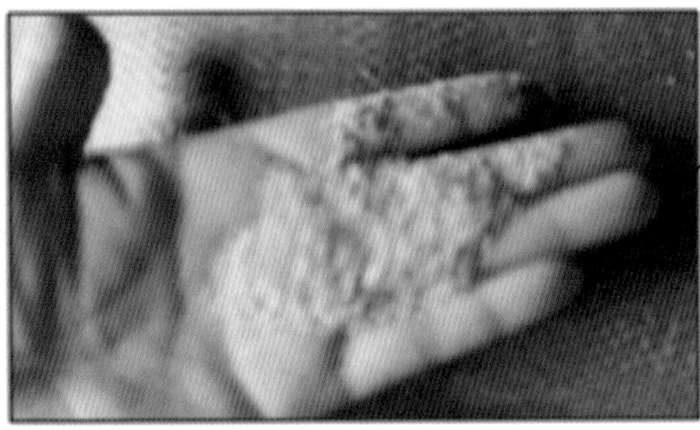

采用“眼、耳、口、鼻”观察原料气味、色泽、形状等，辨别原料质量

实验室检测

常规养分测定

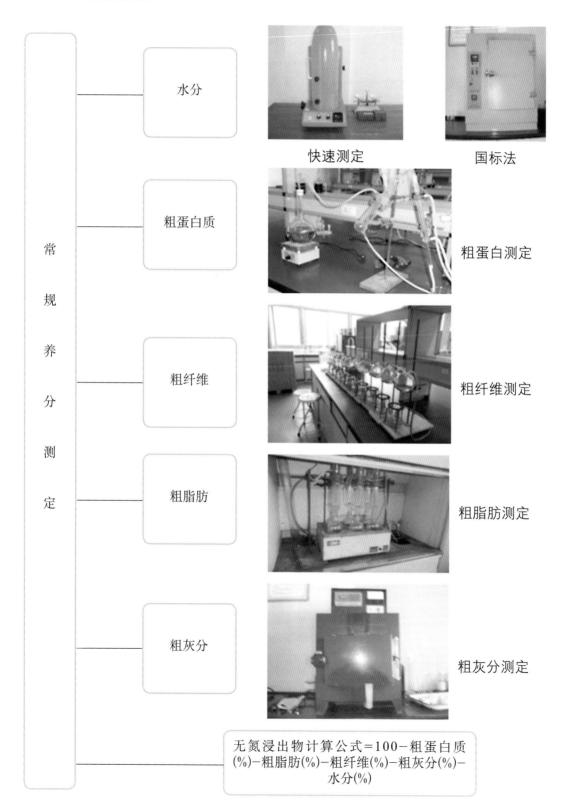

- 水分：快速测定；国标法
- 粗蛋白质：粗蛋白测定
- 粗纤维：粗纤维测定
- 粗脂肪：粗脂肪测定
- 粗灰分：粗灰分测定
- 无氮浸出物计算公式=100－粗蛋白质(%)－粗脂肪(%)－粗纤维(%)－粗灰分(%)－水分(%)

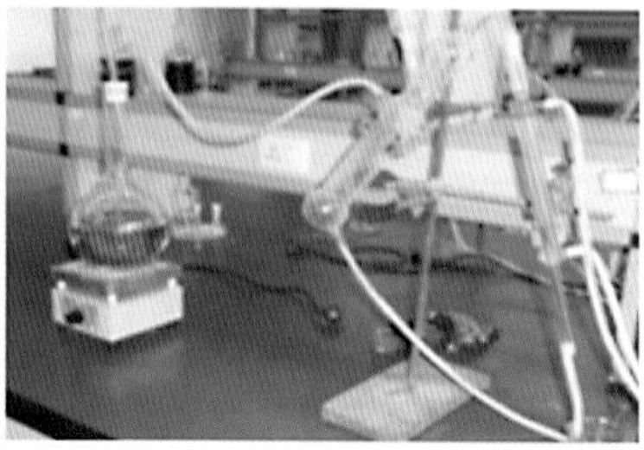

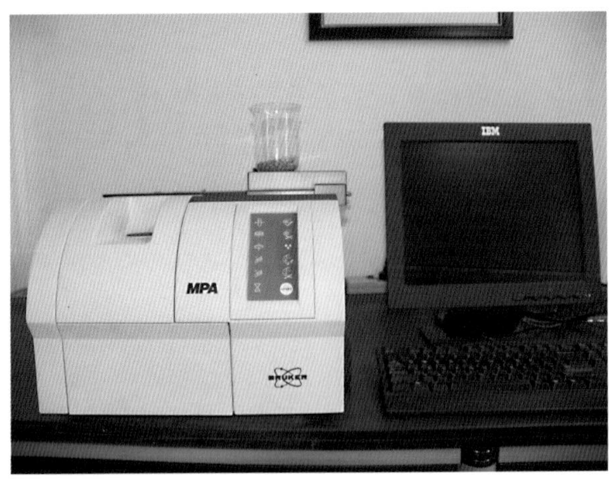
IBM
MPA

优点：能较快速准确检测饲料原料营养价值等方面的相关参数指标
缺点：建模难度大，投资大，适用于现代大型饲料企业

近红外光谱仪

饲料原料镜检（分析是否掺假）

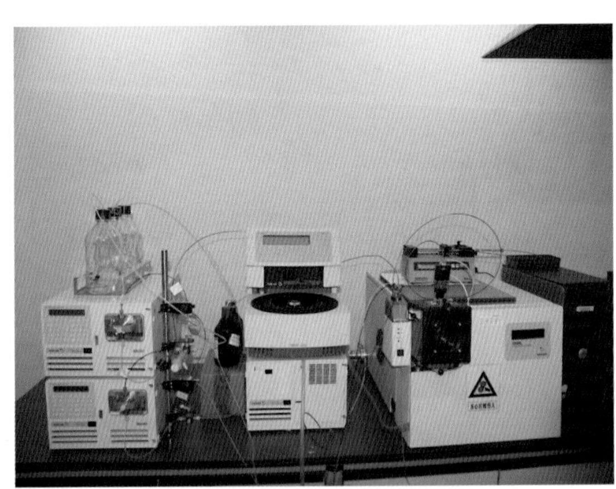

可用于测定饲料原料三聚氰胺含量

液质联用仪

可用于测定蛋白质饲料氨基酸组成

全自动氨基酸分析仪

novAA

可用于测定矿物质原料重金属含量

原子吸收光谱仪

可用于测定饲料原料霉菌毒素含量

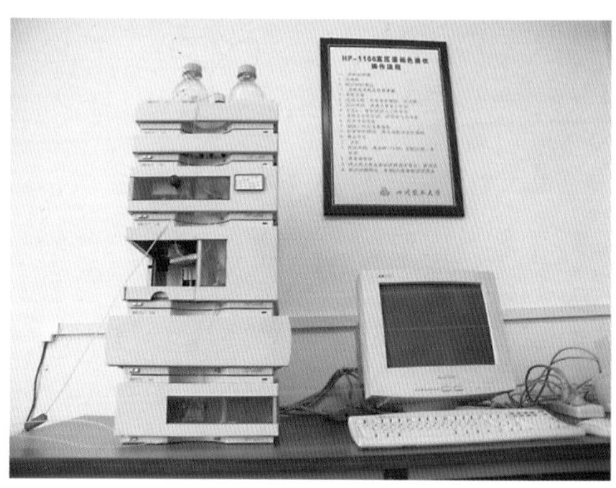

高压液相色谱仪

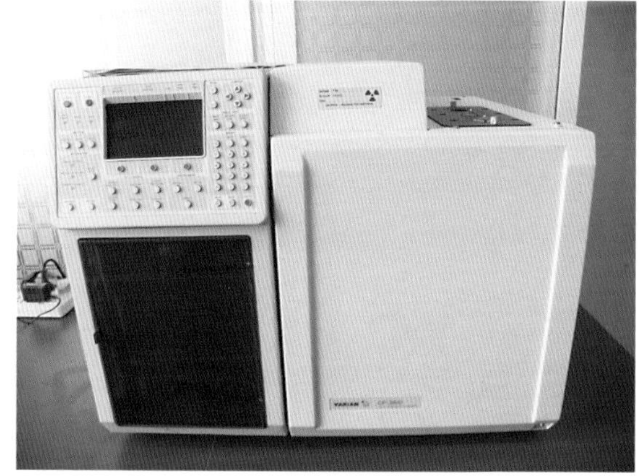

可用于测定油脂类饲料的脂肪酸含量

气相色谱仪

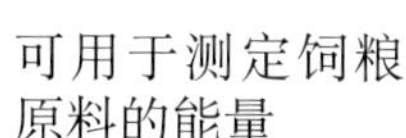
可用于测定饲粮原料的能量

氧弹式热量计

三、仓库管理

饲料仓库管理重点是通风、防潮、防鼠、防虫、防污染，方便生产及生产管理，生产中常推行6S管理。

先进先出、后进后出原则

待检

合格

定期检查

安全重于泰山

正点杀手
粘蝇板
Fly Glue Board

防潮、防鼠、防虫、防污染

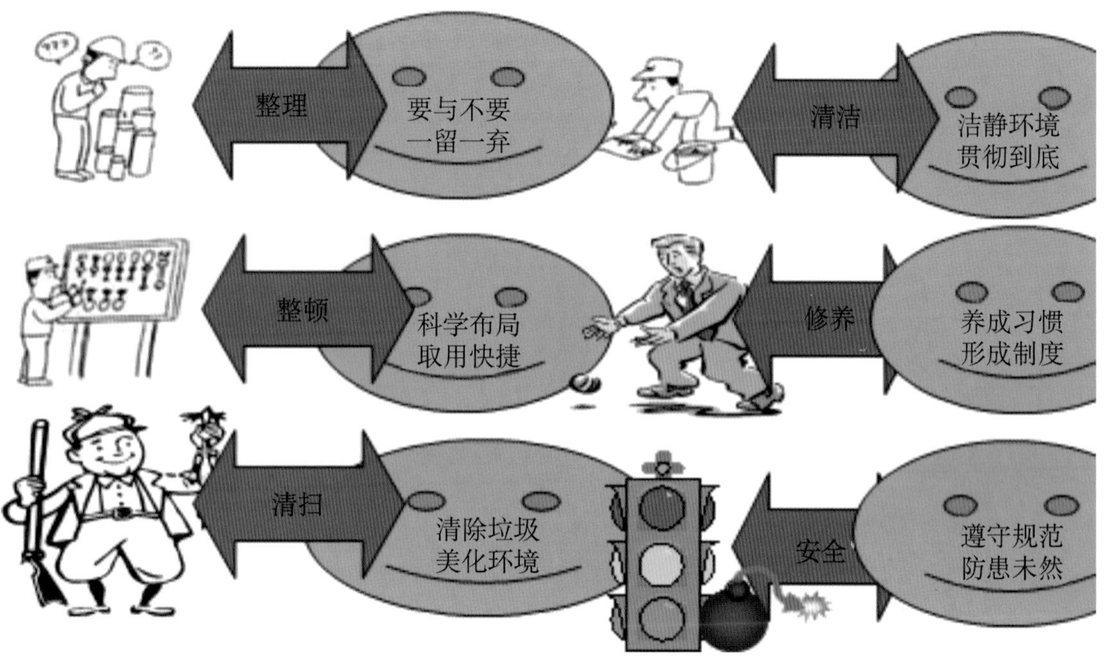
整理
要与不要
一留一弃
清洁
洁静环境
贯彻到底
整顿
科学布局
取用快捷
修养
养成习惯
形成制度
清扫
清除垃圾
美化环境
安全
遵守规范
防患未然

仓库6S管理

第三节　饲料贮藏

一、饲料原料贮藏

● 大型露天原料堆场

要求：防水、防自燃、防雷击，码尖垛，下雨不积水；库外原料垫板下不低于50厘米，原料垛底下通风良好，堆上下垫篷布

大型露天原料堆场安全贮藏

● 立筒仓式

要求：水分高的原料不进仓；玉米水分不超过14%且无其他品质问题；检查筒仓内玉米的数量、品质，注意通风、防虫害

立筒仓式安全贮藏

● 室内贮藏

室内饲料贮藏

➢ 室内贮藏要求　库内通风和干燥，原料与墙之间及袋与袋饲料之间保持一定缝隙；保持料垛四周、表面干净、整洁；袋装原料码垛离墙80厘米，散装原料离房顶最少2米；房顶不漏，水沟通畅；原料按“先进先出”的原则使用，室内通风稳定。

原料存放过久变质

原料存放混乱

底层玉米变质

油脂在外暴晒

原料的不合适保存

不同饲料原料的适宜贮藏水分（%）

品名	水分质量指标	温度（℃）	湿度
玉米	夏、秋季≤14.5 春、冬季≤15	夏、秋季≤35 冬、春季≤18	夏、秋季≤70 冬、春季≤50
小麦	水分≤12.5	夏、秋季≤35 冬、春季≤18	夏、秋季≤70 冬、春季≤50
小麦麸	水分≤13.0	夏、秋季≤35 冬、春季≤18	夏、秋季≤70 冬、春季≤50
次粉	水分≤13.0	夏、秋季≤35 冬、春季≤18	夏、秋季≤70 冬、春季≤50
豆粕	水分≤12.0	夏、秋季≤35 冬、春季≤18	夏、秋季≤70 冬、春季≤50
菜籽粕	水分≤12.0	夏、秋季≤35 冬、春季≤18	夏、秋季≤70 冬、春季≤50
鱼粉	水分≤10.0	夏、秋季≤35 冬、春季≤18	夏、秋季≤70 冬、春季≤50

二、全价颗粒料贮藏

全价颗粒料贮藏

在常温仓库内贮存全价饲料要求空气相对湿度在70%以下，饲料水分含量不应超过12.5%。堆放包装袋离仓库四周墙壁保持1米距离，行距保持在40厘米以上，同品种不同生产日期的产品必须间隔50厘米堆放，整齐保持在同一直线上。

三、浓缩料、添加剂预混料贮藏

预混料贮存方式

预混料贮藏环境相对湿度不宜超过70%，其贮存温度不超过30℃。在贮藏中要注意避光，包装最好采用避光材料，封口进行折叠双缝线。部分预混料的适宜酸碱度(pH)为5.5～6.5，预混料最好在1个月内用完。

第四节　饲料加工及机械

一、饲料厂加工工艺流程

啊，饲料原来是
这样生产出来的

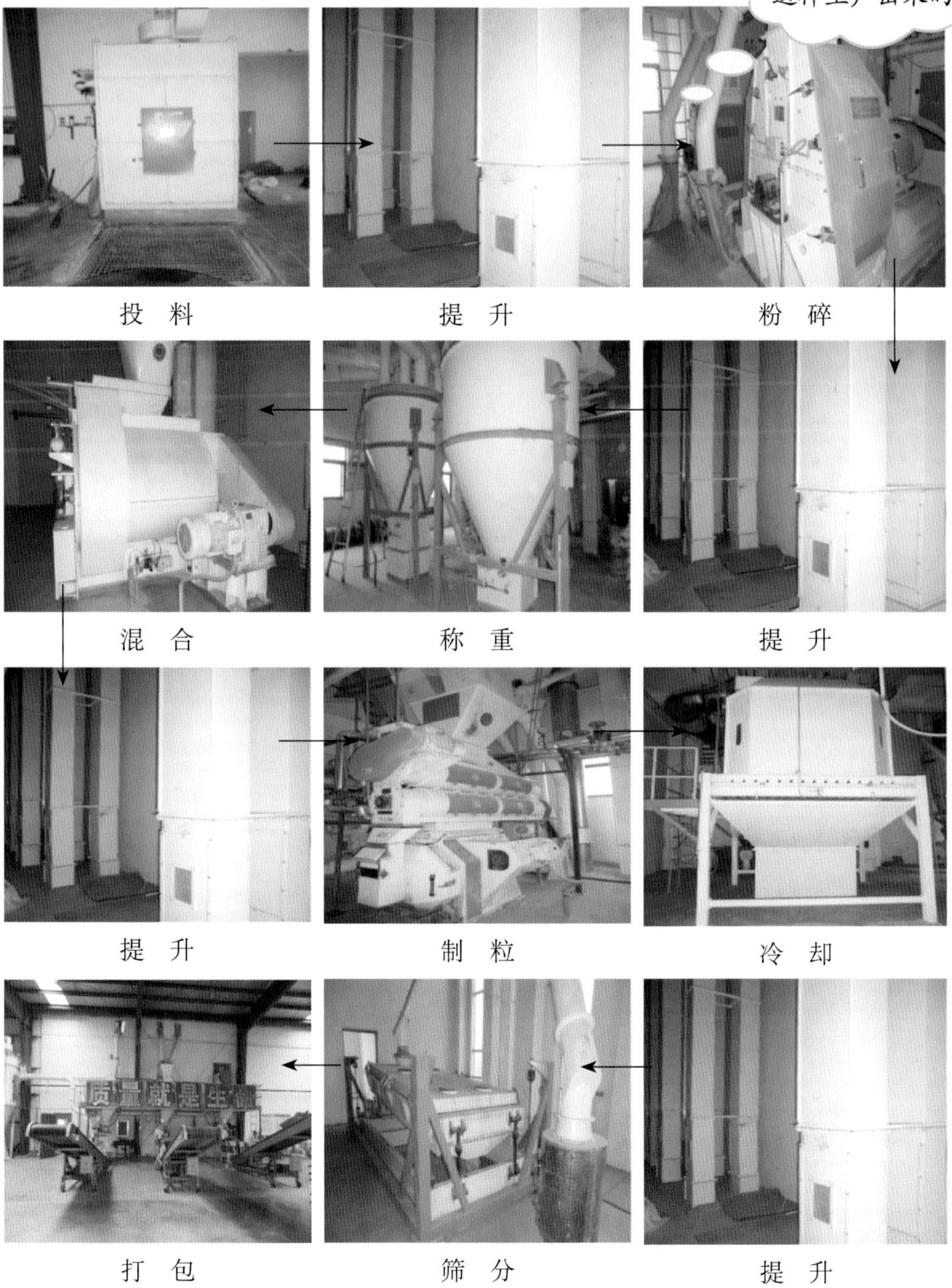

投　料　　提　升　　粉　碎

混　合　　称　重　　提　升

提　升　　制　粒　　冷　却

打　包　　筛　分　　提　升

饲料厂加工工艺流程

二、饲料厂主要加工生产系统

● 原料接收系统

汽车原料投料口

哈哈！这里不能
有交叉污染

除尘器原料下料口

汽车下料口应配置栅栏，包装接收时则由人工拆包并将料倒入下料口，栅格间隙约为40毫米。建议系统设计吸风量为283 ～ 425米^3/分。

下料栅栏面积≥2.5米×2米，低于沿口200毫米；栅栏用50毫米×8毫米扁钢和圆钢，制成120毫米×40毫米网格形状，栅栏下方设置多个活动翻板门，形状为∧，规格为15厘米×15厘米×15厘米，每个间隔约50毫米。

饲料粉碎机

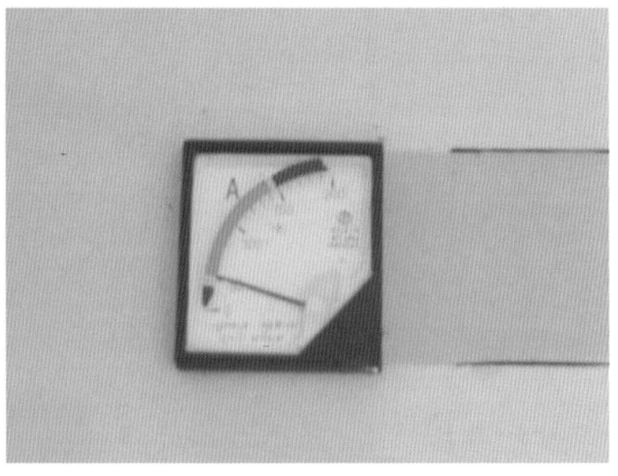

粉碎机电流

粉碎系统包括：提升机、刮板机、喂料器、粉碎机、除尘器。粉碎机动力占饲料厂总功率的1/3左右。加工畜禽料300吨/日，需要2台饲料粉碎机，玉米16～22吨/小时（含水14%以下，2.5毫米筛网）。

● 配料混合系统

配 料 秤

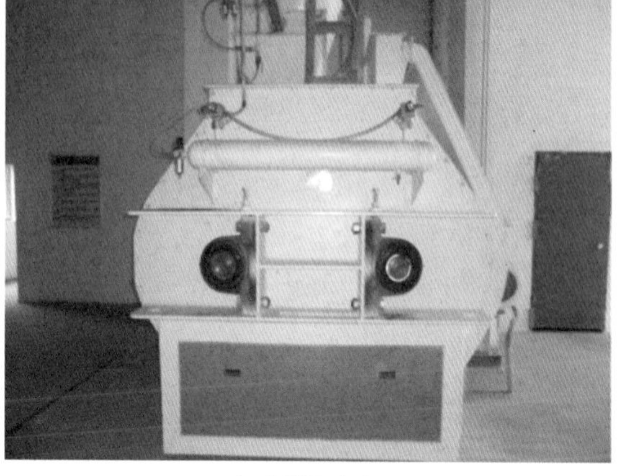

饲料混合机

配料秤和传感器安装均衡和对称，受力均衡，饲料配料秤配料精度国家标准为0.1%，动态为0.3%。

混合均匀度：变异系数（CV）≤5%。配料周期3分钟，配混周期4分钟，混合机内残留率R≤1%。混合机门保证密封可靠。

● 制粒系统

双层调质制粒机

高温危险

饱和水蒸气

饲料制粒系统设备包括待制粒仓、调质器、颗粒机、冷却器、分级筛、碎粒机、提升机。出机颗粒料的温度在75 ~ 95℃，水分在14%～ 18%。颗粒排出冷却器的温度不会低于室温，认为比室温高3 ~ 5℃，水分能降至12%～ 13%(即安全贮藏水分)。

● 成品包装系统

皮带进料包装秤

成品包装系统包括成品仓、打包秤、缝包机及传送带等设备。常量包装秤的包装量为30 ~ 50千克/包，采用内衬塑料膜的编织袋。

● 膨化系统

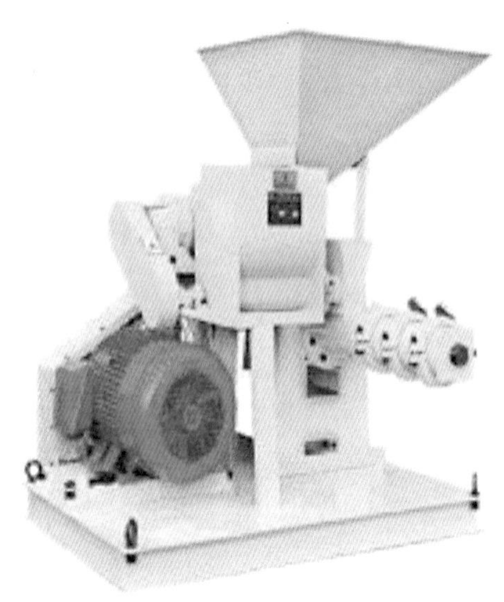

饲料膨化机

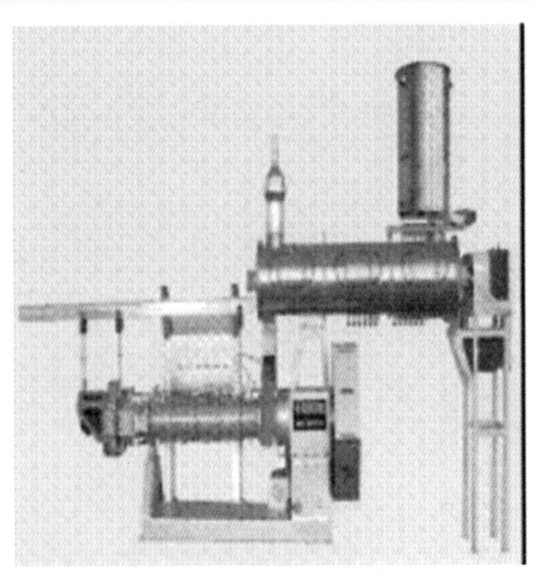

单螺杆膨化机

单螺杆膨化机包括进料装置、喂料绞龙、调质器、膨化机构、模板、切刀及传动装置等。膨化工艺过程有清理、粉碎、配料、混合、挤压膨化、冷却、包装等各阶段。粉碎机配3毫米的筛板。

第五节　饲料配制

一、配方设计原理

饲料配方设计目的是以最经济的方式利用饲料原料的养分平衡原理，供给和满足动物对养分的需要量，最终实现经济效益最大化。配方设计原理主要依据准确估计动物的采食量（配制基础），保证动物能量和蛋白质的适宜进食量，运用理想氨基酸模式，维持动物钙、磷及微量元素和维生素的需要量，并保持日粮一定的酸碱性，维持机体电解质平衡等。

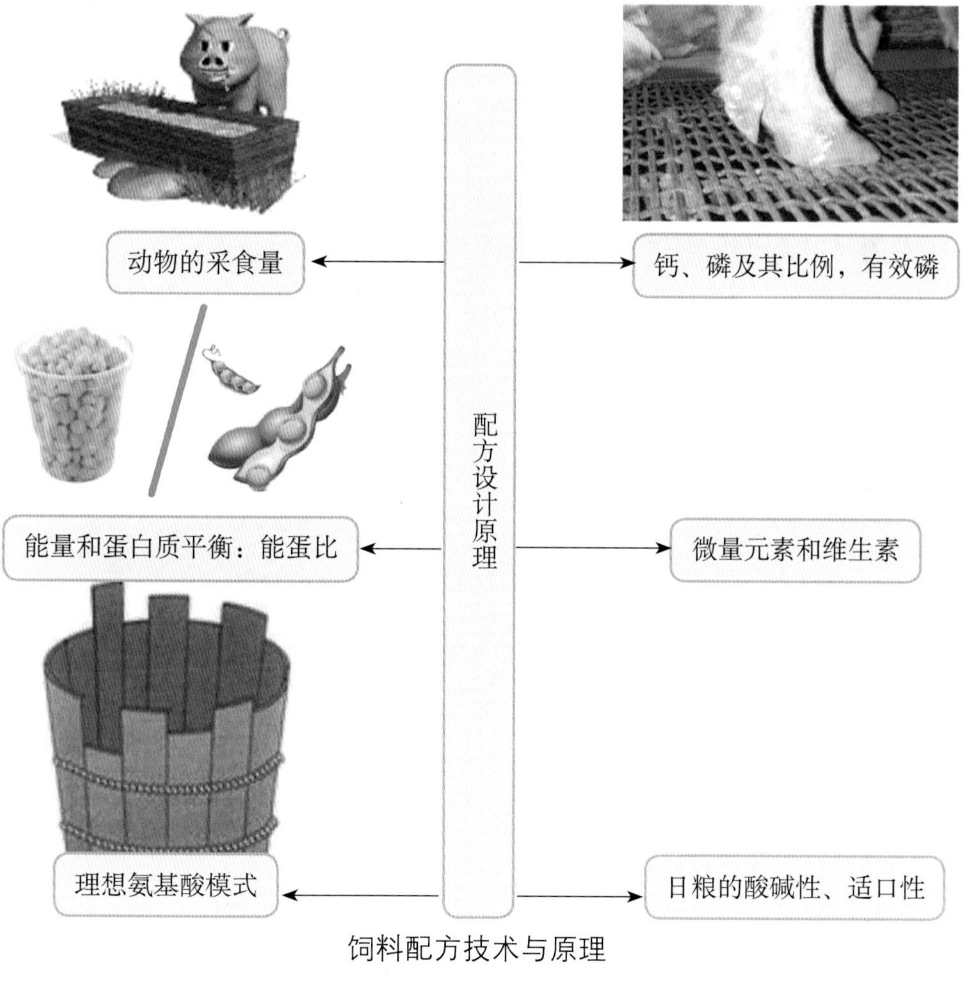

配方设计原理

动物的采食量

钙、磷及其比例，有效磷

能量和蛋白质平衡：能蛋比

微量元素和维生素

理想氨基酸模式

日粮的酸碱性、适口性

饲料配方技术与原理

二、配方设计的一般方法

● **原料选择**　根据猪的不同生长阶段及生理特点选择不同饲料原料进行日粮配制。如幼龄仔猪日粮，饲料原料做到选择适口性好、消化率高及其抗营养因子低的饲料原料等。

玉　米

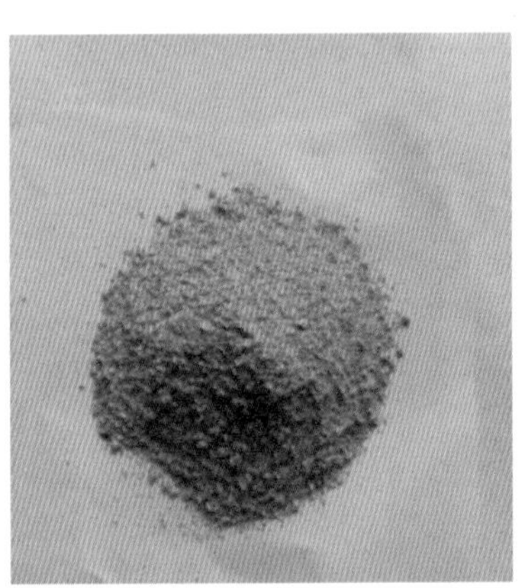
豆　粕

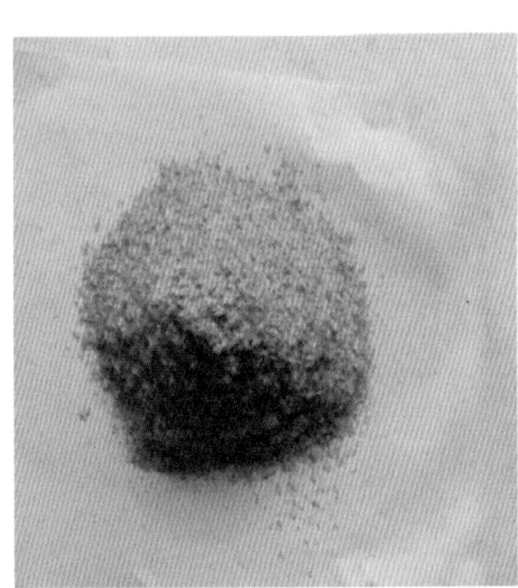
麸　皮

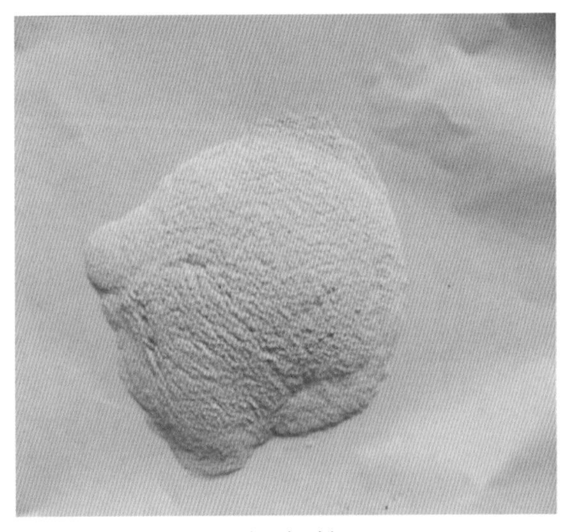
乳 清 粉

鱼　粉

原料选择

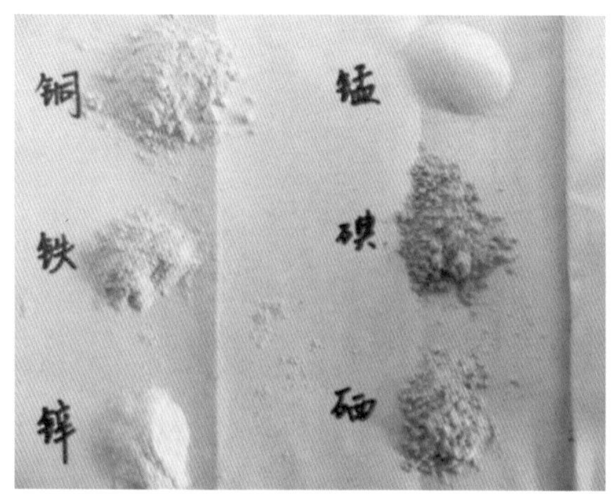
铜
锰
铁
碘
锌
硒

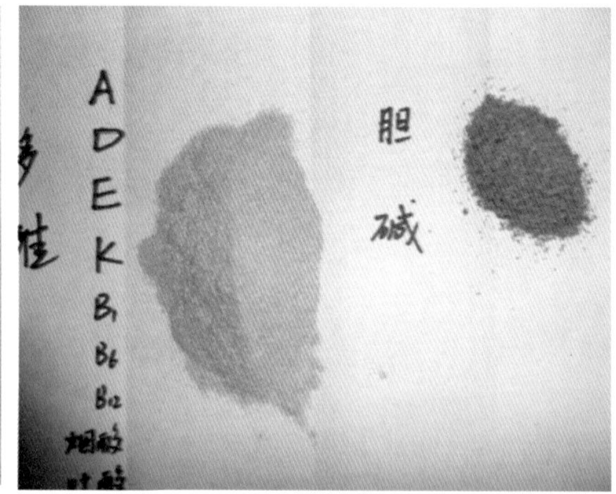
多维
A
D
E
K
B1
B6
B12
烟酸
胆碱

微量元素、多维及胆碱

● 确定原料营养价值标准

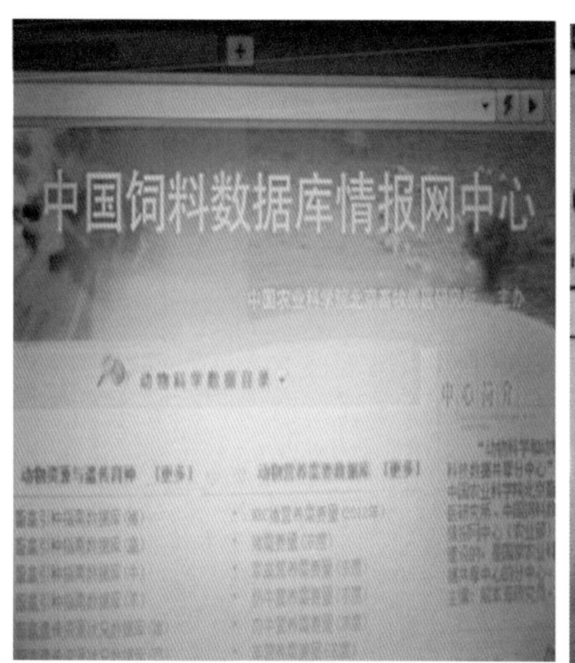
中国饲料数据库情报网中心

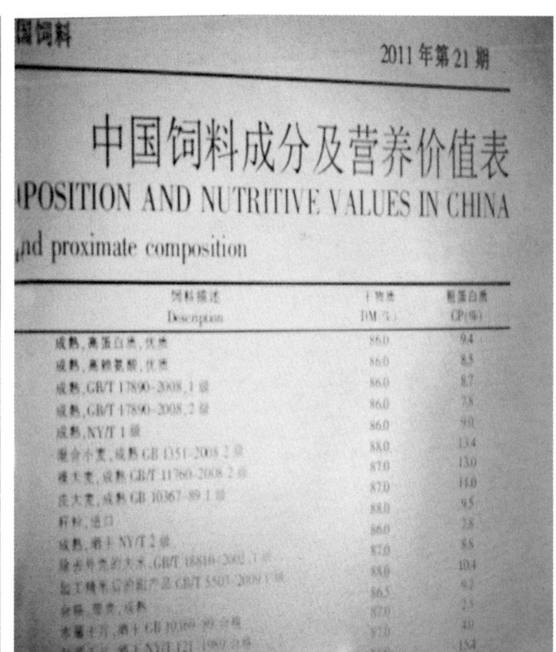
国饲料
2011年第21期
中国饲料成分及营养价值表
POSITION AND NUTRITIVE VALUES IN CHINA
nd proximate composition

中国饲料数据库饲料成分及营养价值表

● 确定动物饲养标准

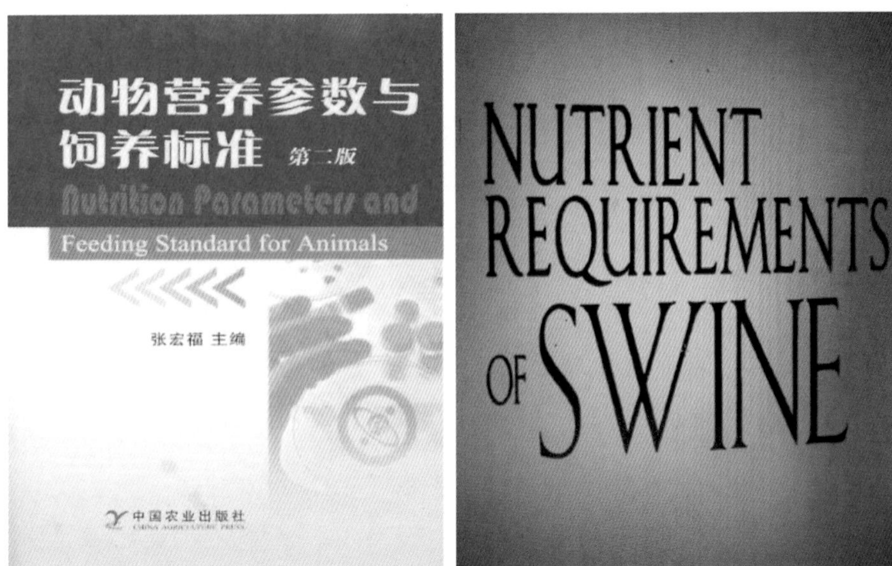
动物营养参数与
饲养标准 第二版
Nutrition Parameters and
Feeding Standard for Animals
张宏福 主编
中国农业出版社
NUTRIENT
REQUIREMENTS
OF SWINE

动物营养参数（NRC，2012）

● 计算方法

➢ 皮尔逊正方形法（十字交叉法）

玉米8.6

24（38−14=24）
代表玉米份数

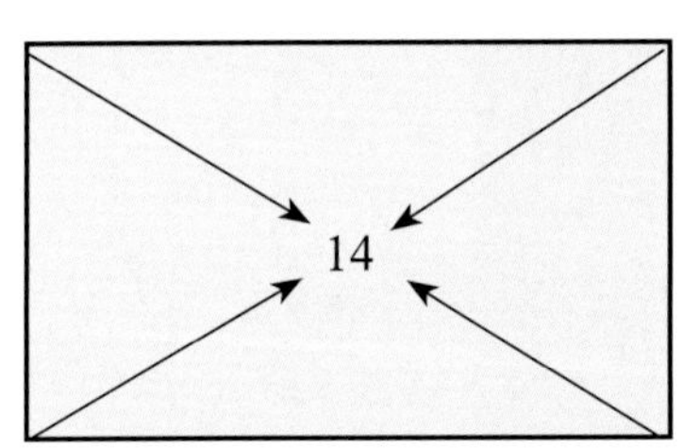
14

浓缩料38

5.4（14−8.6=5.4）
代表浓缩料份数

十字交叉法配方计算

➢ 使用Microsoft Excel

断奶过渡料	配比 %	干物质 DM	粗蛋白质 CP	消化能 DE	钙 CA	总磷 TP	有效… A…
膨化玉米8.5	25.00	86.0	8.5	3450	0.02	0.28	[illegible]
膨化碎大米	24.00	88.0	10.0	3500	0.04	0.08	[illegible]
膨化去皮豆粕	10.00	90.0	47.8	3440	0.34	0.69	[illegible]
大豆浓缩蛋白	5.00	90.0	64.0	4100	0.40	0.80	[illegible]
血浆蛋白粉(SDPM)	5.00	92.0	78.0	3400	0.15	1.70	[illegible]
乳清粉(Whey,11)	8.00	96.0	11.0	3335	0.75	0.72	[illegible]
配方奶粉(乳糖31-45%)	5.00	94.7	20.0	4210	0.82	0.42	[illegible]
蔗糖（绵白糖）	5.00	99.0		3804	0.04	0.01	[illegible]
葡萄糖	5.00	90.0		3344			
甲酸钙	1.30	100.0			21.00		
磷酸一钙	0.60	98.0			17.00	23.00	[illegible]
氯化胆碱(50%)	0.17	98.0					
赖氨酸98%	0.56	99.0	94.4	4500			
蛋氨酸	0.12	99.0	59.0	5500			
L-苏氨酸	0.36	99.5	73.1	4115			
豆油	2.00	98.0		8750			
食盐	0.50						
氧化锌	0.25						
预混料	2.50	98.0					
成本（元/吨）	100.36						
	实际	90.1	19.1	3465	0.55	0.50	[illegible]
	标准	87.0	19.0	3500	0.65		[illegible]

Excel 表计算配方

➢ 使用配方软件

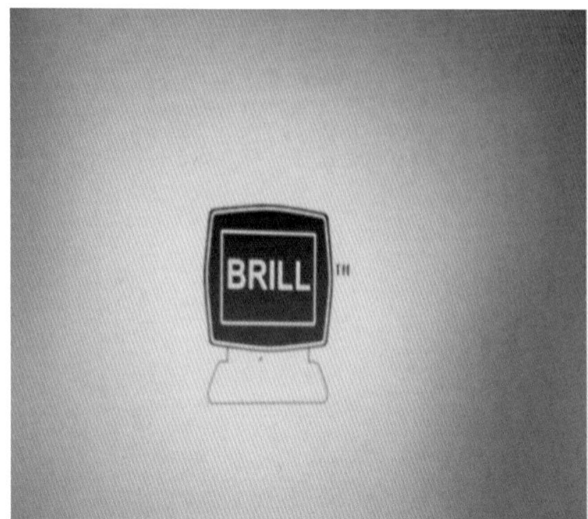
BRILL

名称	低端用量	低端影子价格	高端影子价格	高端用量
玉米	46.6310	1.0385	1.8257	41.5948
豆粕 46% 浸提	28.4751	2.5340	2.8639	15.4073
次粉(NT/T1)	18.1719	1.0300	1.4754	
小麦（GB2)	55.9639	1.0000	1.3549	
花生粕（GB2)	29.2203	2.2000	2.4202	
棉籽粕（GB2)	8.1189	1.6100	2.1913	0.6550
菜籽粕（GB2)	8.0819	1.4000	1.6799	0.6850
猪油	3.6239	2.2673	4.8264	2.0787
磷酸氢钙	1.6985		2.0461	0.6518
石粉	1.4814		2.8048	1.2200
盐	0.4908		0.9200	
赖氨酸（LYS)	0.2730	1.0853	34.1655	0.0380
蛋氨酸(DL-Met)	0.1653	1.8238	43.2921	0.1097
华芬酶	7.0755		10.5000	
禽用微量元素	7.0755		1.9000	
氯化胆碱50%	7.0755		3.8100	
杆菌肽锌	7.0255		9.0000	
盐霉素	7.0255		30.0000	
防霉剂	7.0255		8.0000	
肉鸡专用多维	7.0005		70.0000	
硫酸抗敌素	6.9855		70.0000	
鱼粉（浙江)	5.2551	4.3572		

Brill配方软件及计算影子价格

三、不同阶段猪的营养需要和参考日粮配方

● 不同阶段猪的营养需要

➢ 哺乳仔猪（出生至断奶后2周）

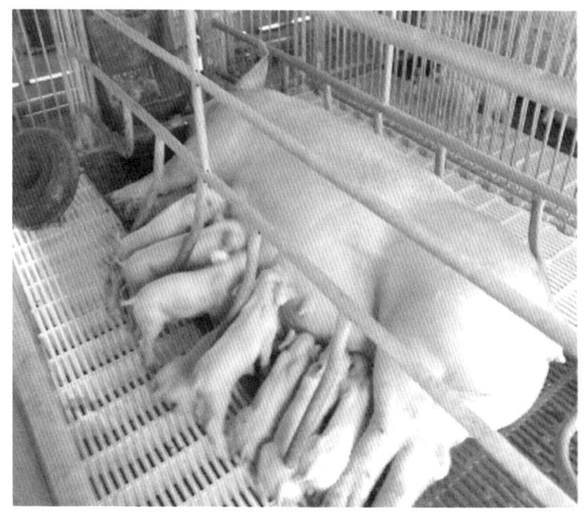

哺乳仔猪营养需要（千焦/千克，%）

指　标	哺乳仔猪
消化能	14 806
净能	10 233
粗蛋白质	22.6
总钙	0.85
总磷	0.70
有效磷	0.41
可消化赖氨酸	1.45
可消化蛋氨酸	0.42
可消化蛋氨酸+胱氨酸	0.79
可消化苏氨酸	0.81

➢ 保育仔猪

保育仔猪营养需要（千焦/千克，%）

指　标	断奶仔猪
消化能	14 588
净能	10 082
粗蛋白质	18.8
总钙	0.70
总磷	0.60
有效磷	0.29
可消化赖氨酸	1.19
可消化蛋氨酸	0.34
可消化蛋氨酸+胱氨酸	0.65
可消化苏氨酸	0.67

➢ 小猪

小猪营养需要（千焦/千克，%）

指　标	小猪
消化能	14 220
净能	10 346
粗蛋白质	15.68
总钙	0.66
总磷	0.56
有效磷	0.26
可消化赖氨酸	0.94
可消化蛋氨酸	0.27
可消化蛋氨酸+胱氨酸	0.53
可消化苏氨酸	0.54

➢ 中猪

中猪营养需要（千焦/千克，%）

指　标	中猪
消化能	14 220
净能	10 346
粗蛋白质	13.75
总钙	0.59
总磷	0.52
有效磷	0.23
可消化赖氨酸	0.81
可消化蛋氨酸	0.23
可消化蛋氨酸+胱氨酸	0.46
可消化苏氨酸	0.47

➢ 大猪

大猪营养需要（千焦/千克，%）

指　标	大猪
消化能	14 220
净能	10 346
粗蛋白质	12.12
总钙	0.52
总磷	0.47
有效磷	0.21
可消化赖氨酸	0.69
可消化蛋氨酸	0.20
可消化蛋氨酸+胱氨酸	0.40
可消化苏氨酸	0.41

➢ 妊娠母猪

后备母猪

妊娠前期（0～90天）

妊娠后期（90～114天）

妊娠母猪营养需要（千克，千焦/千克，天，%）

胎次（体重）	1（140）	1（140）	2（165）	2（165）	3（185）	3（185）
妊娠时间	<90	>90	<90	>90	<90	>90
消化能	14 162	14 162	14 162	14 162	14 162	14 162
净能	10 525	10 525	10 525	10 525	10 525	10 525
粗蛋白质	10.12	13.43	8.88	12.19	7.88	11.06
总钙	0.61	0.83	0.54	0.78	0.49	0.72
总磷	0.49	0.62	0.45	0.58	0.41	0.55
有效磷	0.23	0.31	0.2	0.29	0.18	0.27
可消化赖氨酸	0.49	0.66	0.4	0.57	0.34	0.49
可消化蛋氨酸	0.14	0.19	0.11	0.16	0.09	0.14
可消化蛋氨酸+胱氨酸	0.32	0.43	0.27	0.38	0.24	0.34
可消化苏氨酸	0.32	0.43	0.28	0.38	0.25	0.34

➢ 泌乳母猪

泌乳母猪营养需要（千焦/千克，%）

胎次	1	2
消化能	14 162	14 162
净能	10 525	10 525
粗蛋白质	13.00	12.56
总钙	0.71	0.68
总磷	0.62	0.60
有效磷	0.31	0.29
可消化赖氨酸	0.77	0.74
可消化蛋氨酸	0.20	0.20
可消化蛋氨酸+胱氨酸	0.41	0.39
可消化苏氨酸	0.46	0.44

➢ 种公猪

公猪营养需要（千焦/千克，%）

项目	数值
消化能	14 220
净能	10 346
粗蛋白质	8.81
总钙	0.75
总磷	0.75
有效磷	0.31
可消化赖氨酸	0.47
可消化蛋氨酸	0.07
可消化蛋氨酸+胱氨酸	0.23
可消化苏氨酸	0.17

● 不同阶段猪的参考日粮配方

➢ 教槽料（出生后7天至断奶后2周）

教槽料参考日粮配方（%）

饲料原料	配比
膨化玉米	22.25
膨化碎大米	20.00
面粉	16.00
发酵豆粕	10.00
去皮豆粕	4.00
喷雾干燥血浆	3.00
低蛋白乳清粉	7.00
大豆浓缩蛋白	4.00
甲酸钙	1.00
磷酸二氢钙	1.00
白糖	5.00
葡萄糖	3.00
豆油	1.50
食盐	0.20
赖氨酸（98%）	0.60
蛋氨酸（99%）	0.25
苏氨酸	0.20
预混料	1.00
小计	100.00

➢ 保育料（断奶后2周至15千克体重）

保育料参考日粮配方（%）

饲料原料	配比
玉米	65.00
去皮豆粕	13.50
膨化大豆	9.00
鱼粉	1.00
优质麸皮	5.00
面粉	1.48
豆油	1.00
石粉	1.00
磷酸氢钙	0.90
赖氨酸（98%）	0.43
蛋氨酸（99%）	0.25
苏氨酸	0.14
食盐	0.30
预混料	1.00
小计	100.00

➢ 小猪日粮配方（15～30千克体重）

小猪参考日粮配方（%）

饲料原料	配比
玉米	40.00
小麦	34.00
豆粕	17.00
麸皮	5.00
豆油	1.00
石粉	0.85
磷酸氢钙	0.60
赖氨酸（98%）	0.25
食盐	0.30
预混料	1.00
小计	100.00

➢ 中猪日粮配方（30～60千克体重）

中猪参考日粮配方（%）

饲料原料	配比
玉米	33.00
小麦	45.00
豆粕	11.10
麸皮	8.00
石粉	0.80
磷酸氢钙	0.50
赖氨酸（98%）	0.30
食盐	0.30
预混料	1.00
小计	100.00

➢ 大猪日粮配方（60千克体重至出栏）

大猪参考日粮配方（%）

饲料原料	配比
玉米	30.33
小麦	50.00
豆粕	7.00
麸皮	10.00
石粉	0.80
磷酸氢钙	0.25
赖氨酸（98%）	0.32
食盐	0.30
预混料	1.00
小计	100.00

➢ 后备母猪日粮配方（80千克体重至配种）

后备母猪参考日粮配方（%）

饲料原料	配比
玉米	68.81
豆粕	21.00
麸皮	6.00
石粉	1.10
磷酸氢钙	1.60
赖氨酸	0.16
蛋氨酸	0.03
食盐	0.30
预混料	1.00
小计	100.00

➢ 怀孕母猪日粮配方（怀孕0～90日龄）

怀孕母猪参考日粮配方（%）

饲料原料	配比
玉米	37.85
小麦	30.00
豆粕	9.00
麸皮	20.00
石粉	1.00
磷酸氢钙	0.85
食盐	0.30
预混料	1.00
小计	100.00

➢ 哺乳母猪的日粮配方（怀孕90日龄至哺乳期）

哺乳母猪参考日粮配方（%）

饲料原料	配比
玉米	58.50
豆粕	13.00
膨化大豆	10.00
鱼粉	4.00
麸皮	8.00
豆油	3.00
石粉	1.15
磷酸氢钙	0.70
赖氨酸（98%）	0.20
胆碱	0.15
食盐	0.30
预混料	1.00
小计	100.00

5 第五章　猪的饲养管理技术规程

猪的饲养管理技术主要包括种公猪、种母猪、哺乳仔猪、保育仔猪、生长育肥猪的饲养与管理，其目标是通过精细化饲养管理技术，确保猪只健康，充分发挥其繁殖与生产潜力，生产安全、优质猪肉，最大限度地改善养殖效益。

第一节　种公猪的饲养管理

种公猪的饲养管理技术主要包括后备猪与成年公猪的饲养管理，其目标是通过科学的饲养管理技术，成功培育出性情温顺，体格、肢蹄强健，精液品质良好，性欲旺盛，配种能力强的种公猪。

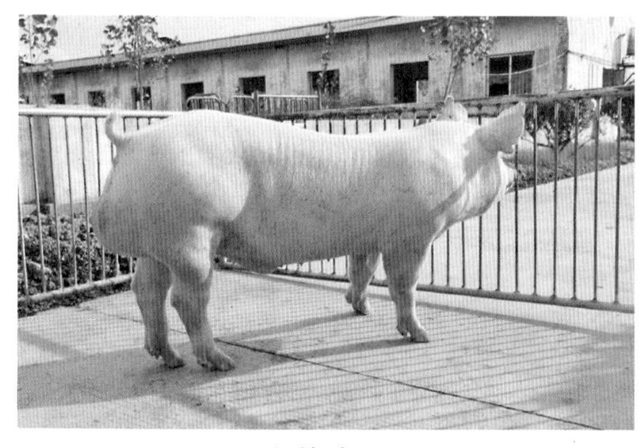

大约克夏

长 白 猪

我们是美男子

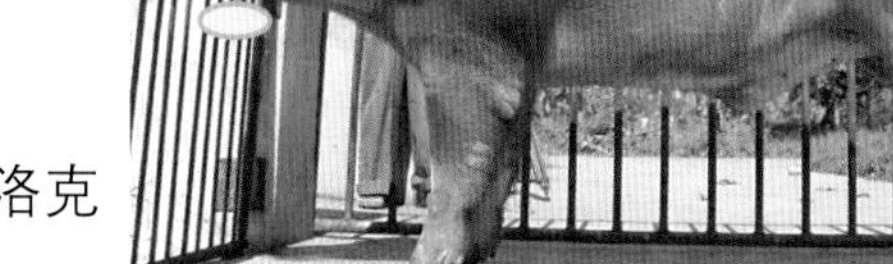

杜洛克

一、后备公猪的饲养管理

后备公猪：出生2月龄至初配前的生长公猪。其培育目标是优良种猪，生存期长（3～5年），承担的繁殖任务重。做好后备公猪的饲养管理，提高其利用率对养殖成绩至关重要。

● **饲喂技术** 为保证后备公猪的充分发育，饲粮配制必须满足能量、蛋白质、氨基酸、矿物质等的营养需求（日粮配制参见第三章）。

嗯，再来点青绿饲料就更完美啦
能量、蛋白质、矿物质、维生素一样都不能少哦

后备公猪饲喂

具体饲喂技术如下（参考Swine Nutrition Guide 2009）：

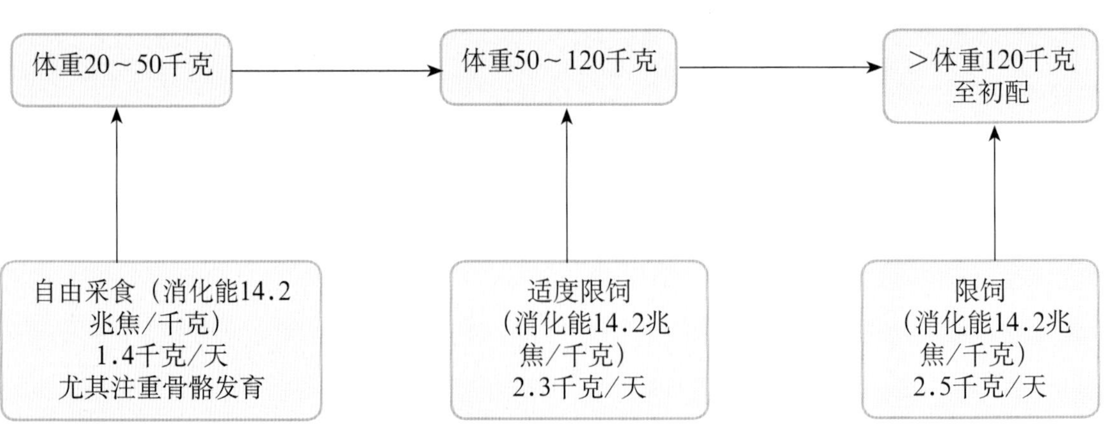
体重20～50千克
体重50～120千克
>体重120千克至初配
自由采食（消化能14.2兆焦/千克）1.4千克/天 尤其注重骨骼发育
适度限饲（消化能14.2兆焦/千克）2.3千克/天
限饲（消化能14.2兆焦/千克）2.5千克/天

● **管理**

➢ **饲养密度**　后备公猪性成熟前可分圈饲养，每圈3～5头；性成熟后与其他公猪隔离饲养，并且远离母猪圈。

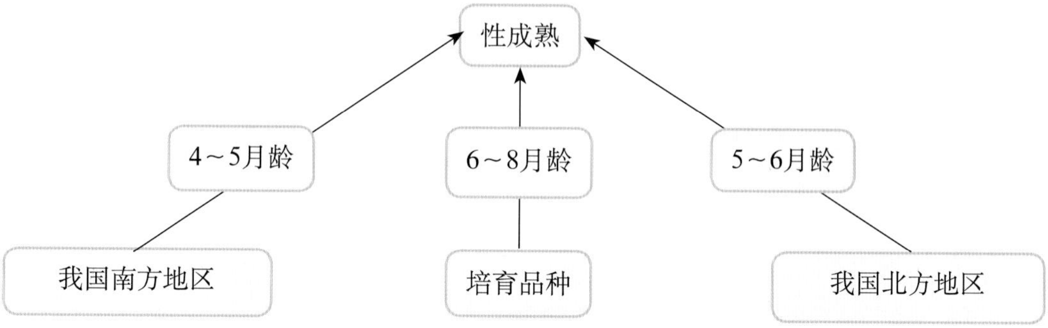

性成熟

4～5月龄　6～8月龄　5～6月龄

我国南方地区　培育品种　我国北方地区

单栏饲养，
远离母猪

独住好无聊啊，
呜呜

性成熟公猪单栏饲养

➢ **适时使用**　后备公猪应在8月龄以上，体重120千克以上开始使用。

要求：
月龄：8月龄以上
体重：120千克以上
精液活力>0.8　（两次检测）
精液密度>中度

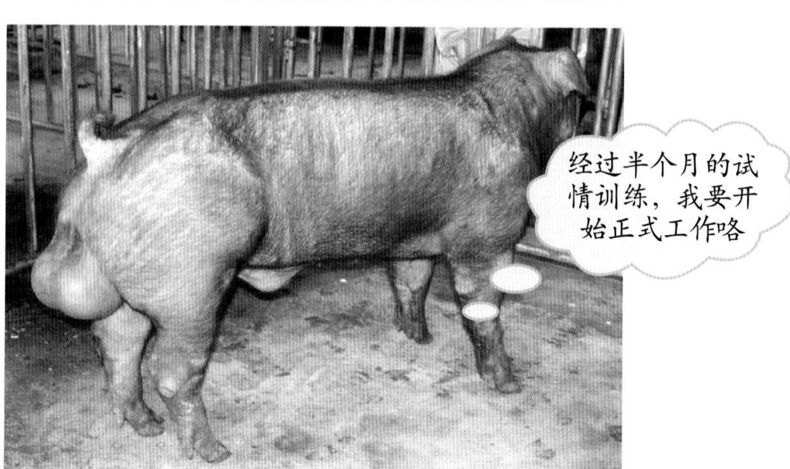
经过半个月的试
情训练，我要开
始正式工作咯

8月龄左右公猪

➢ **合理运动** 适当运动可使后备公猪体质健康，猪体发育均衡，四肢灵活坚实。

天天锻炼，
身体好

后备公猪外出运动

➢ **后备公猪的调教**

选择适宜的工作人员。

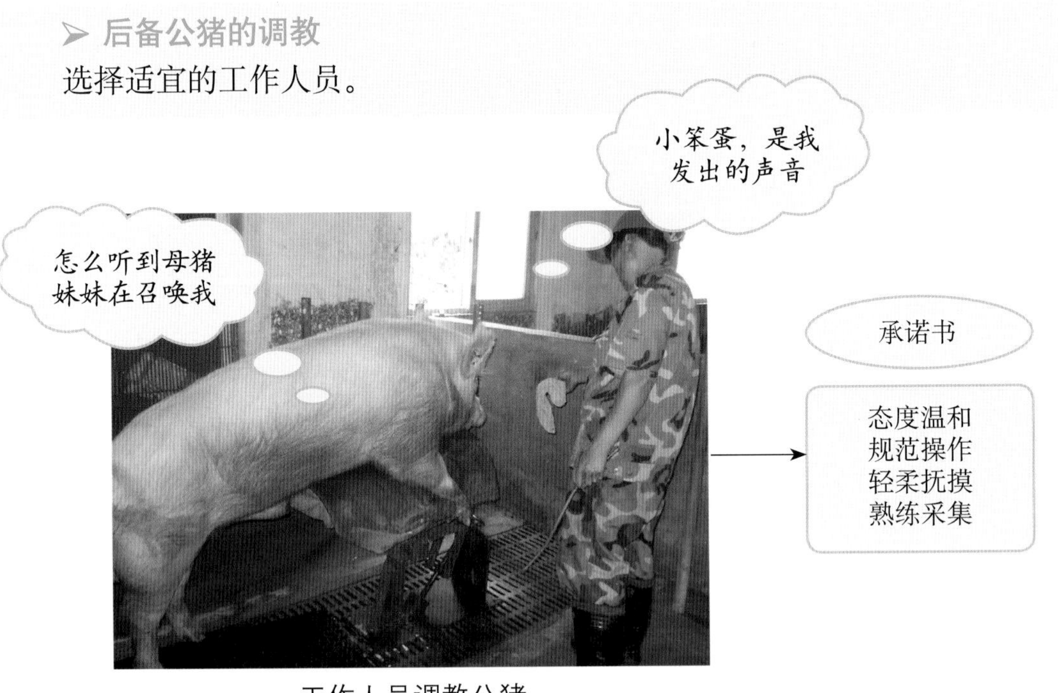
小笨蛋，是我
发出的声音
怎么听到母猪
妹妹在召唤我
承诺书
态度温和
规范操作
轻柔抚摸
熟练采集

工作人员调教公猪

◆ **调教时间** 国内品种4～6月龄性成熟后开始调教，外来品种7～8月龄性成熟后开始调教，持续时间4～6周。

◆ **调教方法**

◆ **观摩法** 将小公猪赶至待采精栏，让其旁观成年公猪交配或采精，激发小公猪性冲动。

是的，哥哥
小子，好好学。学习2～3次后要在假台畜上考试哦～

观 摩 法

◆ **发情母猪引诱法**

要求母猪发情明显且旺盛

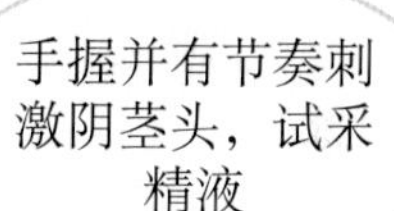
手握并有节奏刺激阴茎头，试采精液

发情母猪引诱法

◆ 爬跨母猪台法

这是什么东东啊

费了“九牛二虎”之力，老猪我总算爬上来了

公猪爬跨母猪台

当日有爬跨欲望，但未成功者次日及时调教；屡不爬跨者，配前注射雄性激素

调教步骤：一涂，二赶，三模仿

一涂：母猪台上涂发情母猪的尿液或阴道分泌物。

二赶：将后备公猪赶到调教栏。

三模仿：调教人员模仿发情母猪叫声，刺激公猪。

➢ **定期称重** 关注后备公猪各月龄体重变化，比较生长发育优劣，适时调整饲料营养水平和饲喂量。

➢ **环境控制** 做好圈舍清洁卫生、防寒保温、防暑降温等常规工作。后备公猪适宜温度18～20℃。

➢ **免疫** 后备公猪尤其要注意细小病毒与乙型脑炎的疫苗接种。

二、成年公猪的饲养管理

科学的饲养管理、保证种公猪的营养平衡、保持体型不过肥或偏瘦、维持健康状态是生产优质精液的基本条件并直接决定养殖场的养殖效益。

● **饲喂技术** 公猪饲粮应以精料为主，配合适量青料。精、青料比例不应超过1 ： 1～1 ： 1.5，在配种期间应补充饲喂一些动物蛋白性饲料，提高精液品质。

➢ **季节加强**

适用范围：季节性产仔和配种的猪场。

饲喂方法：配种季节前45天，逐渐提高营养水平，消化能14.2兆焦/千克；配种期每天配合精料2.5千克左右，日喂2～3次，自由饮水。

配种季节过后，逐渐降低营养水平，DE降至70%～80%；非配种季节每天配合精料2千克左右，日喂2～3次，自由饮水。

➢ 一贯加强

适用范围：常年配种的公猪。

饲喂方法：全年供给所需均衡的营养物质，消化能12.96兆焦/千克。

参考饲喂量：体重<250千克［2.3～2.5千克/（天·头）］，日喂2～3次，自由饮水。

体重≥250千克［2.5～3.0千克/（天·头）］，日喂2～3次，自由饮水。

● 管理

➢ 单圈饲养

主人，等天凉快点再出来行不
我的单间
面积6～8米²
间隔墙高>1.2米
安静、向阳
远离母猪舍

公猪单圈饲养

➢ 保持合理运动

不宜在烈日下运动

运　动

室外运动

每日次数：1～2次
运动距离：2千米
注意事项：
夏早、晚，冬午间（避严寒烈日），配种任务重时酌减或暂停运动

➢ **刷拭与修蹄**　每日定时刷拭猪体，清除污垢，驱除体外寄生虫，促进血液循环；对不良蹄形及时进行修理，便于正常活动与配种。

➢ **配种期管理**

◆ **精液品质检查**

检测频率：
人工授精公猪：每次检测
本交公猪：1～2次/月
后备公猪：使用前和刚使用时2～3次

↔

检测参数：
外观、气味、精子密度、活力、外形、顶体完整性

认真把关，
保质保量

精液质量统计表

公号	1089	品种	大白	来源	自繁		
日期	上、下午	天气	采精量ml	密度	活力	稀释	备注
[illegible]	上	阴	121	优	0.85	480	
27/9	下	阴	161	优	0.95	640	
4/10	下	阴	101	优	0.95	400	
10/10	上	阴	179	优	0.95	560	
17/10	上	晴	117	优	0.95	400	
2/11	上	阴	128	优	0.95	560	
10/11	上	晴	148	优	0.95	640	

制定精液品质评定表

◆ 配种频率

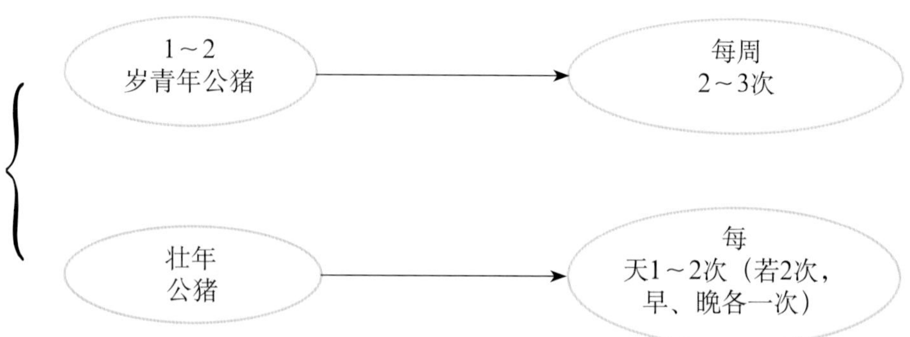
1～2
岁青年公猪
每周
2～3次
壮年
公猪
每
天1～2次（若2次，
早、晚各一次）

我正是壮年，
我多做点贡
献，呵呵

精力充沛的公猪

配种是个辛苦
活儿啊

频繁配种，公猪劳累过度

➢ **退休年龄**　种公猪的使用年限一般控制在2年左右，种公猪年淘汰率在50%左右。

不服老不行哦

年老公猪

➢ 淘汰

◆ 淘汰年龄过大的公猪

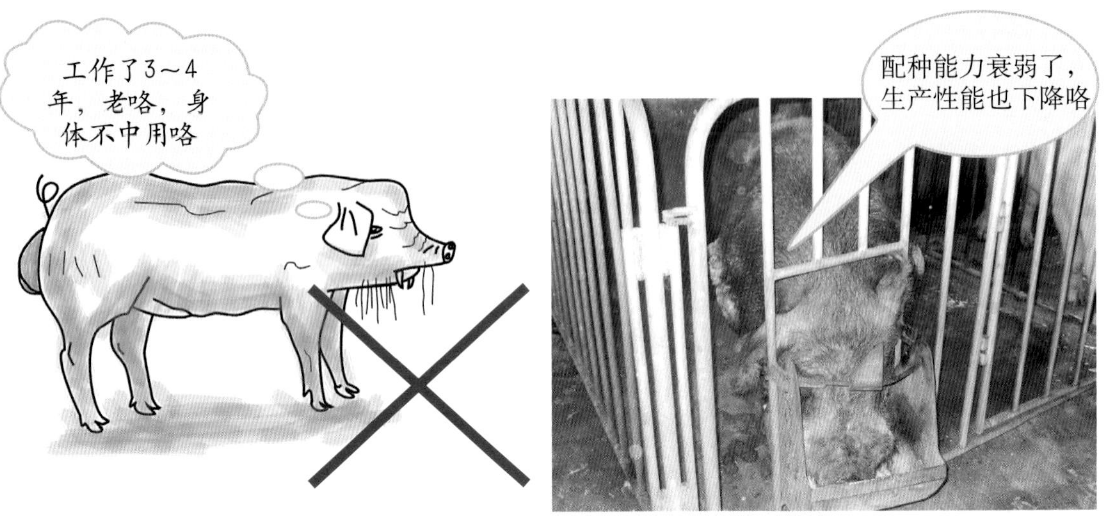
工作了3～4年，老咯，身体不中用咯
配种能力衰弱了，生产性能也下降咯

年龄过大公猪应淘汰

◆ 淘汰过肥或过瘦的公猪

太胖了动作不灵活

太瘦了爬不上去

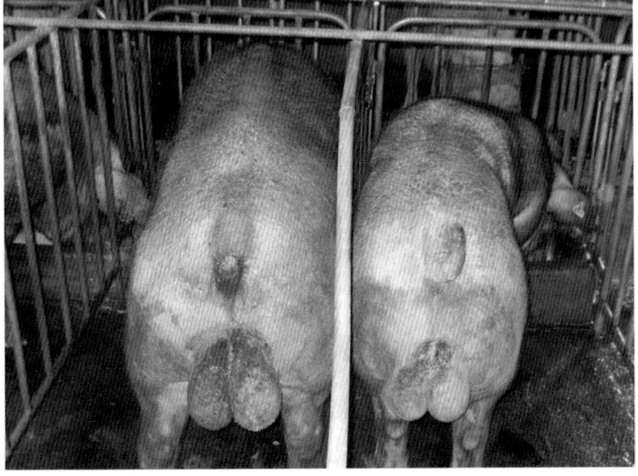

过肥和过瘦的公猪应淘汰

◆ 淘汰精子活力差的公猪

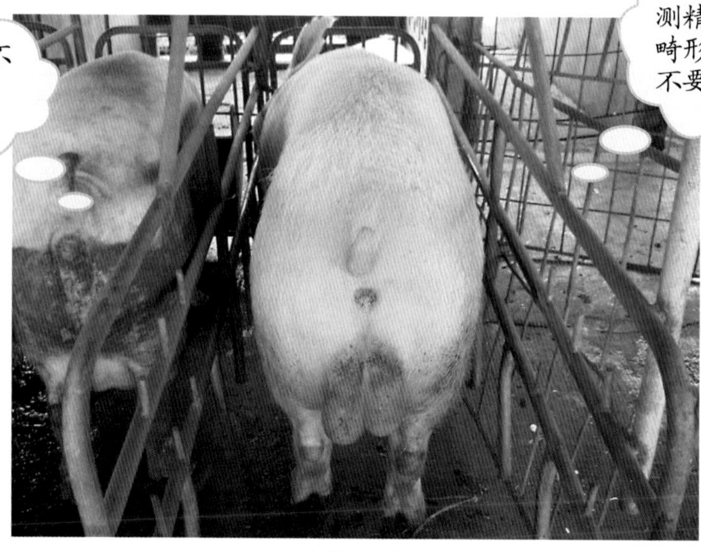
给你治疗了不
是也没效果
吗，认命吧
说我连续几次检
测精子死精率、
畸形率都过高，
不要我了，呜呜

死精公猪应淘汰

◆ 淘汰性欲缺乏的公猪　性腺退化、性欲迟钝、厌配或拒配，经过调整后不能恢复的个体，应予以淘汰。

其实，我一点
都不喜欢你

公猪性欲差应淘汰

◆ 淘汰患有繁殖性疾病的公猪　患有不能治愈的繁殖性疾病或繁殖性传染病的公猪应立即淘汰。

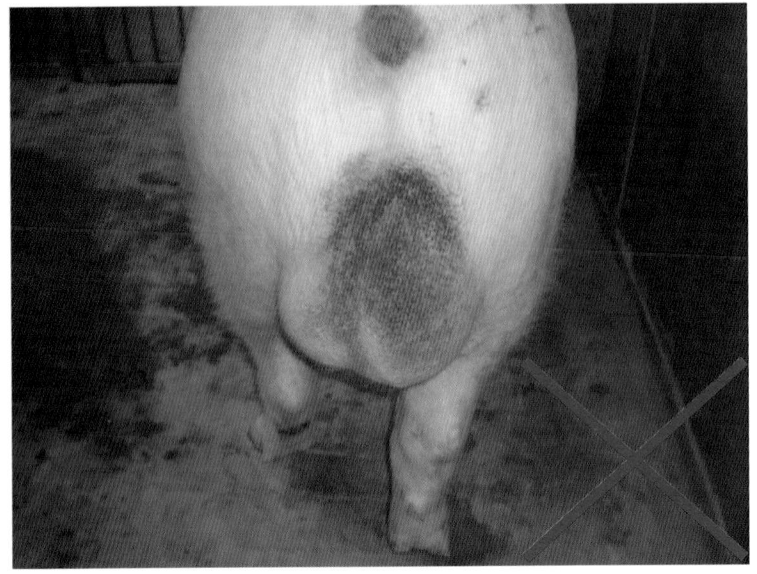

公猪患睾丸炎应淘汰

◆ 淘汰患有肢蹄病的公猪

好痛啊，谁来治
好我啊

患有肢蹄病的公猪应淘汰

◆ 淘汰有恶癖的公猪

呜呜，为什么要
咬我啊 ？我跟
他不是一伙的

公猪咬斗母猪、攻击操作人员

➢ 配种注意事项

使用14天以上未配种公猪配种时，因为该公猪精子老化，注意用其他公猪复配。

配种后用手轻轻按压母猪腰部，防止母猪弓腰引起精液倒流。

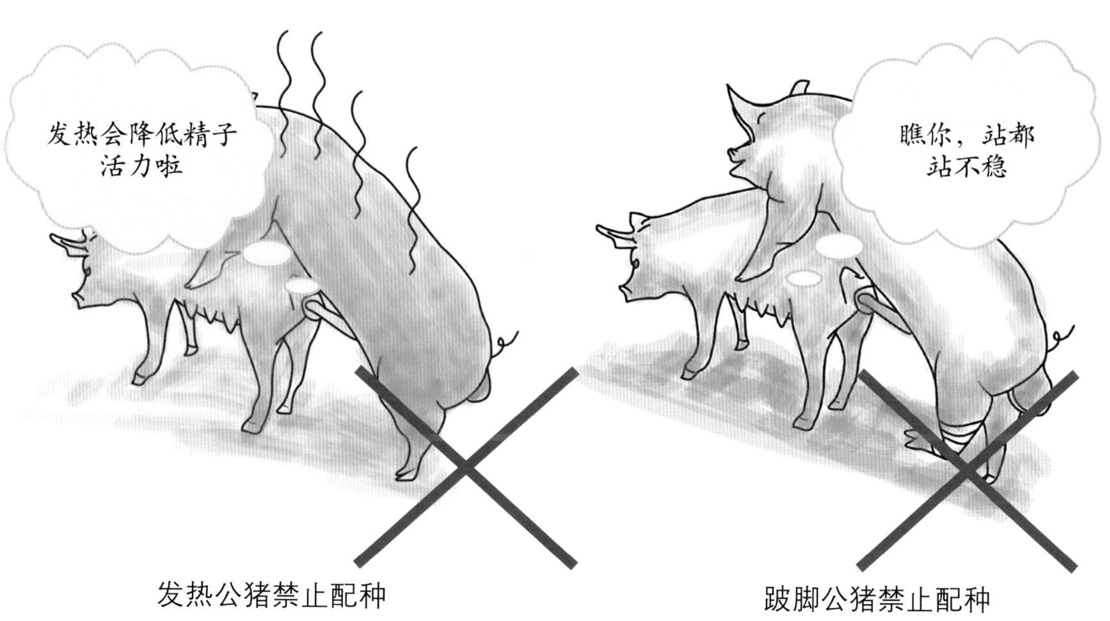
发热会降低精子
活力啦
瞧你，站都
站不稳

发热公猪禁止配种　　跛脚公猪禁止配种

辛苦工作后，暂不喂食

配种后公猪休息

➢ **防暑降温** 种公猪最适宜的温度是18～20℃。热应激将直接影响精液品质。

水帘降温，给公猪一个清新舒适的家

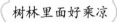

水帘降温

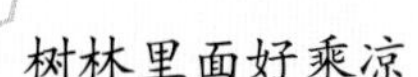
树林里面好乘凉

遮阳降温

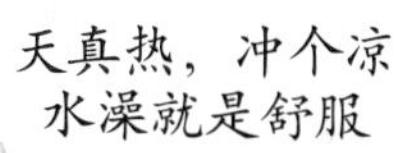
天真热，冲个凉
水澡就是舒服

淋浴降温

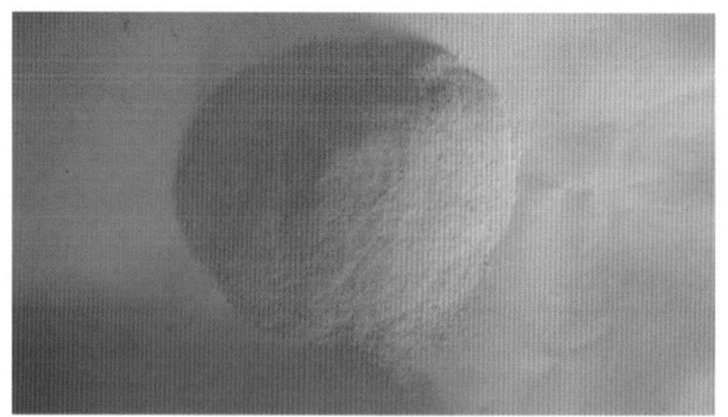

抗热应激药物（电解多维）

➢ **清洁卫生**　每天清扫圈舍2次，保持圈舍和猪体清洁卫生。

➢ **免疫**

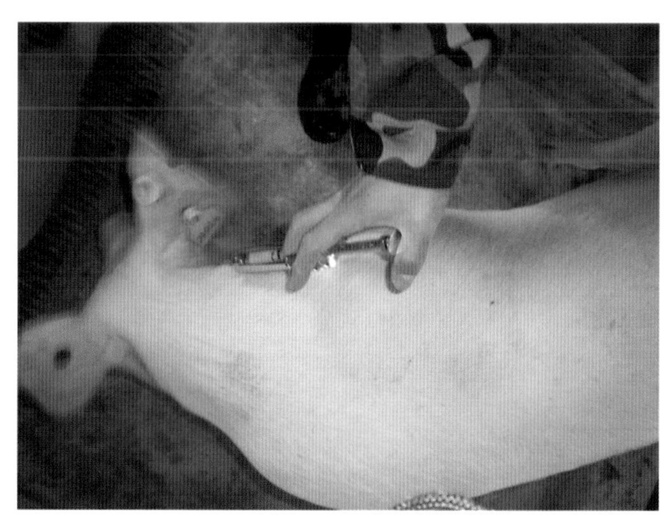

猪颈部注射

①猪瘟、链球菌病、伪狂犬病、蓝耳病、细小病毒病、乙型脑炎灭活疫苗，每半年注射1次。

②猪口蹄疫疫苗，每4个月注射1次。

③每年驱虫2次：2%敌百虫溶液喷洒猪体，或必要时可注射虫克星驱虫（4毫升/头）。

第二节　母猪的饲养管理

母猪的饲养管理主要包括后备母猪、妊娠母猪、泌乳母猪的饲养管理。

一、后备母猪的饲养管理

后备母猪的饲养目标是保证母猪形成种用体况，正常发情，从而保持较高的配种率。

● 饲喂技术

后备母猪饲喂

消化能
13.7兆焦/千克

体重<100千克（育肥）
- 前期（后备料）1.14～1.45千克/天
- 后期（后备料）1.58～1.82千克/天

体重100千克至配种前：依据膘情适当调整饲喂量（1.93～2.21千克/天）

配种前10～14天：依体况定，可进行短期优饲（2.03～2.34千克/天）

● 管理

➢ 饲养密度　小圈饲养，勿单栏饲养，以免影响发情。

我们6～8个姐妹
相亲相爱
正常饲养密度

饲养密度过高

➢ 运动

那我们加油吧
他们说适当运动有利于尽早发情哦

后备母猪适当运动

➢ 温湿度　环境适宜温度20～22℃、适宜湿度60%～80%。

➢ 光照

每天16小时的日光浴，真舒服
光照强度要求100 勒克斯

后备母猪舍光照良好

➢ 诱情

选我，我口水多、性欲强且稳重

性欲旺盛的公猪

最佳接触时间：150～170日龄（纯种及晚熟品种：170～190日龄）
催情时间：每天2次，10～15 分钟/次，每次间隔8～10小时

公猪对后备母猪进行诱情

➢ 初配要求

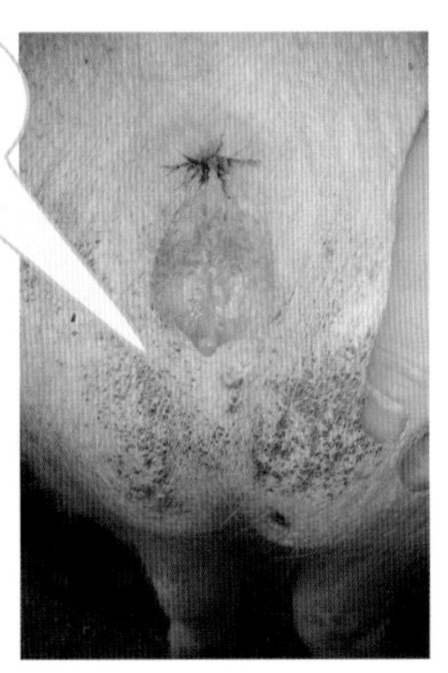
阴户红肿，流黏液，阴道黏膜充血

后备母猪发情（阴部特写）

初配体重：125～135千克
初配月龄：7～8月龄，不超过10月龄
配种时间：第2发情期<发情期<第4或第5发情期，第3发情期最适
背膘要求：12毫米<背膘厚<22毫米，最适16～18毫米
配种次数：3次

➢ 不发情母猪处理

◆ **公猪刺激**　每天两次，每次15～20分钟。

我就不信以我的魅力降服不了你

公猪刺激

◆ 外源刺激

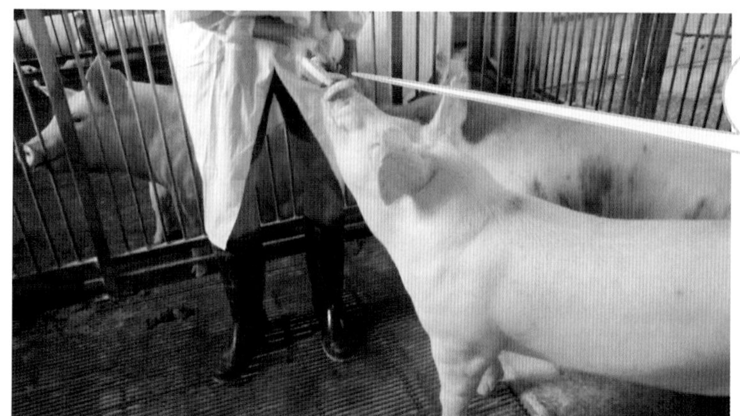
每日向母猪鼻腔
喷入少量成年公
猪精液

给后备母猪喷洒公猪精液

◆ 日光浴　每日后备母猪最少接受舍内日光照射4～5小时；或将其赶出舍外，日光照射1～2小时。

日光可刺激7-脱
氢胆固醇转化为
维生素D_3，进而促
进钙、磷的吸收
阳光明媚的日子，
就该出来运动一下

后备母猪阳光浴

◆ 转动效应　通过混群、换圈、转运及3种方法联用改变小环境，即所谓非公猪处理“应激源”的刺激。

◆ 乳房按摩

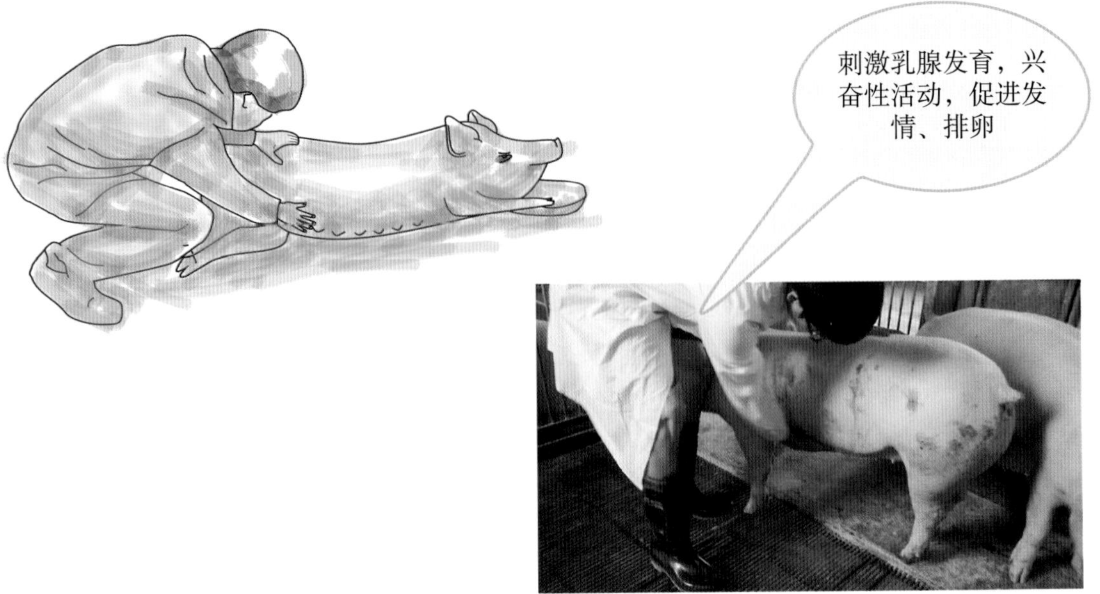
刺激乳腺发育，兴奋性活动，促进发情、排卵

后备母猪乳房按摩

◆ 激素处理　主要针对长期乏情的后备母猪(日龄＞230天，体重＞140千克)。

如果用含雌激素的产品我会假发情，不排卵哦
用孕马血清促性腺激素或人绒毛膜促性腺激素处理1～2次

人工激素处理

➢ 免疫

后备母猪尤其要注意细小病毒与乙型脑炎的疫苗接种。

二、妊娠母猪的饲养管理

妊娠过程可分为三个生理阶段：妊娠早期、妊娠中期、妊娠后期。妊娠母

猪的饲养目标是保证胎儿在母体内正常发育，防止流产和死胎，产出健壮、生活力强、初生体重大的仔猪，同时使母猪保持中上等的体况。

● **体况评定（5分法）** 妊娠母猪产前84天保持3分体型，怀孕84天之后达到且不超过4分体型。具体评分标准为：

1分：过瘦，肉眼可直接判断髋骨位置，可见肋骨或椎骨骨节；

2分：稍瘦，髋骨位置可肉眼观察到且易触摸到，臀部扁桶形；

3分：正常，髋骨位置容易触摸到，臀部桶形；

4分：肥胖，髋骨位置不能感知，臀部扁圆形；

5分：过肥，髋骨位置无法感知，臀部圆形。

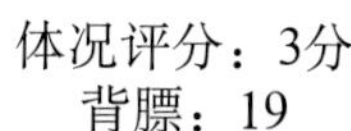
体况评分：3分
背膘：19

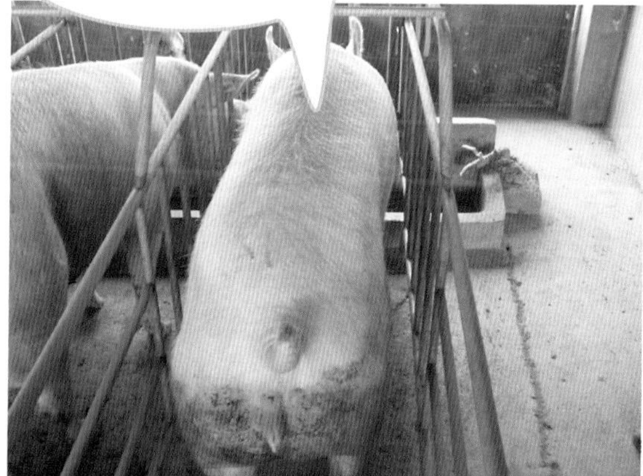

妊娠30天母猪膘情

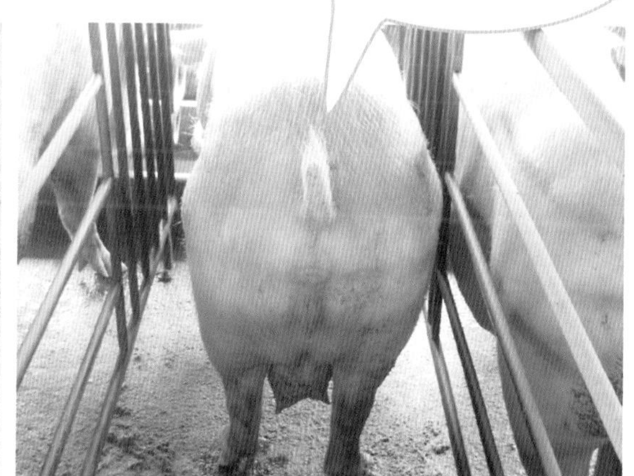
体况评分：4分
背膘：20

妊娠90天母猪膘情

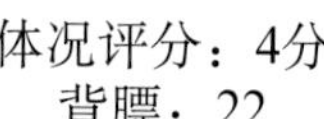
体况评分：4分
背膘：22

妊娠110天母猪膘情

● **背膘** 经产母猪P2点最适背膘厚度为21～23毫米，具体测定方法为：

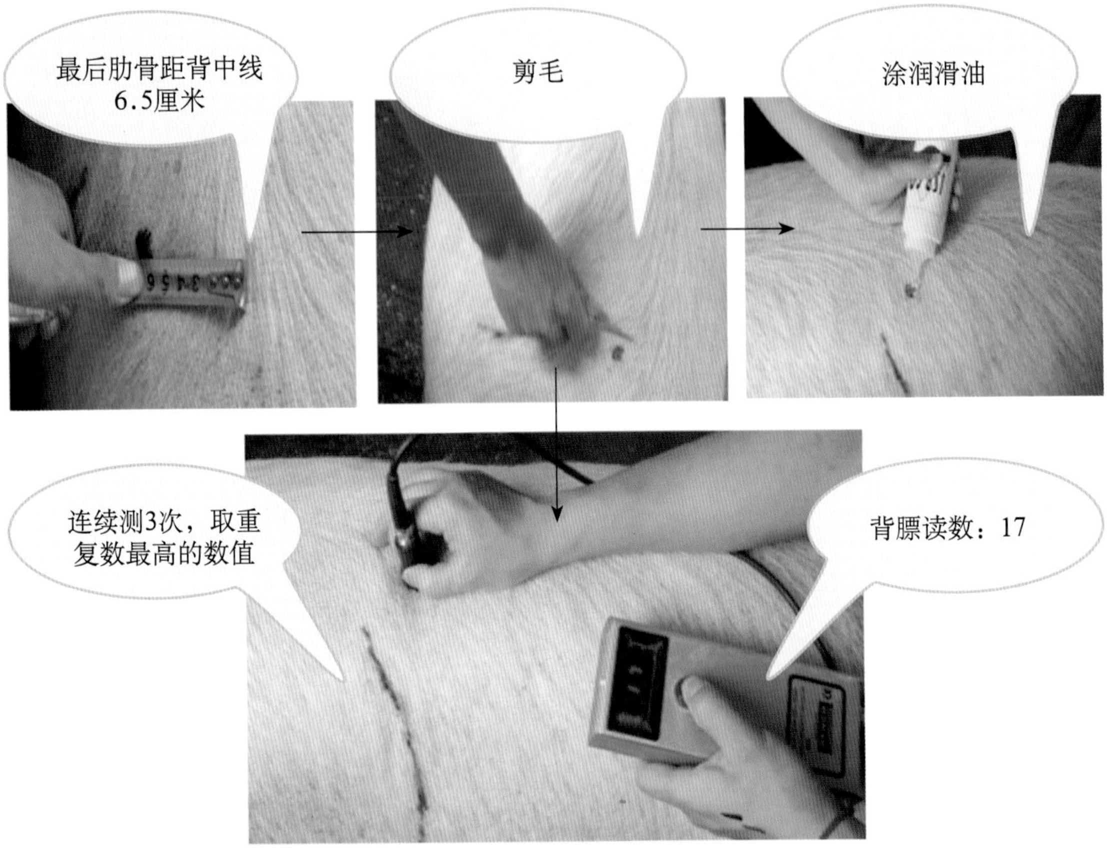

最后肋骨距背中线6.5厘米

剪毛

涂润滑油

连续测3次，取重复数最高的数值

背膘读数：17

后备母猪背膘测定

● **饲喂技术**

饲粮消化能14.2兆焦/千克，具体饲喂技术如下：

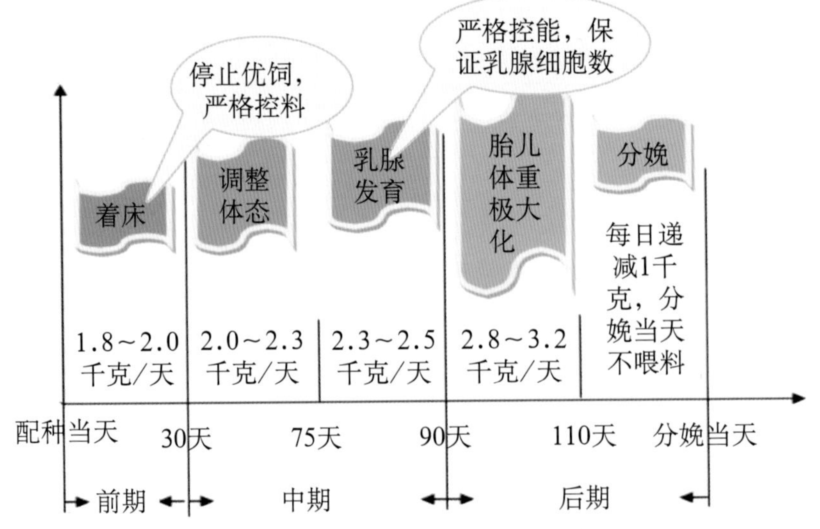

停止优饲，严格控料
严格控能，保证乳腺细胞数
着床
调整体态
乳腺发育
胎儿体重极大化
分娩
每日递减1千克，分娩当天不喂料
1.8～2.0千克/天
2.0～2.3千克/天
2.3～2.5千克/天
2.8～3.2千克/天
配种当天
30天
75天
90天
110天
分娩当天
前期
中期
后期

妊娠母猪各生理阶段饲喂技术简图

注：冬季在此基础上可增加饲料10%～15%。

尤其注意，母猪妊娠期间禁止饲喂发霉、变质、结块饲料，防止中毒，引起流产。

发霉变质，禁止饲喂

变质饲料

国内某猪场妊娠母猪定量饲喂系统

国外某猪场妊娠母猪定量饲喂系统

● 管理

➢ 入舍准备

淋浴消毒

淋浴消毒

入舍时间：妊娠110天
清洁卫生：全身刷洗
消毒液：1.5%的复合酚或0.5%～1%的高锰酸钾溶液
消毒部位：阴门、乳房、腹部

➢ 妊娠母猪便秘

妊娠母猪便秘

◆ 便秘的危害

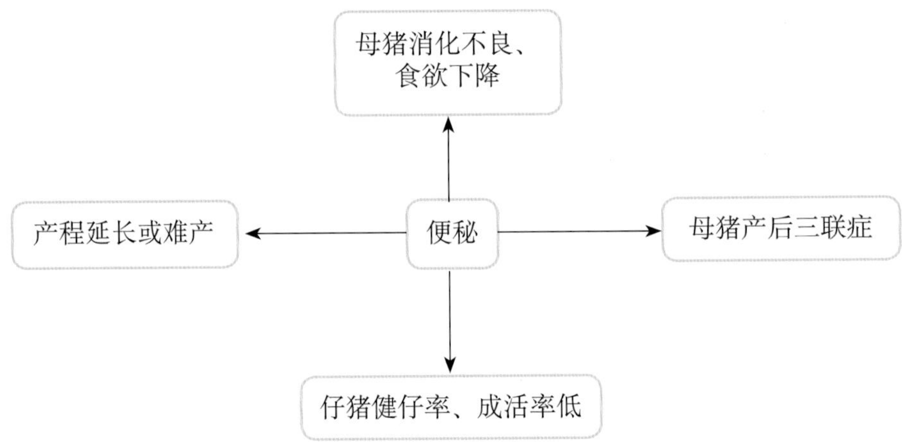

母猪消化不良、食欲下降
产程延长或难产
便秘
母猪产后三联症
仔猪健仔率、成活率低

◆ 主要原因

孕期缺乏运动；

孕期饮水不足，尤其是夏天；

孕期过度限饲，且青绿饲料缺乏；

药源性便秘，如添加抗菌促进生长剂；

病源性便秘，如患有猪瘟、弓形虫病及蓝耳病等；

生理性便秘。

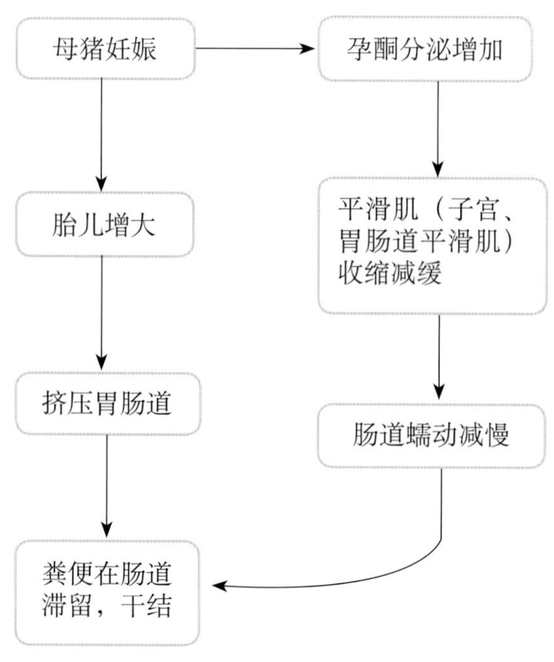
母猪妊娠
孕酮分泌增加
胎儿增大
平滑肌（子宫、胃肠道平滑肌）收缩减缓
挤压胃肠道
肠道蠕动减慢
粪便在肠道滞留，干结

妊娠母猪生理性便秘成因

◆ 防治措施

吃点小青草，
便秘快快跑

合理调制日粮
保证充足饮水
适当运动
做好防疫
科学的药物保健
合理的药物治疗

给妊娠母猪饲喂青草改善便秘

➢ 合理运动

运动真舒服
产前要停止运动哦
防拥挤、咬架、跌倒和突然惊扰

妊娠母猪的合理运动

➢ 温湿度

妊娠舍最适温度18～21 ℃，最适湿度50%～70%。

夏季妊娠舍水帘降温

冬季妊娠舍半封闭保温

➢ 妊娠舍光照与清洁卫生

清洁卫生，
井然有序
对照
NCG

妊娠母猪舍清洁干燥

哈哈，天天日光浴

妊娠母猪舍光照良好

➢ 产前准备

◆ **产房用具**　母猪产床、仔猪保箱温、母猪固定架和饮水管等都要彻底清洁消毒。

圈舍的清洗消毒

◆ **接产工具**　母猪分娩前查看剪牙钳、耳号钳、剪刀、结扎线、消毒液、消毒盆、毛巾、密斯陀、碘酊、保温灯是否准备齐全。

◆ **药品器械**　母猪生产前检查母猪产后消炎药、输液管、已消毒的注射器和针头是否准备齐全。

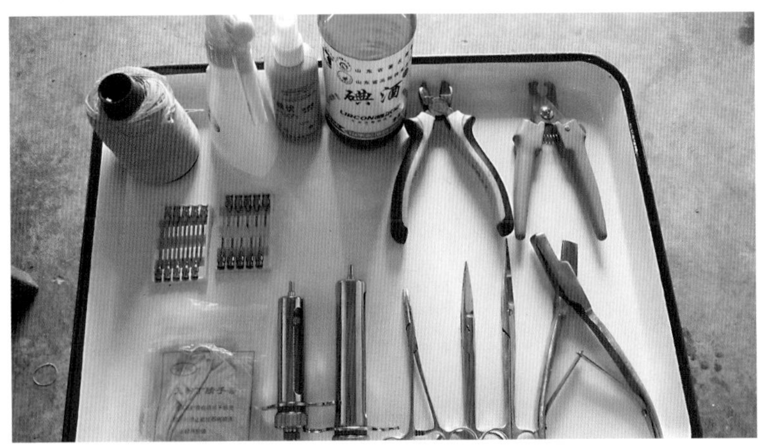
碘酒
药品器械

➢ 分娩过程

◆ **临产观察** 主要概括为“三看”，如下图：

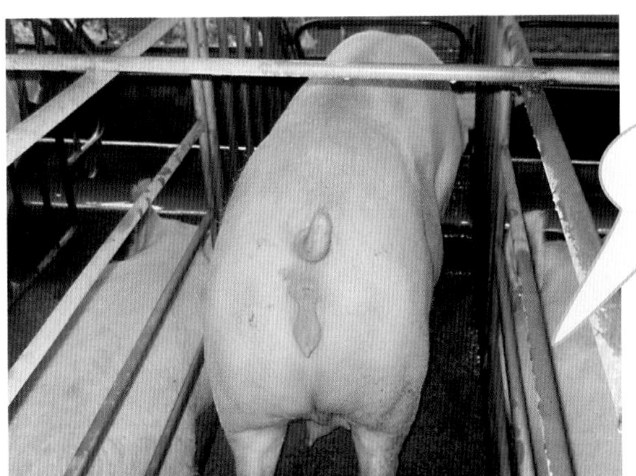
一看：尾根两侧凹陷、阴门红肿，3～5天产仔
妊娠100天母猪阴部

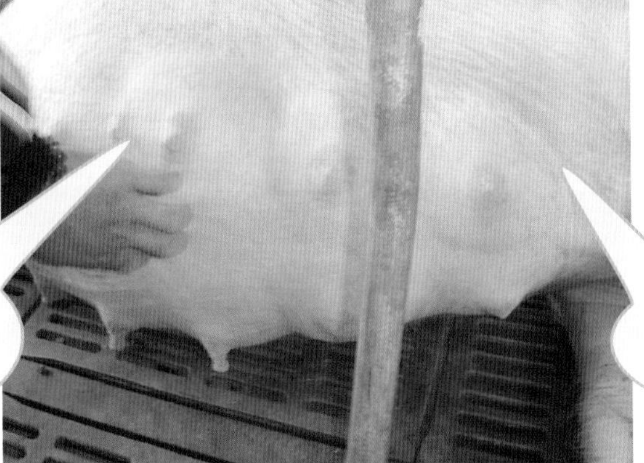
二看：乳房膨大有光泽，两侧乳头八字外张，乳头出乳
分娩时间：3～6小时
分娩前母猪乳房

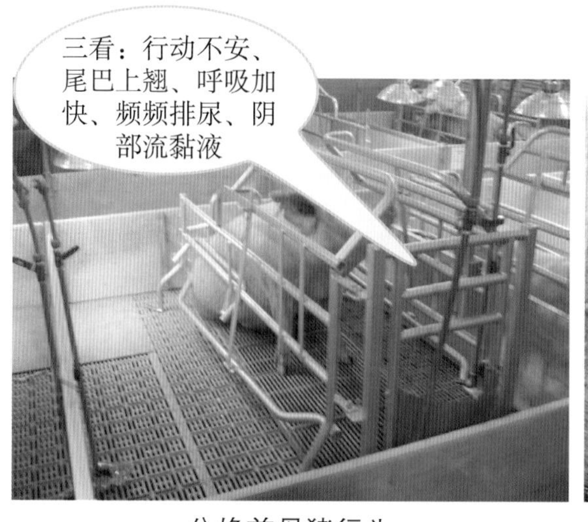
三看：行动不安、
尾巴上翘、呼吸加
快、频频排尿、阴
部流黏液

分娩前母猪行为

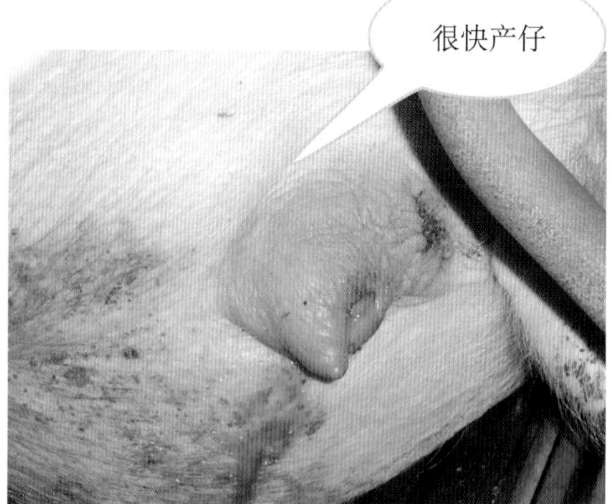
很快产仔

临分娩母猪流出黏液

➢ 分娩管理

◆ **临产处理**　当母猪出现全身性肌肉间歇性阵缩时，说明马上就要分娩。

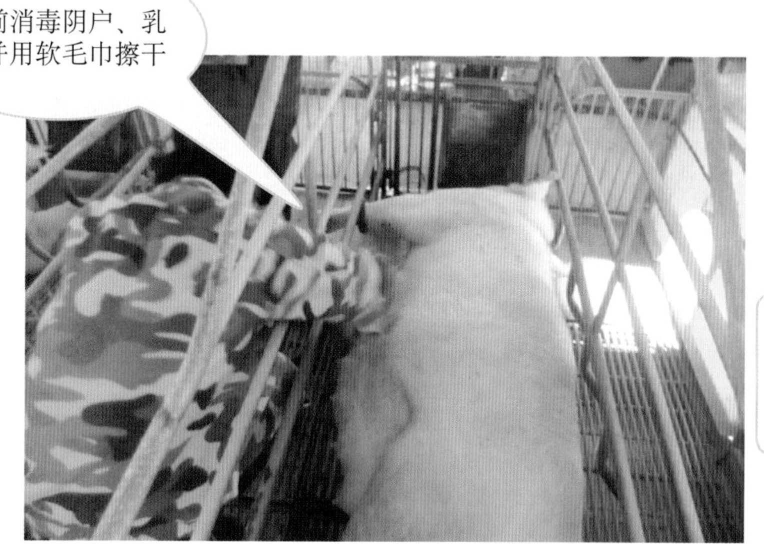
产前消毒阴户、乳
房并用软毛巾擦干

产前乳房清洁消毒

产程

一头：5～25分钟
全窝：1～4小时
胎盘产出：产后10～30分钟

◆ **人工助产**　如果母猪连续长时间努责又无仔猪产出，说明产道内有较大的胎儿滞留。此时应避免使用催产素催产，而应进行人工助产。当拉出该仔猪后，母猪开始正常生产，可不必再助产。

助产前，必须将
指甲修剪、消毒

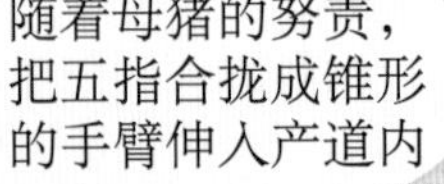
随着母猪的努责，
把五指合拢成锥形
的手臂伸入产道内

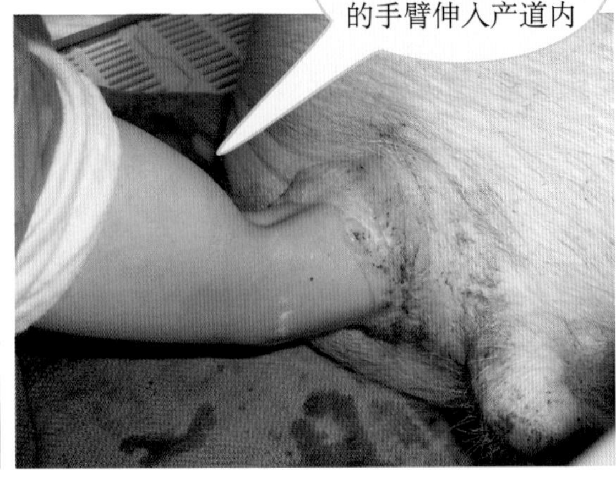

拉住胎儿两肢，
慢慢轻轻拉出

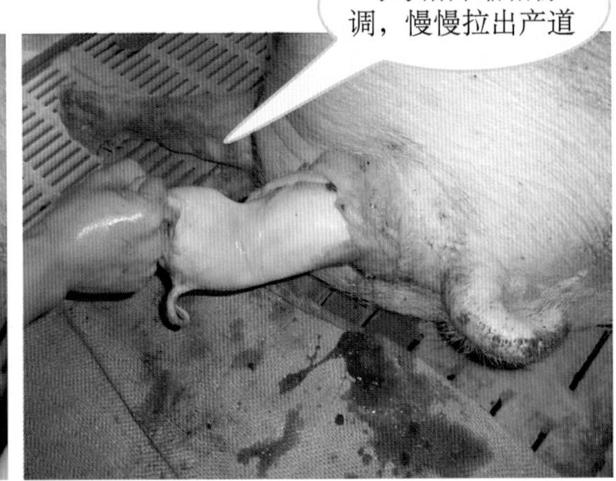
与母猪阵缩相协
调，慢慢拉出产道

人工助产

有条件的猪场可使用手套和润滑液进行人工助产。

使用手套和润滑液进行人工助产

人工助产后为防止产道感染，需滴注或肌内注射消炎药（如青霉素、链霉素等），每天1～2次，连用2～3天。

➢ 产后仔猪护理

◆ 断脐带

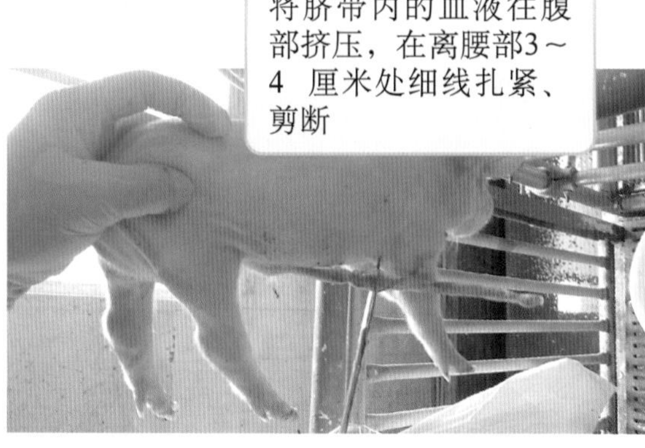
将脐带内的血液往腹部挤压，在离腰部3～4 厘米处细线扎紧、剪断

断　脐

断脐后用碘酒消毒

◆ 清洁、保温　掏净黏液，用毛巾或密斯陀擦干全身，置保温箱保暖。

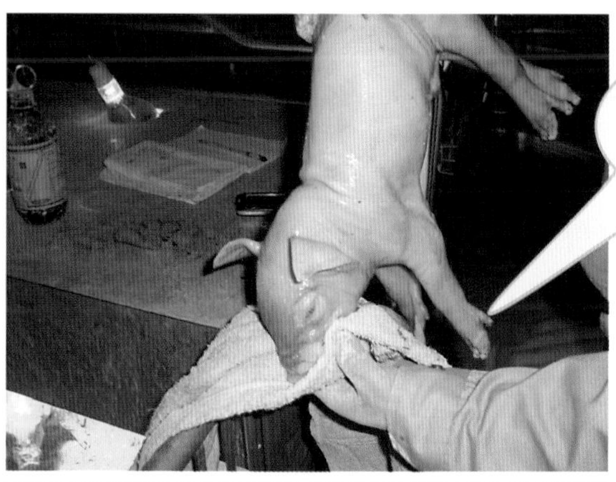
掏出猪口、鼻的黏液并擦净

毛巾擦干

别急别急，毛干了
咱们就去吃初乳啰

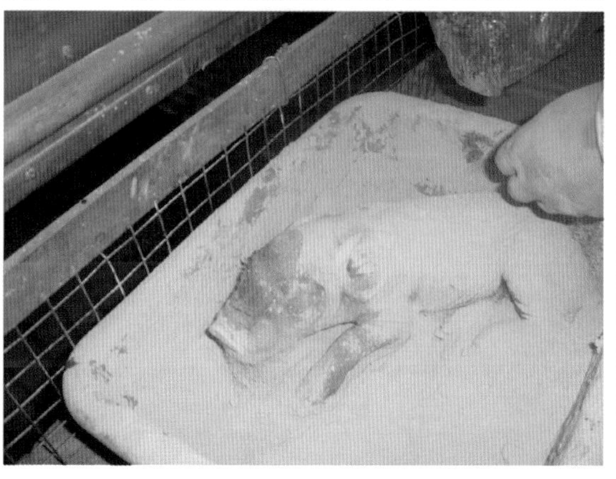

使用密斯陀帮助擦干

放入保温箱烤干体表水分

◆ **假死仔猪的急救** 有些仔猪出生后呼吸暂停，但心脏仍有跳动，这是新生仔猪的假死现象，这时应立即实施急救。仔猪假死的急救办法如下图：

一手托肩，
一手托臀，
一屈一伸，
反复屈伸
一手提后肢，头朝
下，一手拍后背

仔猪假死急救方法A　　仔猪假死急救方法B

➢ 称重、剪牙、断尾、打耳号

◆ **称重** 仔猪出生擦干后应立即称个体重或窝重，出生体重的大小是衡量母猪繁殖力的重要指标，一般在1.5千克左右。

猜猜我有多重呢
1408.8

新生仔猪称重

◆ **断犬齿** 仔猪出生2小时内断犬齿。

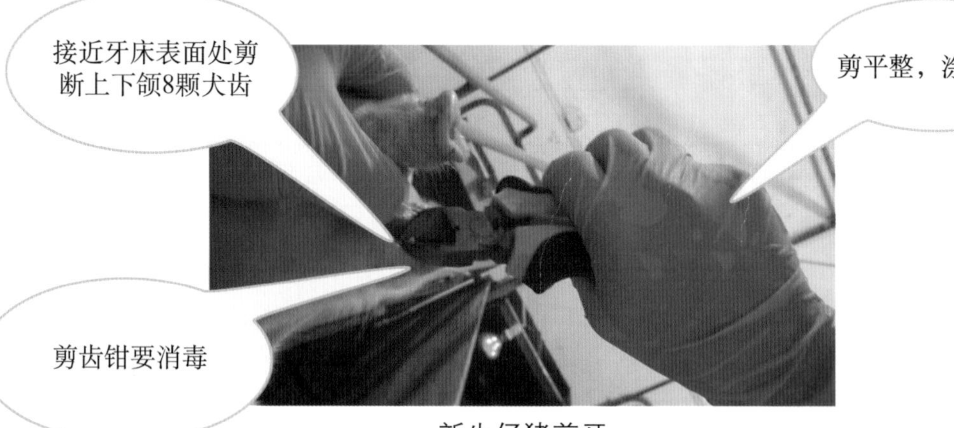
接近牙床表面处剪断上下颌8颗犬齿
剪平整，涂消炎药
剪齿钳要消毒

新生仔猪剪牙

◆ **断尾** 仔猪出生后2～3日龄将尾断掉，防止咬尾。

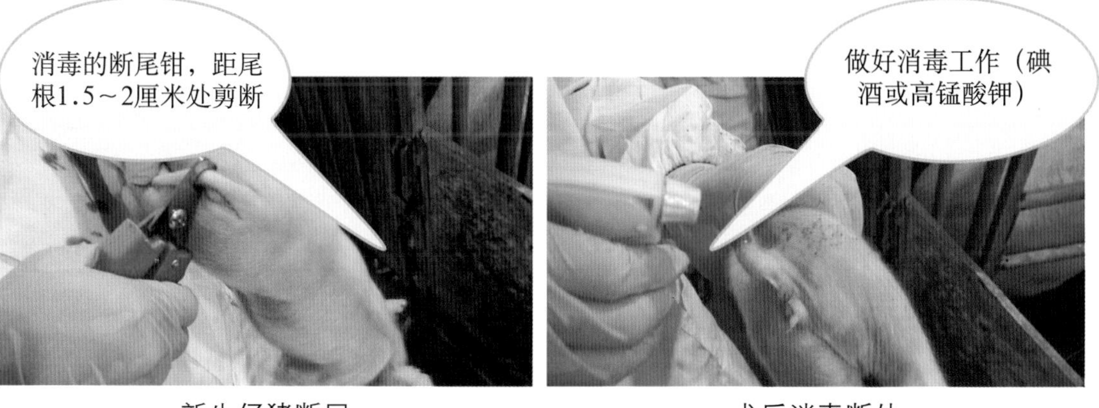
消毒的断尾钳，距尾根1.5～2厘米处剪断
做好消毒工作（碘酒或高锰酸钾）

新生仔猪断尾　　术后消毒断处

◆ **打耳号** 利用耳号钳每剪1个耳缺代表1个数字，把2个耳朵上所有的数字相加，即得出所要编号。

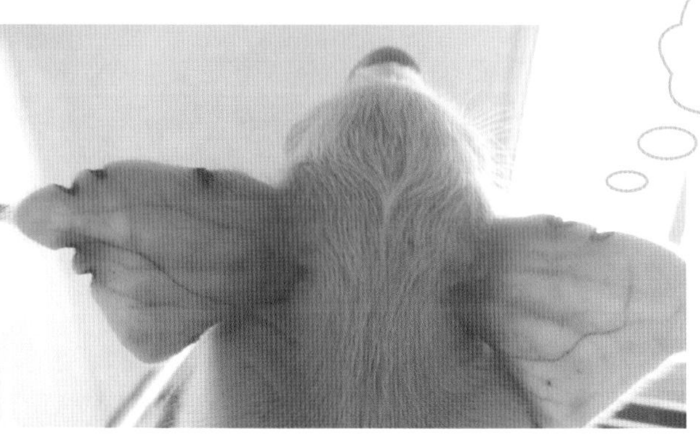
多采用左大右小、上1下3、公单母双或公母统一连续排列法
嘻嘻，我有名字啦

新生仔猪打耳号

➢ **严格执行免疫程序** 制定严格的免疫程序并施行，做好免疫记录情况表，其中主要包括大肠杆菌K88、K99工程苗，猪伪狂犬基因缺失弱毒疫苗等。

三、泌乳母猪的饲养管理

泌乳母猪的管理是现代化猪场管理的重要部分，其饲养的好坏直接关系到猪场的经济效益。泌乳母猪的饲养目标是最大限度提高泌乳期采食量、维持母猪良好体况、实现仔猪最高的断奶个体重和断奶存活率。

其中，哺乳仔猪断奶个体重与断奶存活率的具体目标为：

➢ **断奶成活率** 哺乳仔猪断奶存活率一般在80%～90%，大于90%较为理想，若小于80%则成活率较低。

断奶成活率（低）

断奶成活率（中）

猪多力量大啊
断奶成活率（高）

➢ 断奶个体重

3周龄断奶仔猪

断奶体重要求在4.0～5.5千克，目标是大于5.5千克

断奶体重要求在5.5～7.2千克，目标是大于7.2千克

4周龄断奶仔猪

● 饲喂技术

➢ 泌乳母猪

◆ 饲料　产仔开始饲喂哺乳料，消化能14.2兆焦/千克。

◆ 喂料量　分娩当天不喂料，饮水充足。

分娩后第一天喂1千克，此后每天增加0.5～1.0千克，第7天达到自由采食，日喂3次；自由饮水。

断奶前2天逐渐降低喂料量，防止断奶后乳房炎。

➢ 哺乳仔猪

◆ 补饲　仔猪生长迅速，对营养物质的需求量增加，在哺乳后期应当及早添料进行补饲。

吃了奶，又吃料，吃饱饱，好睡觉
一般从仔猪7～10日龄开始补饲

哺乳仔猪补饲

◆ 饮水 哺乳仔猪从3～5日龄起应补给新鲜清洁的饮水。

哺乳仔猪饮水

● 管理

➢ **保证仔猪吃初乳，固定奶头** 初乳中含有丰富的营养物质和免疫抗体，在仔猪出生1～2小时内吃上初乳可以及早获得免疫力。

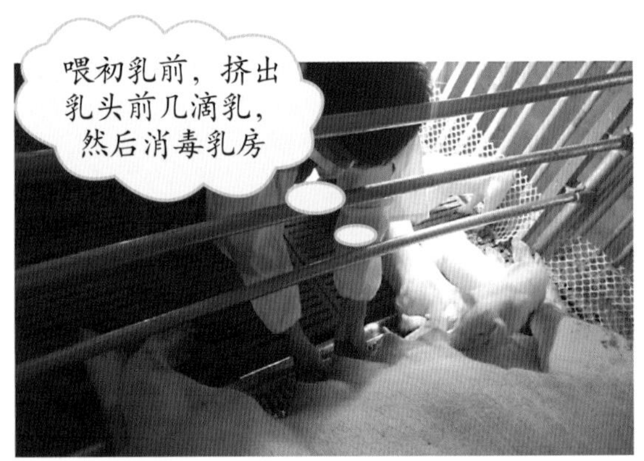
喂初乳前，挤出乳头前几滴乳，然后消毒乳房

哺乳前挤出乳头少许乳汁

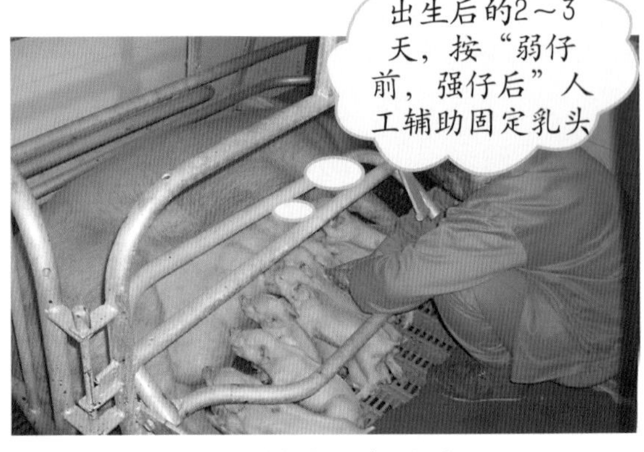
出生后的2～3天，按"弱仔前，强仔后"人工辅助固定乳头

人工辅助固定乳头

妈妈不要我了吗

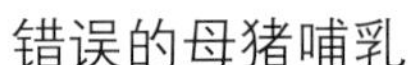

错误的母猪哺乳

➢ 乳房护理　母猪分娩前后按摩乳房，可促进乳腺发育，提高泌乳量。

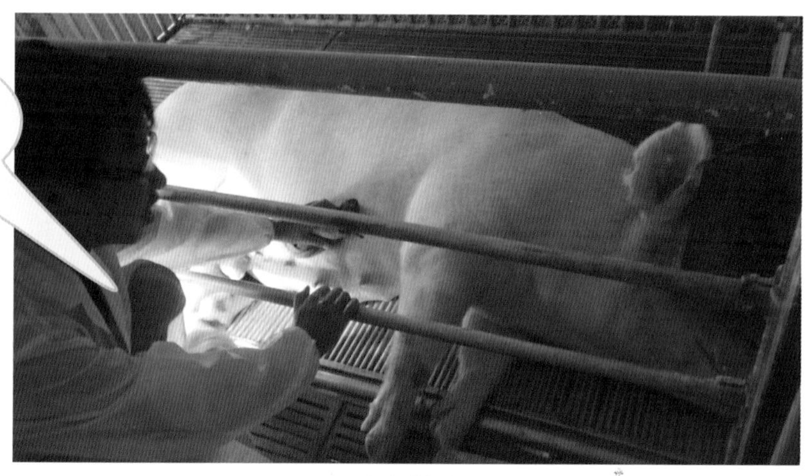
40℃的温水擦洗，
连续数天

乳房按摩

➢ 防止踩压　为避免踩压发生，应设置母猪限位架和保育间，使母仔分开睡觉休息。

吃饱了，回房
睡觉喽

母、仔分开休息

➢ 母猪缺乳或无乳的应对措施

◆ 人工催乳　对泌乳不足或缺乳的母猪在全面分析原因、改进饲养管理的基础上进行饲料调整，饲喂一些青绿多汁饲料、豆类或鱼粉等动物蛋白质。

◆ 寄养和并窝　母猪产后无乳或不足，或活产仔数超过有效乳头数，这就需要"寄养"；若两头母猪产仔都很少，可把两窝仔猪并作一窝，即"并窝"。

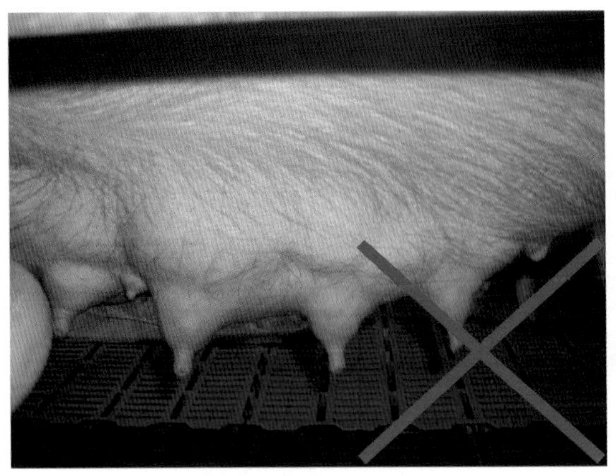
泌乳母猪乳腺萎缩

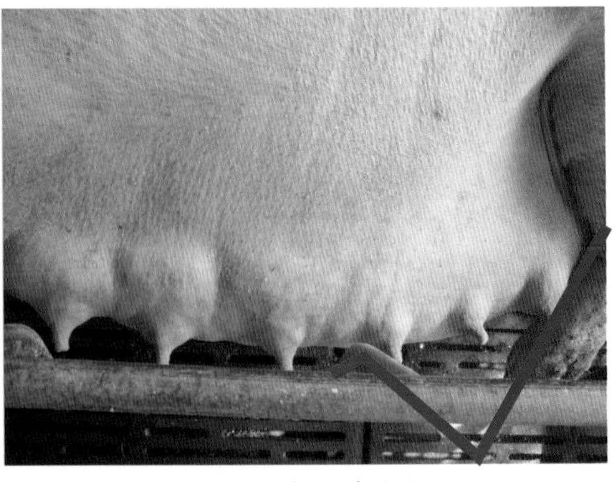
泌乳母猪乳腺良好

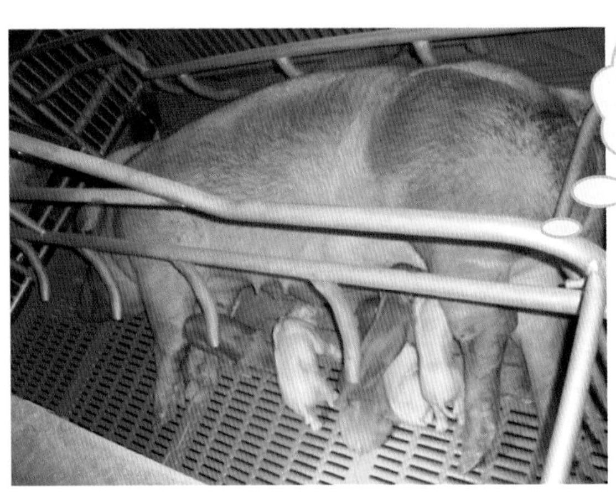
虽然“肤色”不同，我们还是相亲相爱的一家人呢
新生仔猪寄养

注意事项：
母猪产仔日期在2～3天内
寄养仔猪务必吃到初乳
后产仔猪往前调，选个体大的，
先产仔猪往后调，选个体小的
寄养前，给被寄养仔猪涂寄养母猪的奶和尿，或者提前混箱

◆ **人工乳饲养**　对于没有母乳或母乳不充足的仔猪也可采用人工乳辅助饲养。

人工乳配方：
鲜牛乳煮沸后，与沸水4：1稀释，加入一定量维生素、矿物质、免疫球蛋白G。若没有新鲜牛乳，可用商品代乳粉替代（1升水加250克代乳粉）

喝牛奶，我也能茁壮成长
人工乳饲喂

➢ 泌乳母猪疾病防治

◆ *产后拒食*　因产道感染而拒食的母猪，可用青霉素800万单位、链霉素400万单位、安乃近20毫升，肌内注射，每天2次，连用2天。

◆ *产后无乳、少乳*

妈妈乳汁不足，
我们都吃不饱
治疗方法
肌注催产素20～30国际单位，每日1～2次
盐水煮熟胎衣，分数次拌料喂

产后少乳

◆ *产后便秘*

泌乳母猪便秘

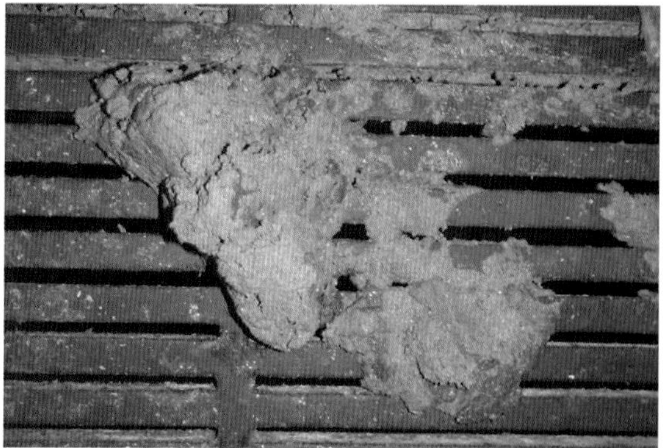

正常粪便

治疗方法：

增加饮水量并加入人工补液盐。

葡萄糖盐水500～1 000毫升，维生素C 30毫升，静脉注射。

复合维生素B 1毫升，青霉素240万单位，安痛定30毫升，分别肌内注射。

◆ 产后子宫脱出

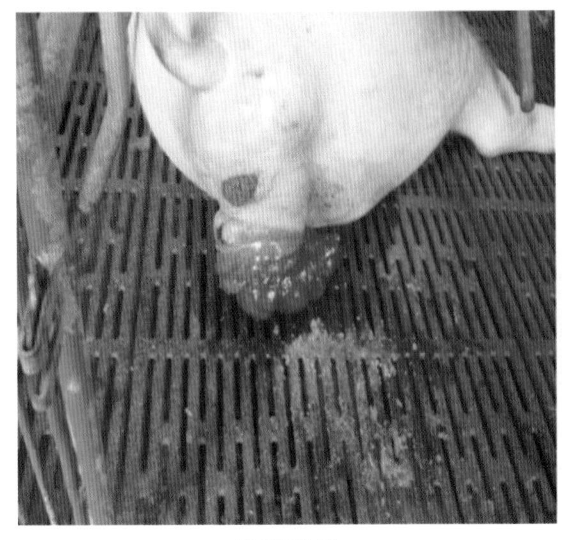
子宫脱出

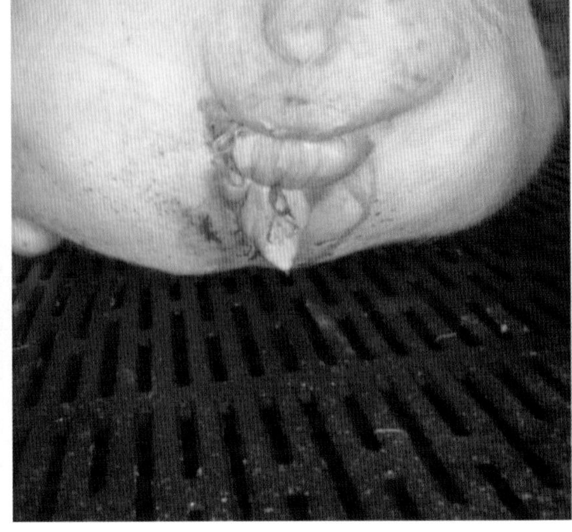
子宫复原

治疗方法：

不全脱：0.1%高锰酸钾或生理盐水500～1 000毫升注入子宫腔，借助液体的压力使子宫复原。

全脱落：0.1%高锰酸钾或1%食盐水洗涤，除去附在黏膜上的粪便。严重水肿者，用3%白矾水洗涤。再采用不全脱治疗方法。

◆ 母猪乳房炎

致病原因：

母猪补饲过早、数量过多。

乳头损伤，圈舍不卫生，导致细菌侵入。

母猪发烧或患子宫内膜炎。

泌乳母猪正常乳房

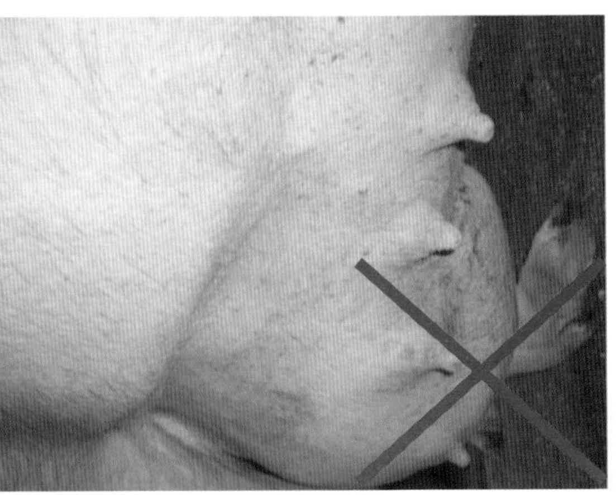
泌乳母猪乳房炎

治疗方法：

0.25%盐酸普鲁卡因溶液50毫升，青霉素80万单位，链霉素50万单位，混合后注射于乳房实质与腹壁之间的空隙，每日1次，连续3～5天。

鱼腥草注射液20毫升加头孢噻呋钠(每千克体重5毫克)或头孢拉啶1克混合肌内注射，每日1次，连用4次。

乳房脓肿一旦成熟，尽快切开排脓，用3%双氧水及0.1%新洁尔灭溶液冲洗，用碘酒纱布引流，最后敷消炎粉或其他抗生素。

预防措施：

合理控制母猪采食量，仔猪及时补料。

母猪分娩后每天肌内注射青霉素320万单位，预防乳房炎。

保持母猪乳房、乳头清洁。

仔猪出生剪平犬齿。

➢ **母猪断奶后再次配种**　母猪断奶再发情时间间隔一般为3～6天。

空怀母猪

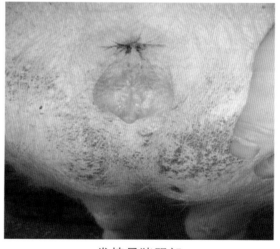

发情母猪阴部

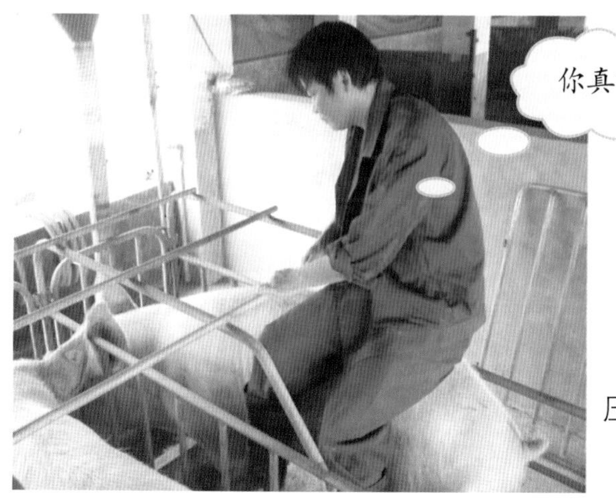
你真重啊

压背反应

配种原则：
老配早，小配晚，不老不小配中间
培育品种应早配，本地品种应晚配，杂交品种居中间

➢ **哺乳仔猪去势** 仔猪在出生后1周左右进行去势，早期去势仔猪伤口愈合快，应激小。

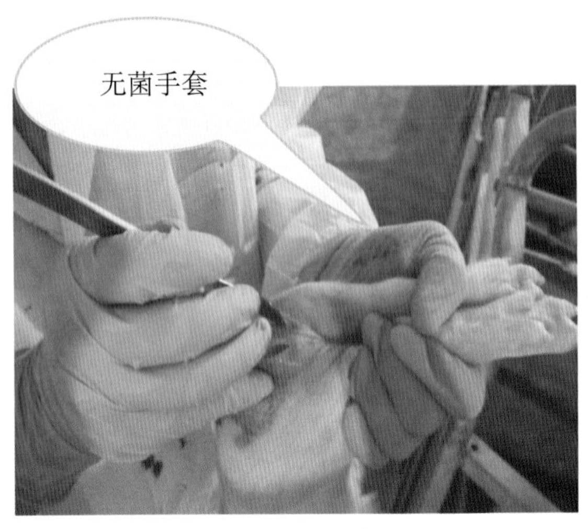
无菌手套

新生仔猪去势

切口不宜过大，
注意术后护理

术后消毒

➢ **哺乳仔猪补铁、补硒**

◆ **补铁** 初生仔猪生长发育快，极易出现贫血症状，需外源供给铁。

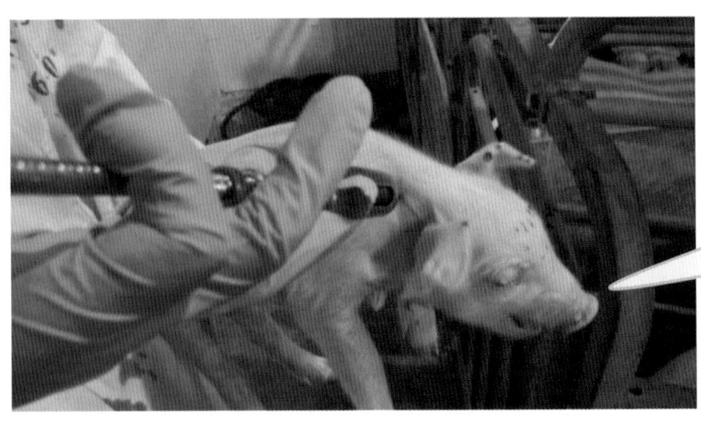
出生后3天内颈部肌内注射100～150 毫克铁制剂（如右旋糖酐铁），必要时可间隔1周后减半剂量重复注射1次

新生仔猪注射补铁针

◆ **补硒** 仔猪出生后3天内，每头仔猪肌内注射0.5毫升1%的亚硒酸钠维生素E合剂。

妈妈说，要做个
勇敢的好孩子

新生仔猪注射补硒针

哺乳仔猪腹泻病预防　常见的有仔猪白痢、黄痢、红痢和传染性胃肠炎等。

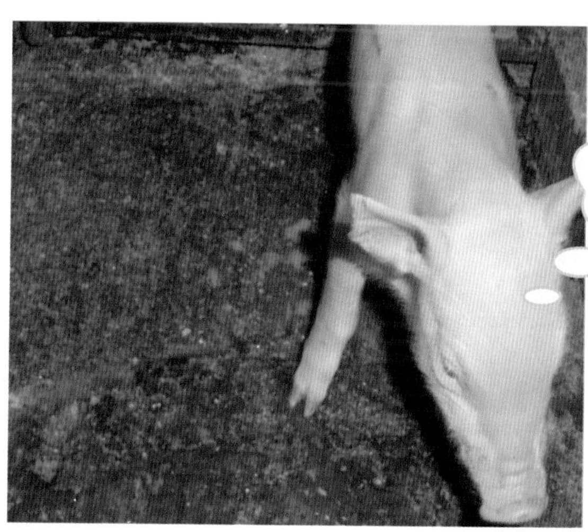

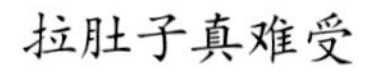
拉肚子真难受

哺乳仔猪红痢

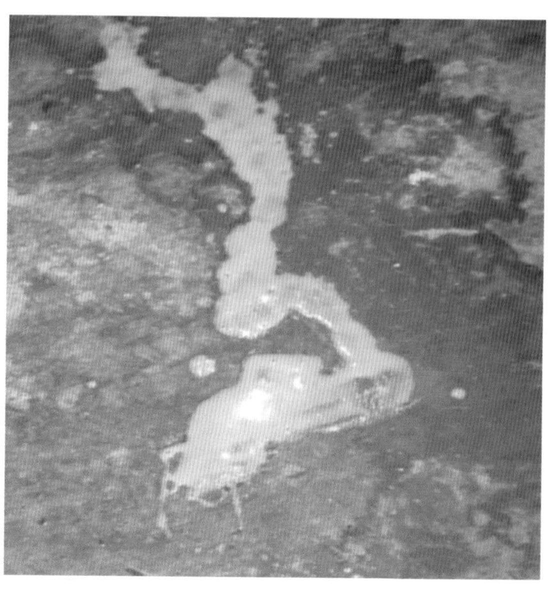

哺乳仔猪黄痢

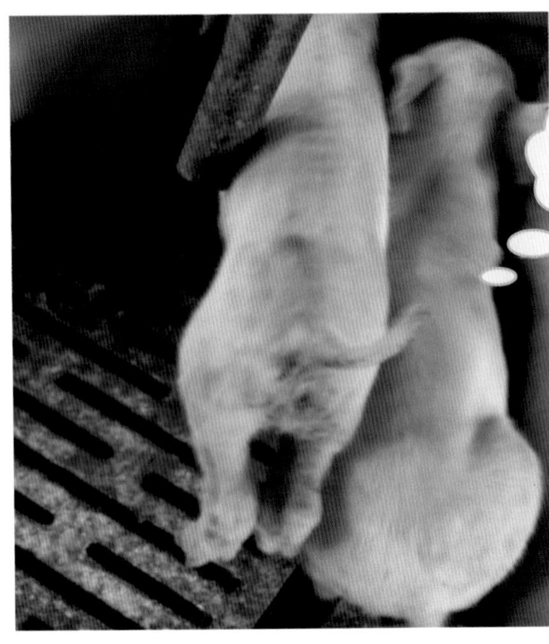
屁股拉得黏黏
的，真不舒服

哺乳仔猪黄痢

为了降低仔猪腹泻的发生，应采取综合措施进行治疗和预防：

保持圈舍清洁、干燥、通风良好。

防寒保暖，控制温湿度。

生产区每周消毒，分娩区每周2次，2～3种消毒液交替使用。

产房采取全进全出制，前批母猪转走后彻底清洗、消毒产房。

妊娠母猪预防接种和驱虫。

加强母猪的饲养管理，禁止饲喂腐败、发霉、变质的饲料。

母猪转入产房前用0.1%高锰酸钾溶液全身清洗和消毒，会阴部和乳房是重点消毒部位。

使用药物或者疫苗预防。

产房内保持清洁干燥

防寒保暖（保温箱）

转猪后产房的消毒

进猪前产房的消毒

禁止给母猪饲喂变质饲料

母猪转入产房前的清洗消毒

重点消毒部位（乳房）

重点消毒部位（会阴部）

➢ **适宜的温度** 产房环境温度保持在18～22℃；哺乳仔猪体温调节能力差，必须防寒保温。保温设施包括保温箱、电热板以及红外灯（250瓦）。哺乳仔猪适宜温度见下图。

嘻嘻，这里面
可暖和了
利用保温箱保温

我们头上永远
有阳光
利用红外灯保温

可防贼风进入
产房封闭保温

哺乳仔猪最适温度：
1～3日龄：30～32℃
4～7日龄：28～30℃
8～14日龄：25～28℃
15～30日龄：22～25℃

➢ **适宜的湿度** 产房湿度应控制在60%～70%，过高或过低都将影响仔猪的生长。

➢ **光照** 保持猪舍光线充足，尽量让母猪和仔猪多接触阳光，呼吸新鲜空气。

光线充足的产房

➢ 换风量　在寒冷季节，产房与保育舍空气流速应控制在0.2米／秒以内。

抽风换气，保证舍内空气流通

产房内安置抽风机

➢ 清洁卫生

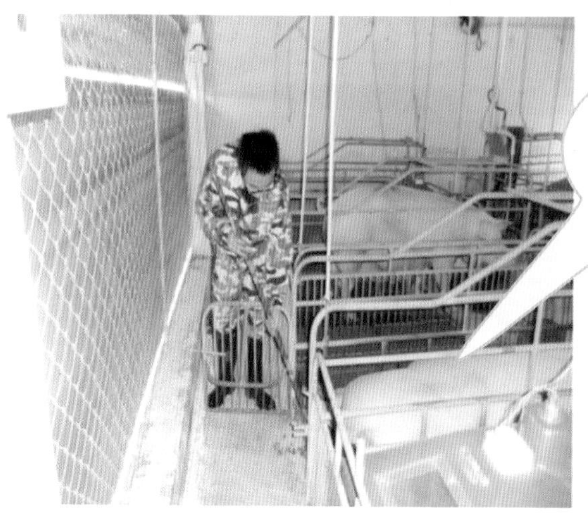

随时保持产床清洁、干燥
粪便随拉随清
用消毒药水定期擦刷

工作人员打扫产床

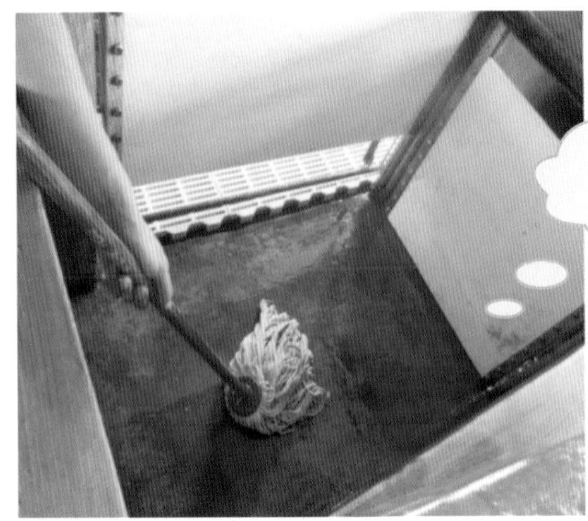
洗拖拖，洗拖拖，
喜拖拖，哦耶

定期打扫保育箱（消毒液拖布）

➢ 防疫

◆ 消毒措施

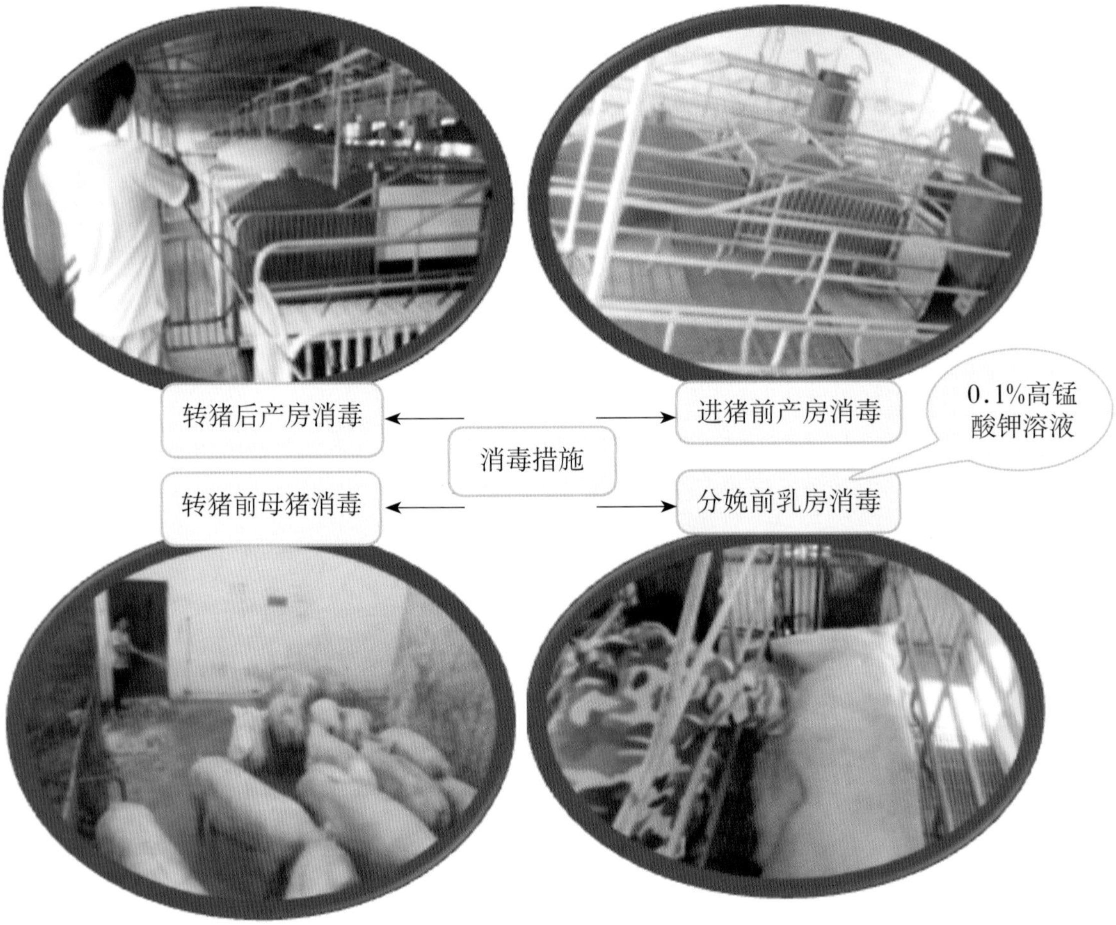

消毒措施

转猪后产房消毒

进猪前产房消毒

转猪前母猪消毒

分娩前乳房消毒

0.1%高锰酸钾溶液

◆ 免疫　泌乳母猪及哺乳仔猪免疫程序具体可参照第二章相关内容。

大哥，你能轻点吗

新生仔猪注射伪狂犬疫苗

第三节　仔猪的饲养管理

仔猪的饲养管理主要包括哺乳仔猪及保育仔猪的饲养管理（哺乳仔猪的具体饲养管理技术见第二节）。保育仔猪由依靠母猪生活过渡到完全独立生活，其饲养目标则是最大限度降低断奶应激，提高仔猪成活率，保证仔猪正常生长，减少疾病发生。

保育阶段指仔猪断奶至70日龄这一阶段。断奶的概念：指完全中断母乳喂养，改用饲料对仔猪进行饲喂。

断奶仔猪的主要生理特点可概括为“三差一快”：保温能力差、消化能力差、免疫能力差和生长发育快。

好冷啊
肚子胀，
不消化，
真难受

保温能力差　　消化能力差

唉，又感冒了

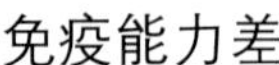

转眼间我
就长大喽

免疫能力差　　生长发育快

因此，断奶仔猪断奶后极易出现断奶个体重小、仔猪均匀度差、断奶成活率低和断奶应激等。

长这么小，
还得再补补啊

断奶个体重小

同样是一窝生的，
怎么差距就这么大呢

仔猪均匀度差

断奶成活率低

断奶最常见的问题就是断奶应激，主要表现为：

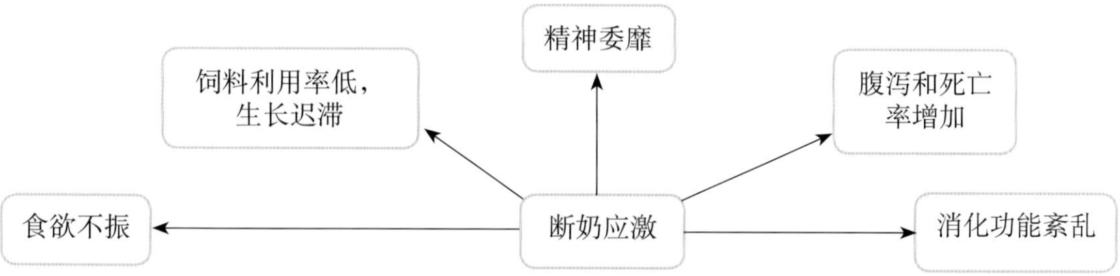

断奶应激

食欲不振

饲料利用率低，生长迟滞

精神委靡

腹泻和死亡率增加

消化功能紊乱

怎么我就睡不醒呢

就是吃不下啊

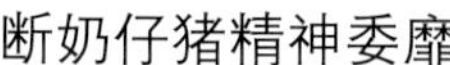

断奶仔猪精神委靡

断奶仔猪食欲不振

断奶仔猪应激死亡

其中，仔猪断奶后腹泻是常见的应激性疾病，且危害性较大，多发生于断奶后5天左右的仔猪。

水样稀粪

断奶仔猪腹泻

断奶应激主要包括营养应激、心理应激、环境应激。

➢ 营养应激

食物来源的转变：能量来源由乳糖、乳脂转变为由淀粉供给，饲料中存在支链淀粉和纤维素，饲料利用率低。

肠道结构与功能损伤：肠道黏膜损伤，肠道微生物菌群变化，蛋白酶、脂肪酶、淀粉酶活性降低，胃肠道pH下降。

➢ 环境应激

温度、湿度：低温高湿和高温高湿对仔猪的生长均不利。

圈舍环境改变与饲养人员的变化。

➢ 心理应激

母子分离、调圈、混群。

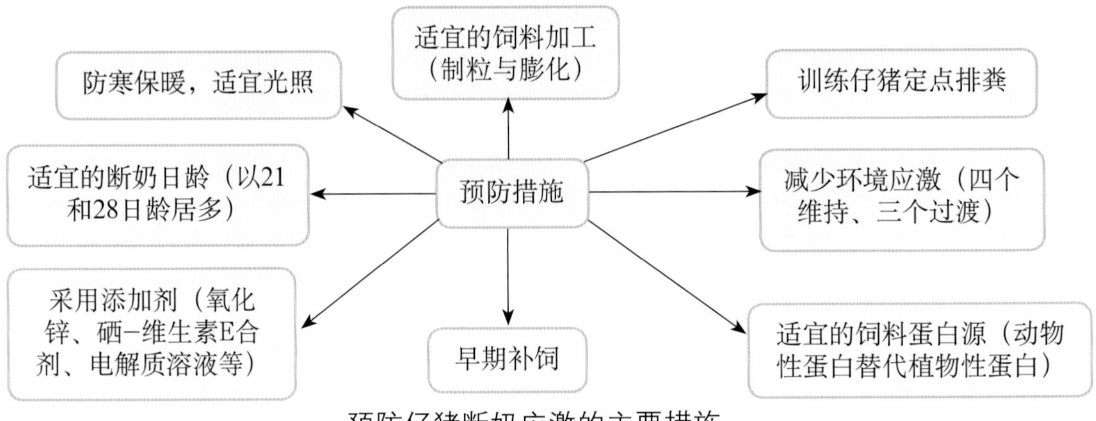
适宜的饲料加工（制粒与膨化）
防寒保暖，适宜光照
训练仔猪定点排粪
适宜的断奶日龄（以21和28日龄居多）
预防措施
减少环境应激（四个维持、三个过渡）
采用添加剂（氧化锌、硒-维生素E合剂、电解质溶液等）
早期补饲
适宜的饲料蛋白源（动物性蛋白替代植物性蛋白）

预防仔猪断奶应激的主要措施

饲喂技术

四阶段饲养法

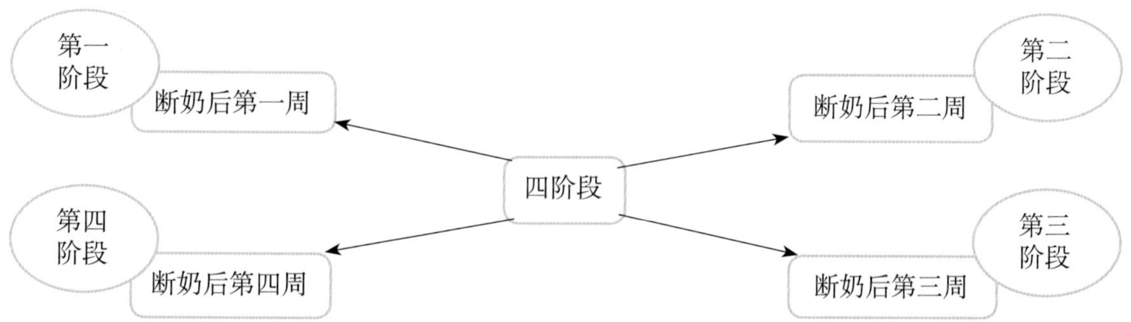
第一
阶段
断奶后第一周
第二
阶段
断奶后第二周
四阶段
第四
阶段
断奶后第四周
第三
阶段
断奶后第三周

第一阶段

限量饲喂，投料量70%左右，少喂勤添，每日4～6次。

乳清粉含量20%以上，优质血浆蛋白粉5%以上。

第二阶段

自由采食，少喂勤添，每日4～6次。

乳清粉含量15%以上，优质血浆蛋白粉3%以上。

第三阶段

自由采食，少喂勤添，每日4～6次。

乳清粉含量10%以上，不添加优质血浆蛋白粉。

第四阶段

自由采食，少喂勤添，每日4～6次。

玉米-豆粕型饲粮。

四维持

保育仔猪断奶后维持原圈饲养1～2周。

转入保育舍后，维持原有饲料1周。

转群和分群时，维持原窝。

进入保育阶段到离开，维持“全进全出”制。

还是咱哥儿几
个一起，呵呵

原窝转入

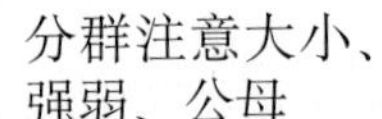
分群注意大小、
强弱、公母

还是一家亲

原栏原窝保育

➢ 三个过渡

饲料过渡　仔猪断奶后饲料更换要逐步过渡，防止因饲料骤然更换造成仔猪应激。

饲喂制度要逐渐过渡　断奶前1周控制采食量，少喂勤添，日投料量控制在原日粮的70%左右；第二周逐渐过渡到自由采食，日喂4～6次，定时、定量。

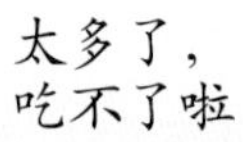
太多了，
吃不了啦

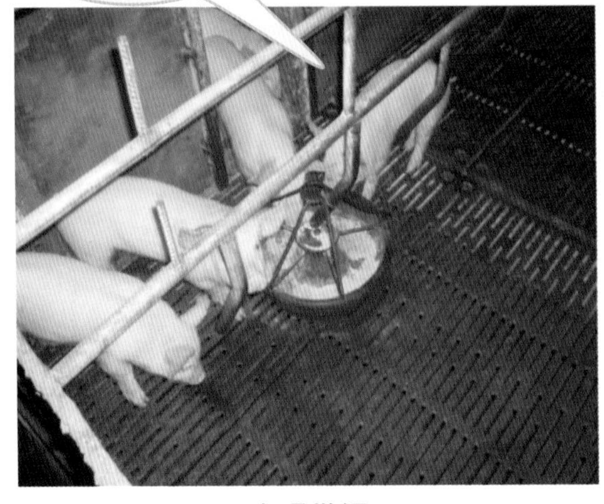
少喂勤添，
供给得当

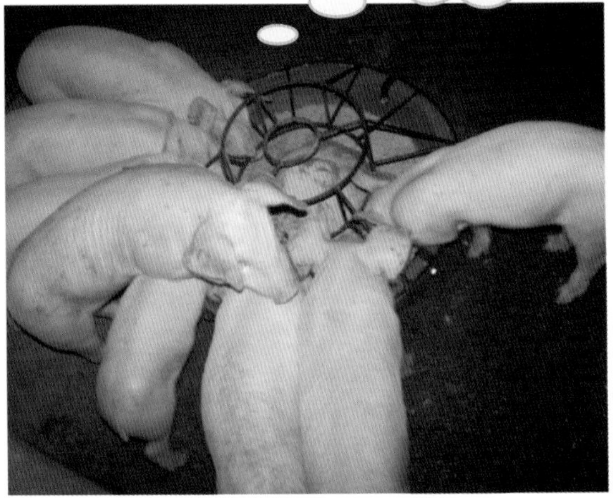

少喂勤添　　一次性加太多

操作制度要逐渐过渡　保育舍内光照措施、保温通风措施、饲养工人操作习惯等要逐渐过渡。

➢ 饮水　保证昼夜供给充足的清洁饮水。

合理的饮水方式

饮水器干净
清洁
水流速稳定
饮水器应与猪
肩平或稍高

饮水器不卫生　　饮水器太高、漏水

● 管理

➢ 断奶时间　仔猪断奶时间一般在出生后28～35日龄，最早可以在18～21日龄。

18～35日龄期间，哪天会给我断奶呢

断奶时间

➢ 断奶方法

◆ 一次性断奶法

孩子们，要听话，你们长大了

妈妈别走

一次性断奶法

到断奶日龄时，一次性将母仔分开
仔猪留栏饲养1～2周或直接进保育舍
留栏时间不宜过长

优点：操作方便，缩短母猪发情间隔
缺点：仔猪应激，母猪乳房炎

◆ 分批断奶法

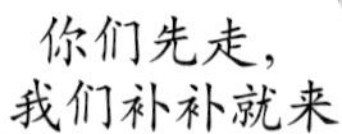
你们先走，
我们补补就来

呜呜，
真不公平

分批断奶法

体重大、发育好、食欲强的仔猪及时断奶
体质弱、个体小、食欲差的仔猪适当延长哺乳期

优点：整窝仔猪正常发育

缺点：延长母猪发情间隔

◆ 逐渐断奶法

哇哇，五个小时才能见妈妈一次，必须珍惜这难得的见面啊

逐渐断奶法

断奶前4～6天，减少母猪饲喂量，赶往别处
每天将母猪放回原圈数次，逐日减少次数
第1天4～5次，第2天3～4次，第3～5天停止哺育

优点：防止母猪乳房炎或仔猪胃肠道疾病

缺点：操作复杂

◆ 间隔断奶法

趁现在多吃
点，待会又见
不到妈妈了

间隔断奶法

白天将母猪赶往别处，仔猪独立采食
晚上将母猪赶回原栏，让仔猪吸食部分乳汁
到一定时间，全部断奶

优点：防止母猪乳房炎，避免仔猪环境应激

缺点：操作复杂

➢ 地面水泥床饲养

地上好冷，
我们容易感冒啊

优点：成本投入小

缺点：昼夜温差变化大，仔猪易腹泻，成活率、生长速度、饲料利用率均会受影响

水泥地饲养模式

➢ 网床饲养

我们家的环境
好吧

网上床养饲养模式

优点：仔猪接触污染机会少，腹泻发生率降低，成活率、生长速度、饲料利用率均可提高

缺点：成本投入较大

➢ 生物发酵床饲养

有了发酵床，
我们身体更健康
秸秆、锯末屑、
稻壳粉和粪便按
一定比例混合

生物发酵床饲养模式

优点：粪污免清理，猪生长快，猪肉无抗生素残留，省能、省水、省人工

缺点：成本投入较大

➢ **保持合适的饲养密度** 每头猪占有面积为1～2月龄0.3～0.5米^2，每栏饲养头数不超过20头，可提高仔猪群的整齐度。

别惹我，一边
儿待着去
保育猪正常饲养密度

这是在叠罗
汉吗
饲养密度过大

➢ 控制环境温度

断奶至体重12千克
最适27℃ → 体重12～23千克
最适24℃ → 体重23～35千克
最适21℃

这么暖和，你咋
还穿那么多呢
红外灯保温

随时注意
温度变化
防止贼风

➢ 保持舍内清洁卫生与通风良好

通风换气
清洁干燥

卫生、通风良好

主人太懒了，
看这脏的

舍内卫生环境差

➢ 疾病预防

◆ 按照免疫程序按时接种疫苗并做好记录，具体免疫程序可参考第二章相关内容。

◆ 舍内单设水箱，定期投放水溶性维生素、口服补液盐、氟苯尼考等。

◆ 转猪前保育舍彻底清洗消毒。

◆ 进猪后保育舍定期消毒（每周2～3次），注意不要淋湿仔猪。

保育舍彻底消毒

➢ **免疫** 保育仔猪免疫程序具体可参照第二章相关内容。

第四节 生长育肥猪的饲养管理

生长育肥阶段一般是指体重从25～30千克到100～110千克的这一阶段。提高日增重、缩短育肥期、提高饲料转化率、降低养猪成本、提高养猪户的经济效益是本阶段的关键。

最低的死淘率
最佳的日增重
最低的增重成本
良好的屠体品质

生长育肥猪饲养目标

● **饲喂技术**

➢ **育肥方式** 生长育肥猪按其生长发育阶段通常分为三个时期：

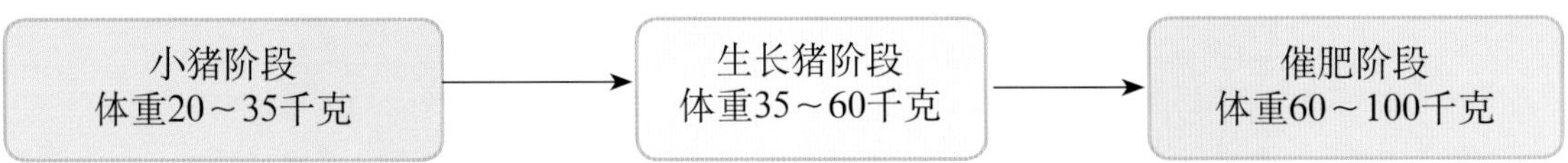
小猪阶段
体重20～35千克
生长猪阶段
体重35～60千克
催肥阶段
体重60～100千克

根据其发育规律，目前主要采用以下育肥方式：

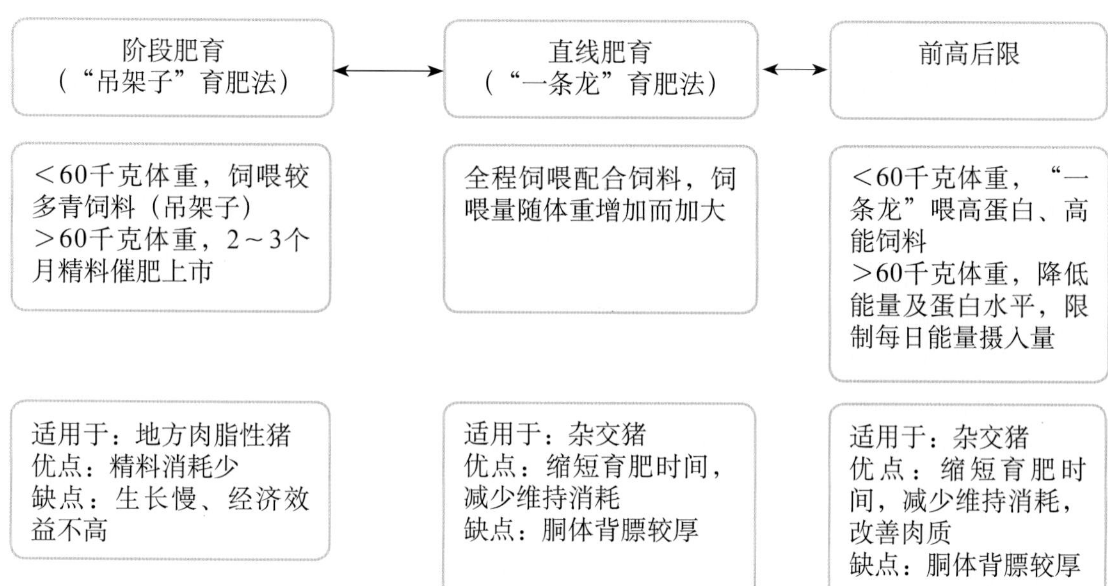
阶段肥育
（“吊架子”育肥法）
直线肥育
（“一条龙”育肥法）
前高后限
＜60千克体重，饲喂较多青饲料（吊架子）
＞60千克体重，2～3个月精料催肥上市
全程饲喂配合饲料，饲喂量随体重增加而加大
＜60千克体重，“一条龙”喂高蛋白、高能饲料
＞60千克体重，降低能量及蛋白水平，限制每日能量摄入量
适用于：地方肉脂性猪
优点：精料消耗少
缺点：生长慢、经济效益不高
适用于：杂交猪
优点：缩短育肥时间，减少维持消耗
缺点：胴体背膘较厚
适用于：杂交猪
优点：缩短育肥时间，减少维持消耗，改善肉质
缺点：胴体背膘较厚

➢ 饲喂次数

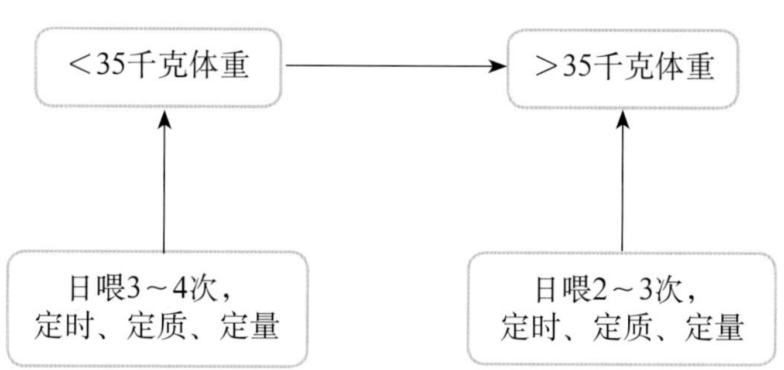
＜35千克体重
＞35千克体重
日喂3～4次，
定时、定质、定量
日喂2～3次，
定时、定质、定量

➢ 饮水

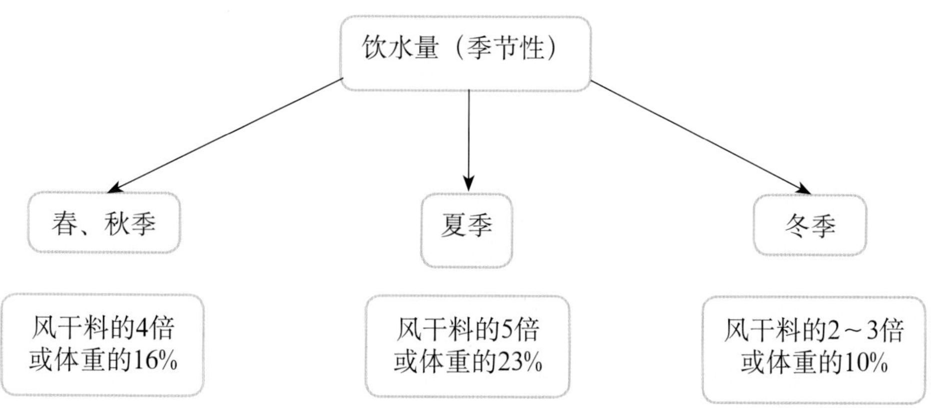
饮水量（季节性）
春、秋季
夏季
冬季
风干料的4倍
或体重的16%
风干料的5倍
或体重的23%
风干料的2～3倍
或体重的10%

育肥猪饮水

管理

➢ 合理分群

◆ **分群原则** 按品种、体重大小、体质强弱、吃料快慢进行合群分群。

◆ **分群方法** “留弱不留强”、“拆多不拆少”、“夜并昼不并”等。

你们猪高马大，
我们还是待这边
吧，免得在那边
受欺负

育肥猪合理分群

欺负人家长得
小巧，老是抢
不到吃的

不合理分群

排排站，吃果果

合理分群

➢ **适宜的饲养密度**　每圈养6～12头为宜，体重60千克以上育肥猪实体地面为1.0～1.2米^2，全漏缝地板为0.74米^{2}为宜。

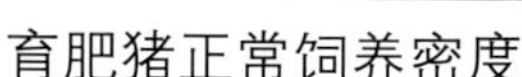
育肥猪正常饲养密度

这太挤了，得找
个地方静一静
育肥猪饲养密度过大

➢ **环境控制**

◆ **环境温度和湿度**　生长育肥猪最适温度在10～20℃。相对湿度在65%～75%为宜。

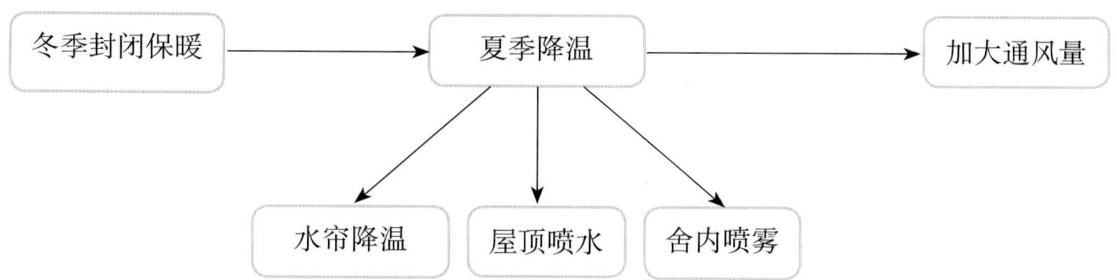
冬季封闭保暖
夏季降温
加大通风量
水帘降温
屋顶喷水
舍内喷雾

冬季育肥舍封闭保温

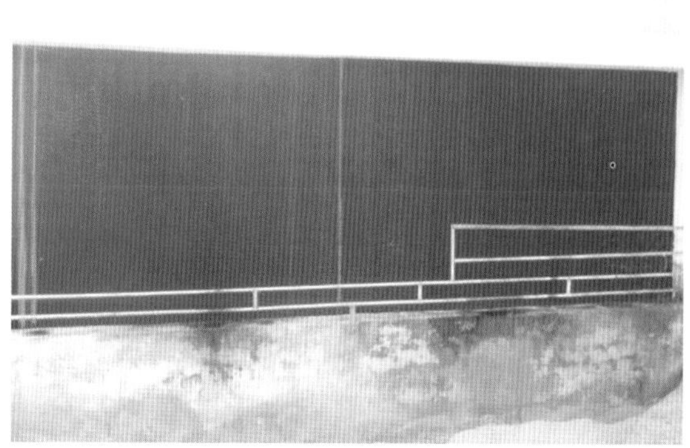
夏季育肥舍水帘降温

夏季育肥舍冲淋降温

夏季育肥舍风机降温

◆ 空气质量

清洁干燥
通风换气
如何提高
空气质量
定期消毒
加强绿化

绿化环境、净化空气

➢ 及时调教

三定位调教
采食、排泄、
卧睡
主人教导我们说：
这是餐厅，这是卧
室，这是洗手间

及时调教

➢ **搞好防疫和驱虫**　定期驱除体表、体内寄生虫，具体可参考第二章相关内容。

➢ **肉猪销售**

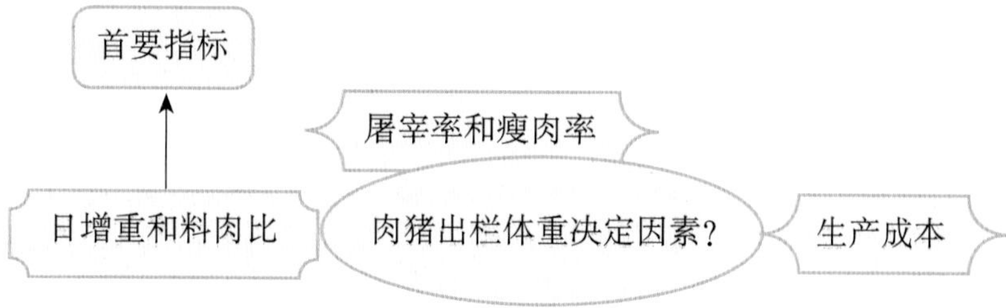
首要指标
屠宰率和瘦肉率
日增重和料肉比
肉猪出栏体重决定因素？
生产成本

我长大了，可以为人类做贡献了
三元杂交猪
最佳体重：100千克
出售日龄：160～170日龄

肉猪销售

6 第六章　猪常见疾病的诊断与防治

第一节　猪群常规检查方法

一、猪群生产性能检查

猪群生产性能是反映猪群健康状况的最佳指标，生产管理人员应该以月、季度和年度等进行数据记录和保存，兽医管理人员应定期查阅数据，通过数据比对判定猪群健康状况。正常情况下，各项指标应在稳定的情况下逐步提高。猪各个阶段关键生产指标如下图。

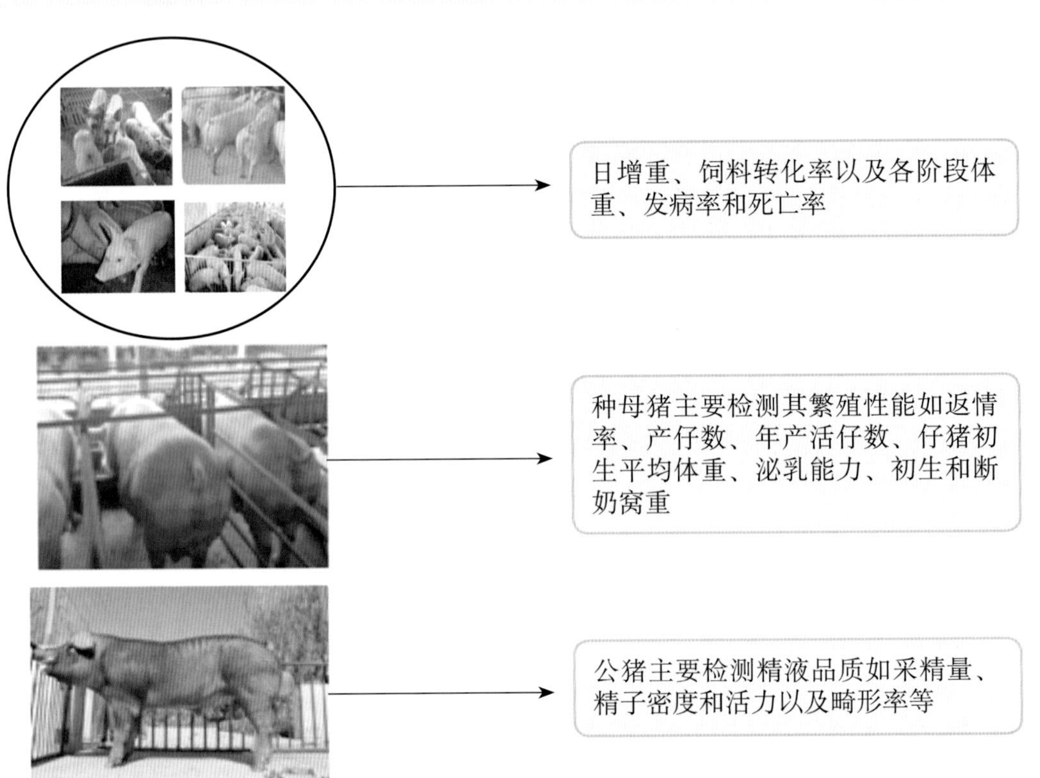
日增重、饲料转化率以及各阶段体重、发病率和死亡率
种母猪主要检测其繁殖性能如返情率、产仔数、年产活仔数、仔猪初生平均体重、泌乳能力、初生和断奶窝重
公猪主要检测精液品质如采精量、精子密度和活力以及畸形率等

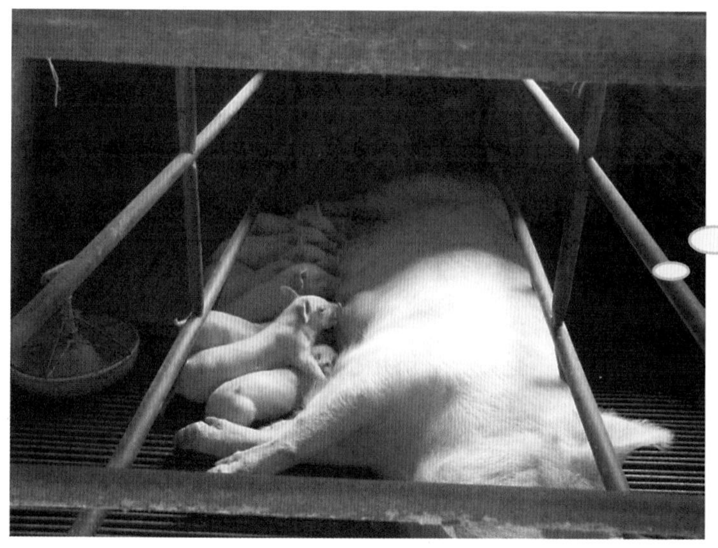
看看我的小宝宝
吃得香，长得倍
棒，一定要记录
好哦

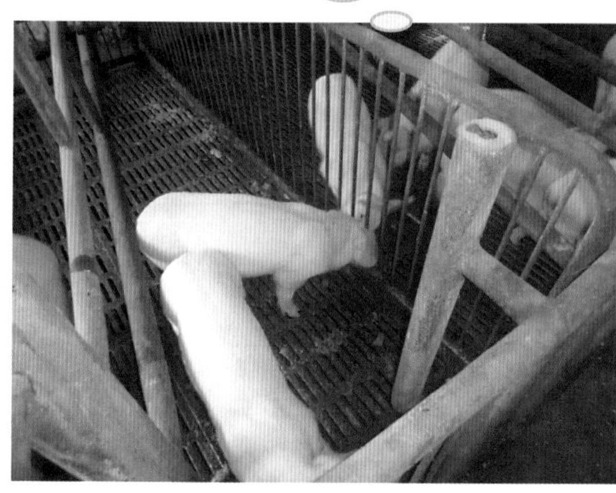
这个月吃得比
你少，下个月
一定要超过你

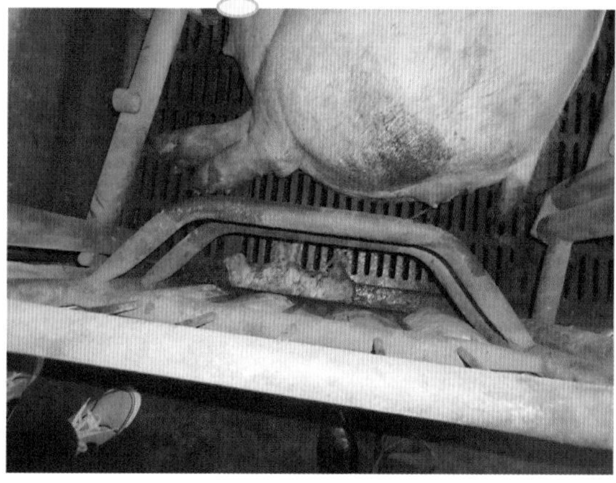
唉！已经进黑名单
了，再生不了一窝
健康的小宝宝，下
次肯定被宰了

二、猪群免疫治疗情况检查

根据猪群具体情况制定适合自己猪场的免疫程序，在无突发事件的情况下严格按照免疫程序执行并做详细的记录。对发病猪的诊断治疗方案和治疗结果等均应做详细记录并按月、季度和年度的形式进行发病率和死亡率的比较分析。

上次没有打疫苗，这次一个宝宝都没有

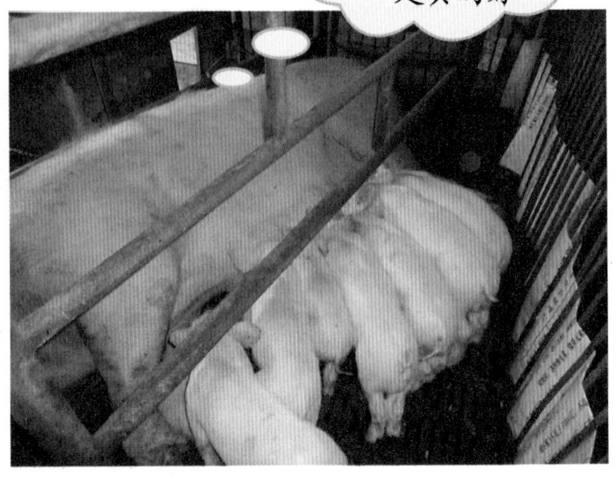
按时免疫就是好，宝宝健康身体好！宝宝好才是真的好

三、猪舍巡查

在各猪场中，与猪接触时间最多，对猪采食、饮水情况最了解的是猪群饲养人员，因此猪场兽医和管理人员应充分调动饲养人员积极性，每日与饲养员交流。通过饲养员和兽医人员的共同努力，双管齐下，尽可能在发病早期进行诊断治疗。

猪舍巡查应该每日至少进行两次，检查内容如下。一旦发现有症状猪只，立即标记并进行治疗，记录治疗方案和治疗结果。

主要观察猪的采食、饮水有无减少；呼吸频率、呼吸姿势，是否咳嗽、打喷嚏，体温是否正常；眼、鼻有无分泌物、脓液等；耳朵、四肢皮肤有无颜色变化，有无肿块；排便、排尿情况是否正常等。

产房检查的时候，注意观察仔猪的精神状况及生长健康情况哦！弟弟、妹妹都比我大啦

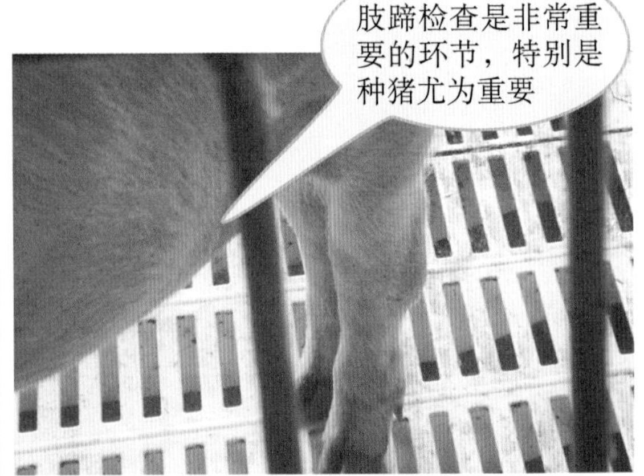
肢蹄检查是非常重要的环节，特别是种猪尤为重要

年轻人，巡查的时
候有疑似病例的
猪，一定要用记号
笔进行标记并记录

仔猪消瘦，皮肤
出现红点

我们都吃一样的呀，为
什么我要瘦一点呢，是
不是该多关心我

眼睛有分泌物，耳
朵发红

不同日龄猪的体温、呼吸频率和心率

	直肠温度（±0.3℃）	呼吸频率（次/分）	心率（次/分）
仔猪出生0小时	39.0	50～60	200～250
仔猪出生1小时	36.8		
仔猪出生12小时	38.0		
仔猪出生24小时	38.6		
断奶前	39.2		
断奶仔猪（9～18千克）	39.3	25～40	90～100
保育猪（27～45千克）	39	30～40	80～90
育肥猪（45～90千克）	38.8	25～35	75～85
妊娠母猪	38.7	13～18	70～80
母猪产前24小时	38.7	35～45	
母猪产前12小时	38.9	75～85	
母猪产前6小时	39.0	95～105	
母猪产第一头猪	39.4	35～45	
母猪产后12小时	39.7	20～30	
母猪产后24小时	40.0	15～22	
母猪产后1周至断奶	39.3		
断奶后1天	38.6		
公猪	38.4	13～18	70～80

第二节　常见猪病诊断

一、定期采集血液，分离血清进行抗体检测

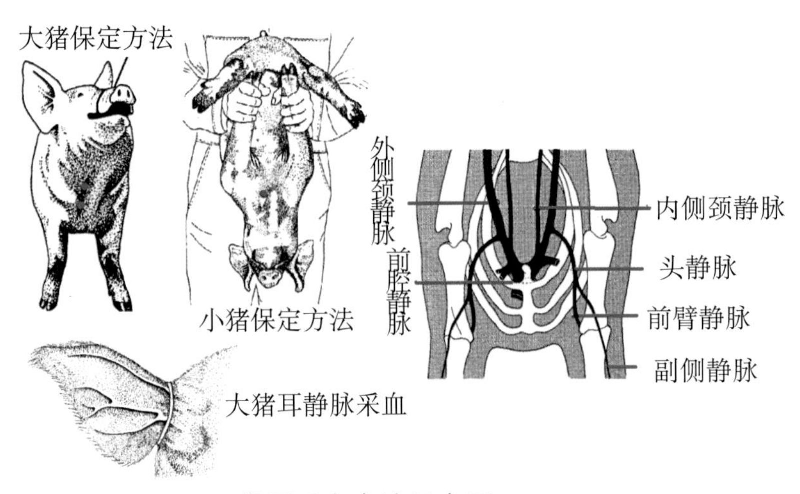
大猪保定方法
小猪保定方法
外侧颈静脉
前腔静脉
内侧颈静脉
头静脉
前臂静脉
副侧静脉
大猪耳静脉采血

常用采血方法示意图

平时检测不过关，
大猪小猪不平安

我是测了母源抗
体再打的疫苗，
看长得多壮

抗体检测

二、常用诊断方法

常用检测方法中，目前实验室用得最多的是PCR方法

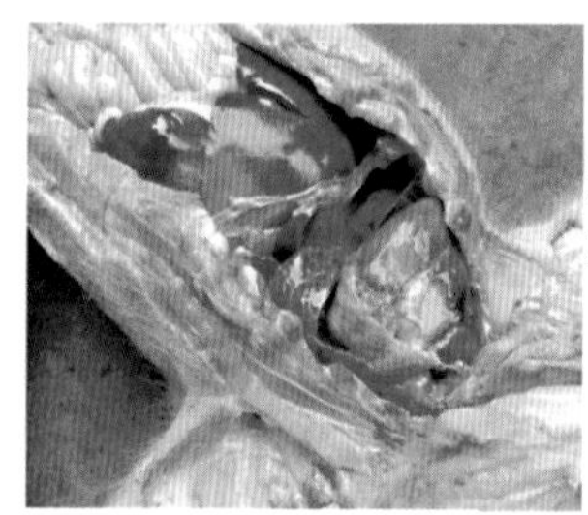

通过解剖观察初步诊断

实验室确诊

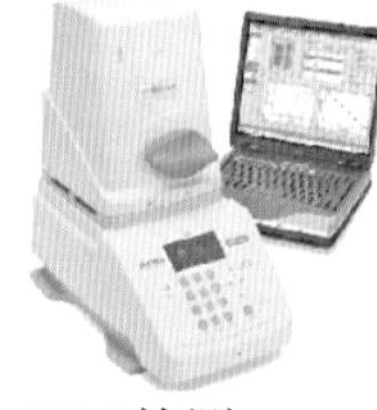

PCR检测

免疫荧光抗体染色

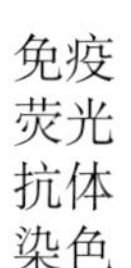

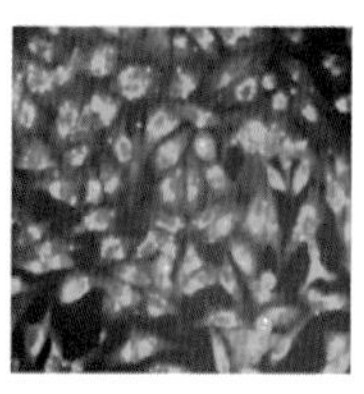

病理学切片

细菌分离鉴定

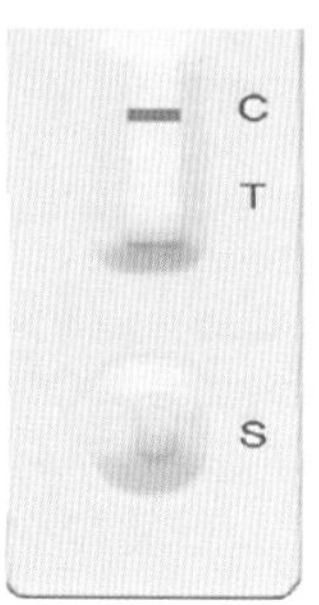
C
T
S

胶体金试纸条

病毒分离培养

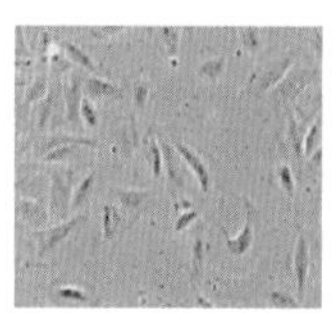

抗原捕获ELISA

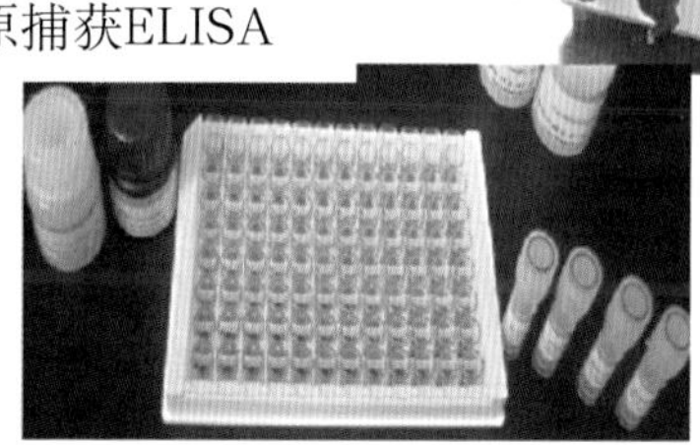

常见传染病样品采集以及检测方法

病名	活体采样	死亡猪采样	常用检测方法
猪瘟	扁桃体	扁桃体、脾脏和淋巴结等免疫组织	RT-PCR、免疫荧光抗体染色
蓝耳病	血液	血清、肺脏、扁桃体和淋巴结等	RT-PCR、病毒分离
猪圆环病毒病	扁桃体、粪便以及其他分泌物	淋巴结，脾脏和肺脏等	PCR、免疫组化等
猪伪狂犬病	血清，扁桃体或鼻拭子	大脑	血清运用gE ELISA检测，抗原检测有PCR和免疫荧光抗体染色等
传染性胃肠炎	粪便（直接从直肠采集）	粪便和病变肠道组织	免疫荧光抗体染色或RT-PCR方法
猪流感	鼻拭子，咽拭子等	肺脏	病毒分离、RT-PCR方法
猪乙脑脑炎	扁桃体	脑组织	RT-PCR方法和病毒分离等
流行性腹泻	粪便（直接从直肠采集）	粪便和病变肠道组织	免疫荧光抗体染色或RT-PCR方法
轮状病毒	粪便	粪便和病变肠道组织	RT-PCR方法。粪便也可做电镜检查
大肠杆菌病	粪便	粪便、小肠等	细菌分离鉴定、PCR等
沙门氏菌病	粪便	肠、肝脏和脾脏等	从肝脏和脾脏中分离细菌，组织病毒学检测或PCR检测
胸膜肺炎放线杆菌病		肺脏	PCR方法、细菌分离、血清学、病理学检测
副猪嗜血杆菌病		肺脏	PCR方法、细菌分离、血清学
猪丹毒		心、肺、脾	细菌分离鉴定
附红细胞体病	血液	血液	血液涂片、间接血凝

第三节 常见传染病的诊断与防治

一、猪瘟

猪瘟又称为烂肠瘟，是由猪瘟病毒引起猪的一种高度接触性、致死性传染病，其特征性病变为脾脏边缘梗死和淋巴结大理石样出血。根据临床特征，可分为急性、慢性和迟发性3种类型。

● 临床病理表现

发烧了，体温都到41℃啦，不想吃东西，也没有精神，皮肤也有点红了

食欲不振、精神沉郁（猪瘟急性感染早期症状）

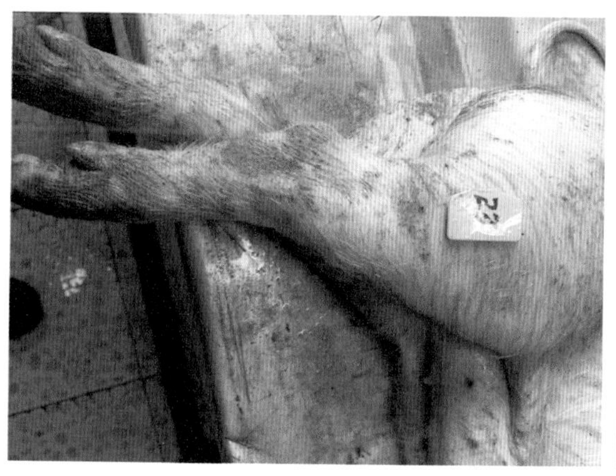

四肢皮肤出血

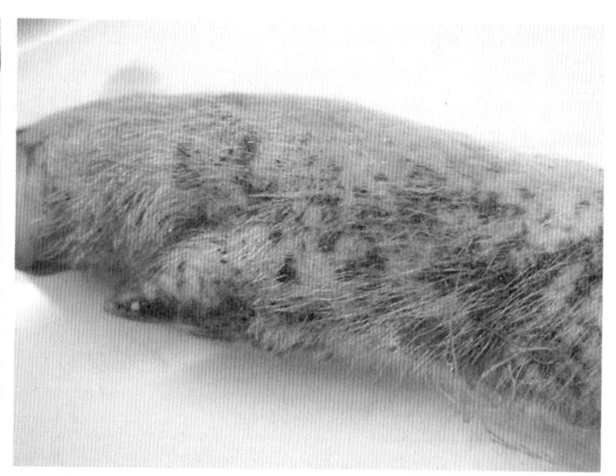

四肢皮肤出血

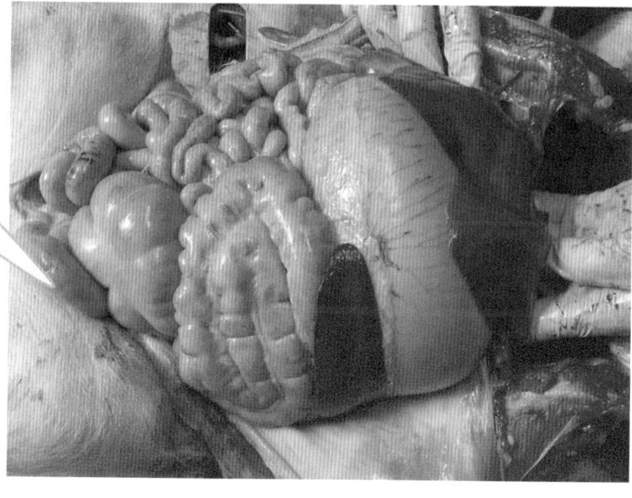
猪瘟特征性病变，脾脏边缘梗死

脾脏边缘梗死

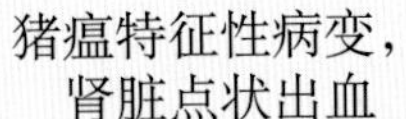

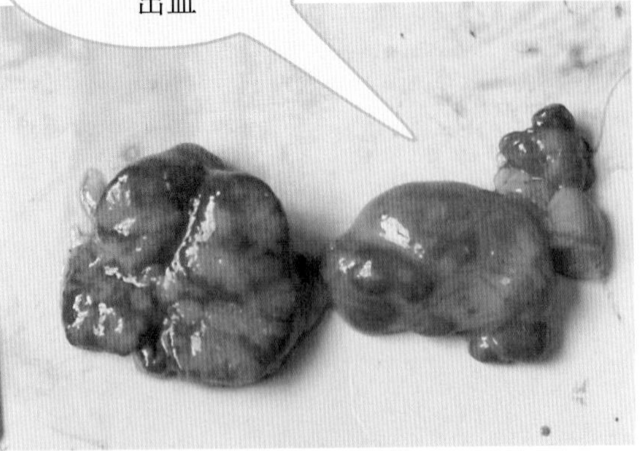
猪瘟特征性病变，
淋巴结呈大理石样
出血

淋巴结出血

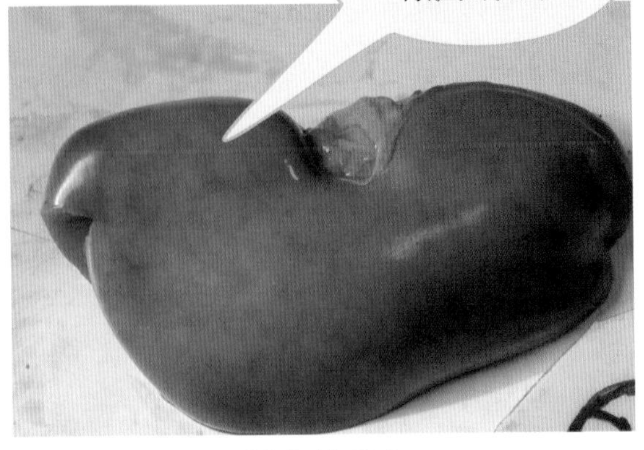
猪瘟特征性病变，
肾脏点状出血

肾点状出血

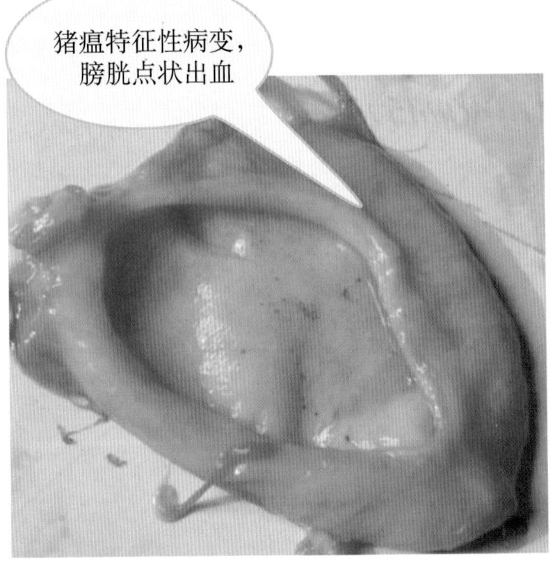
猪瘟特征性病变，
膀胱点状出血

膀胱底部点状出血

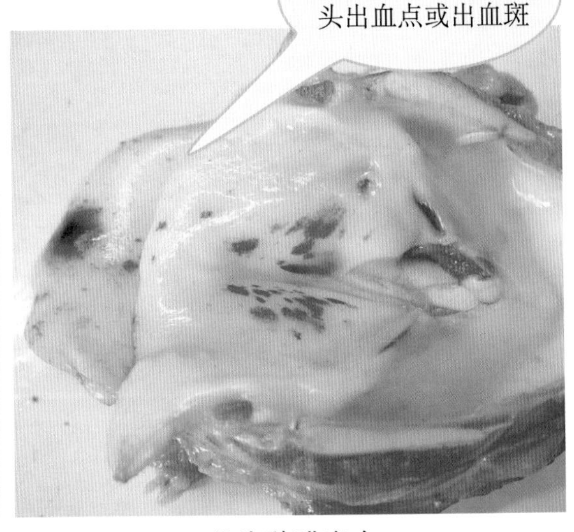
猪瘟特征性病变，喉
头出血点或出血斑

喉头黏膜出血

急性感染时盲肠浆膜面
有出血点或出血斑。出
现2个或以上典型病变
即可作出初步诊断

急性感染时盲肠浆膜的出血点或出血斑

● 防治措施

➢ 猪瘟防治，免疫是关键

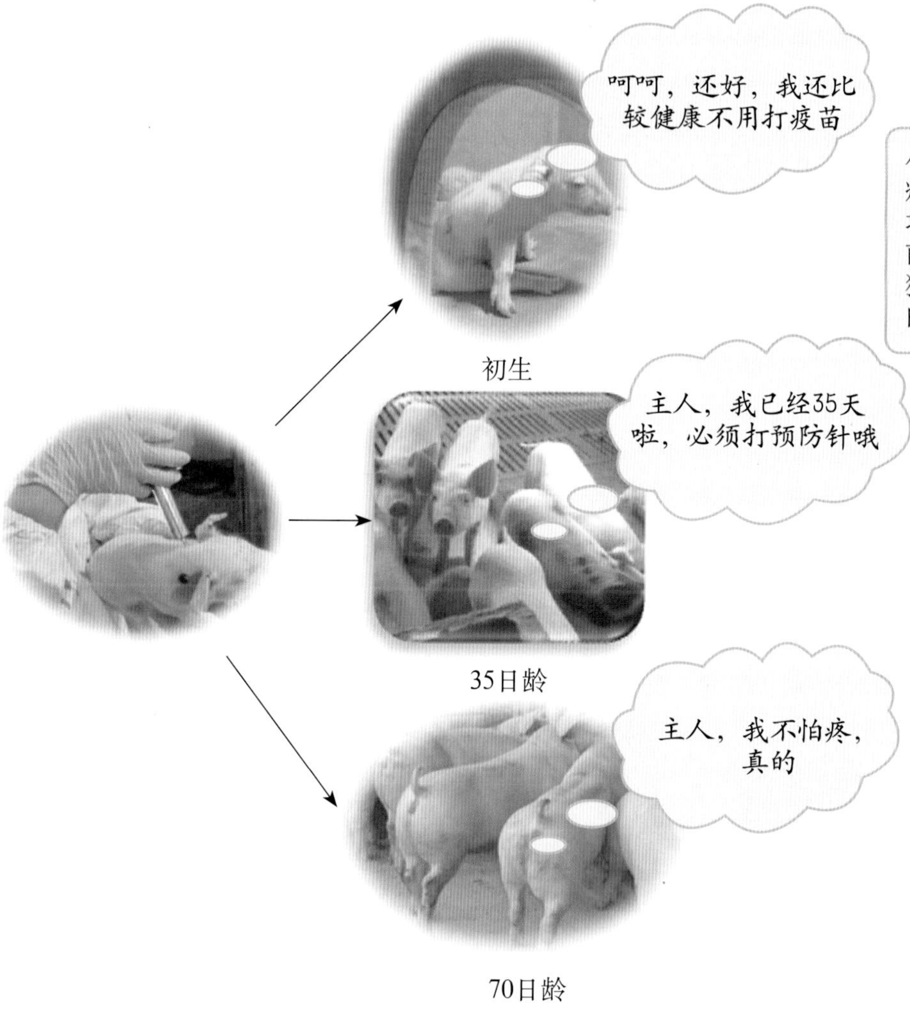

呵呵，还好，我还比较健康不用打疫苗

小贴士
疫情严重的猪场仔猪吃初乳前2小时，注射猪瘟疫苗，名曰“超免”

初生

主人，我已经35天啦，必须打预防针哦

35日龄

主人，我不怕疼，真的

70日龄

商品猪的猪瘟免疫

今年我打了两
次猪瘟疫苗啦

种猪的猪瘟免疫

小贴士
商品猪免疫后进行抗体检测，确定免疫程序是否合理。种猪免疫监测每年1～2次，抗体不达标者补免后检测，再次不达标坚决淘汰

➢ **加强检疫**　引入猪群前进行猪瘟病毒抗原和抗体检测，购买猪群进入猪场后　进行隔离饲养，排除有带毒可能后方可进入猪场。

刚才有人来采
扁桃体，要测
测有没有猪瘟

别怕疼！为了不给
主人添麻烦，搬新
家前一定要检测

引进猪群要隔离检疫

二、猪伪狂犬病

伪狂犬病是由伪狂犬病病毒引起的一种猪和多种野生动物均可感染的急性传染病。

● **临床病理表现**

患伪狂犬病的猪主要的临床特征表现为体温升高和神经综合征。其中新生仔猪最为敏感，偶见呕吐腹泻，主要症状为体温升高和四肢划水样等运动；育肥猪则大多数伴有体温升高，呼吸困难，但多数只呈现隐性感染，并长期带毒

或排毒。母猪如在怀孕初期感染可在感染后的20天左右发生流产，如在怀孕中期感染伪狂犬病病毒，常生产出死胎和木乃伊胎。此外，公猪感染伪狂犬病病毒后，常表现睾丸肿胀或萎缩，并逐渐丧失种用能力。

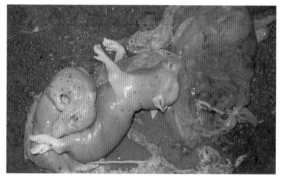

得了伪狂犬病
后精神不好，
全身没劲，四
肢也不听使唤

发病仔猪

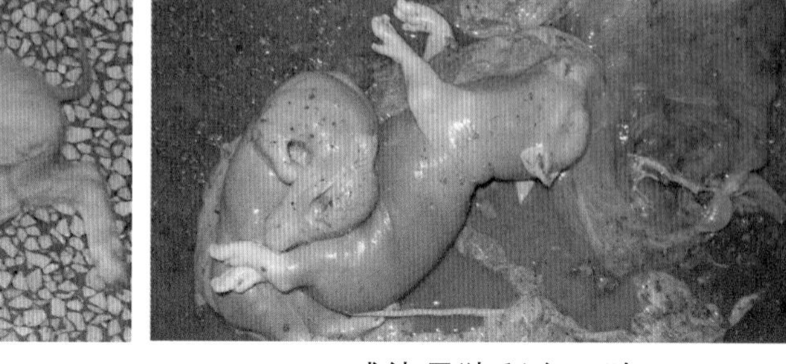

感染母猪所产死胎

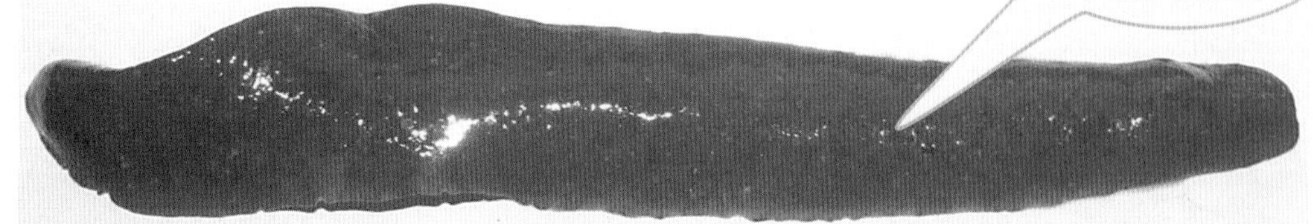
脾脏上有好多白色
小点点！这是伪狂
犬病典型症状

脾脏表面出现坏死

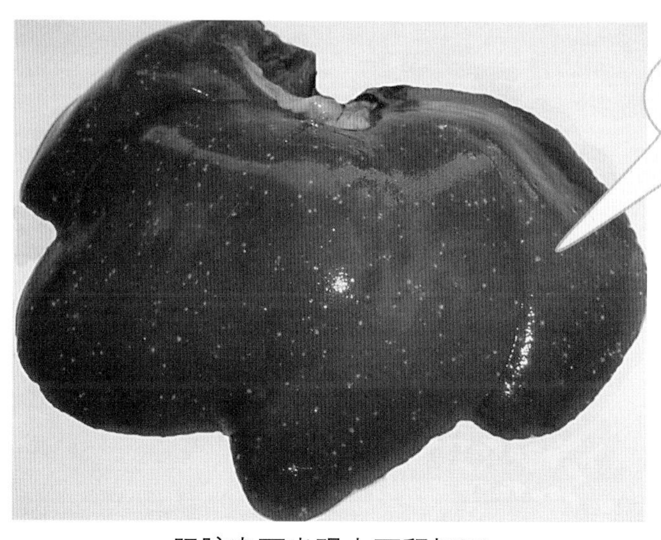
肝脏上也有好多白
色小点点！这是伪
狂犬病典型症状

肝脏表面出现大面积坏死

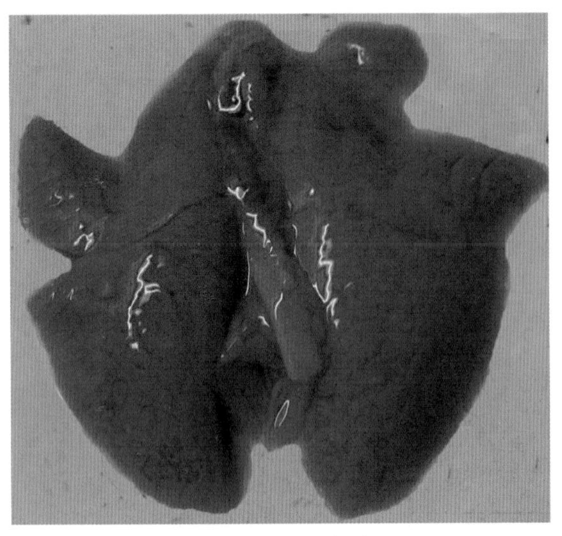
肺部大面积充血

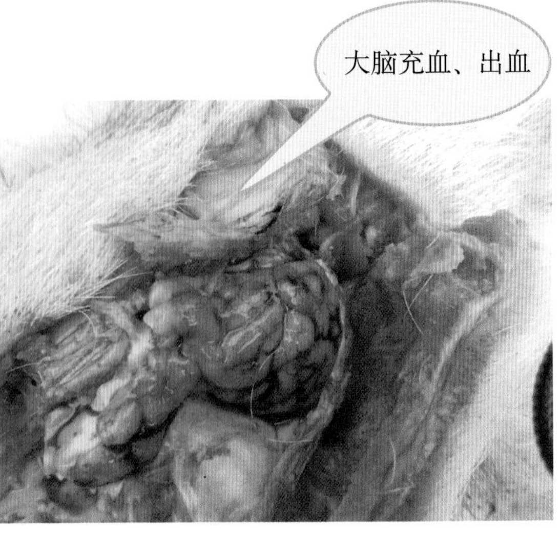
大脑充血、出血
脑膜充血，有水肿液出现

● **防治措施**

➢ 目前防治伪狂犬病还没有特效药物，疫苗免疫是防治伪狂犬病的唯一有效手段。

妈妈说，这个猪场的伪狂犬病比较严重，所以我需要在1～3天滴鼻gE基因缺失弱毒疫苗

大家谈谈，你们的伪狂犬病疫苗是怎么打的，我是产后35天打

嘿嘿，我是每年2次

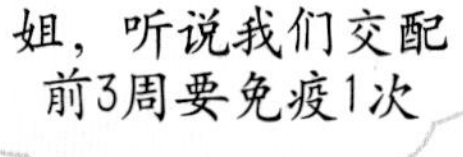
姐，听说我们交配
前3周要免疫1次

➢ 监管　加强猪场环境卫生的监管工作。由于鼠类是伪狂犬病病毒的主要传播者，因此灭鼠工作具有很重要的意义。严格对猪、牛等牲畜进行分群饲养，可以避免伪狂犬病病毒在不同家畜间的交互感染。

伪狂犬病毒，能感染
几乎所有温血动物，
生物安全很关键
快跑啊，伪狂犬
病病毒来了

主要家畜均易感染伪狂犬病

➢ 净化猪群　采用基因缺失疫苗配合血清学检测方法，淘汰gE抗体阳性猪，逐步建立伪狂犬病阴性猪群，从而根除猪伪狂犬病。

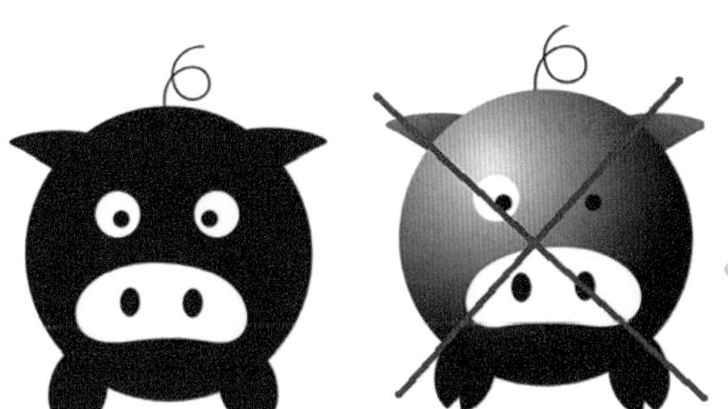
要想根除伪狂犬病，
必须淘汰我
gE抗体阴性
gE抗体阳性

gE抗体阳性猪群一定要淘汰

三、猪繁殖与呼吸综合征

猪繁殖与呼吸综合征又称蓝耳病，其主要特征为母猪发热、厌食和流产、木乃伊胎、死产、弱仔等繁殖障碍及仔猪的呼吸症状。不同年龄、性别和品种的猪均能感染，但不同年龄的猪易感性有差异，生长猪和育肥猪其症状较为温和，母猪和仔猪症状较为严重，对乳猪的致死率达80%～100%。

● **临床病理表现**

➢ 怀孕母猪流产（多为怀孕后期流产）、死胎、木乃伊胎，产弱仔。

➢ 临产母猪乳腺发育不良，产后无乳。

➢ 被感染母猪体温升高、精神沉郁、呼吸困难，间情期延长、返情率很高、不孕。大多数慢性感染的母猪，每窝活仔猪数会减少，同时受胎率会长期下降10%～15%。

➢ 仔猪感染后表现体温升高，呼吸困难，肌肉震颤，共济失调，死亡率可达80%以上。

➢ 公猪感染后一般体温不升高，精子畸形、稀精，受精率低。

体温升到41℃，呼吸困难，又拉稀（个别有腹泻），哎，大家一起挤一挤，等到荆防败毒散来救济

蓝耳病患病初期临床表现

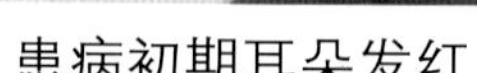
患病初期耳朵发红

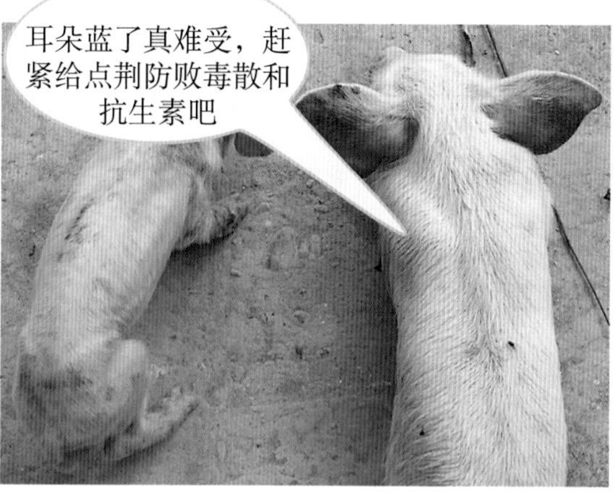
耳朵蓝了真难受，赶紧给点荆防败毒散和抗生素吧

病症加重后耳部呈紫色甚至黑色

典型病变为肺弥漫性间质性肺炎，皮下水肿、胸水、心包积液和腹水增多，耐过猪多发性浆膜炎、关节炎、脑膜炎。

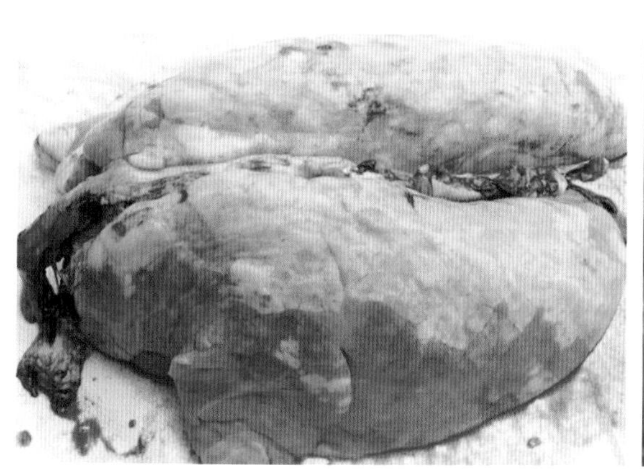
肺弥漫性间质性肺炎

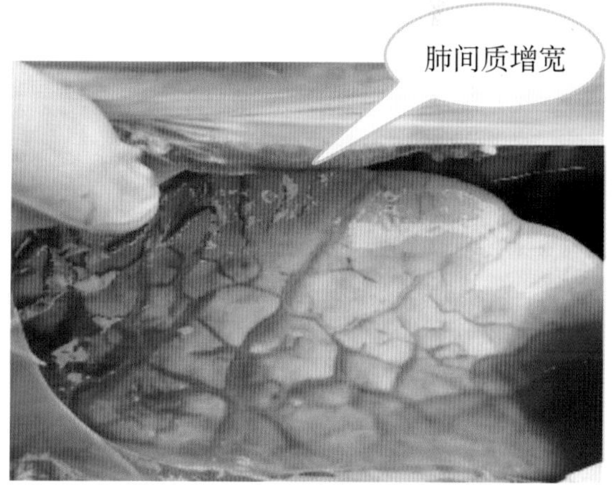
肺间质增宽

肺弥漫性间质性肺炎

● 防治措施

➢ 正确看待疫苗免疫

大家好：
今天猪博士要给大家讲蓝耳病的预防知识。蓝耳病大家应该都知道，杀猪于无形，一旦染上不死也得脱一层皮，所以，预防非常重要
仔猪2周龄，“少女猪”配种前2周龄，经产母猪产后4周，都要打疫苗。公猪每年要打两次疫苗
今天的课到此结束，下课。哈哈，吃饭去咯

小贴士
“稳定”猪场最好不免疫，如果周围有蓝耳病流行，最好选用灭活疫苗免疫，发病猪场则选用弱毒疫苗免疫

➢ 发病猪的治疗

可用荆防败毒散或其他抗病毒中草药进行治疗，同时使用抗生素防止继发感染；加强饲养管理，减少应激（添加复合多维），逐步使猪群稳定；1周2次消毒，保持饲养用具的清洁。

四、口蹄疫

口蹄疫是由口蹄疫病毒引起的一种急性、热性、高度接触性传染病。

● **临床病理表现** 病猪发病初期体温升高至40℃以上，精神沉郁，随后以病猪蹄部和口腔出现水疱为主要特征，口黏膜形成小水疱或烂斑，哺乳母猪乳头有水疱。心肌有灰白色或淡黄色的斑点或条纹，称为虎斑心。

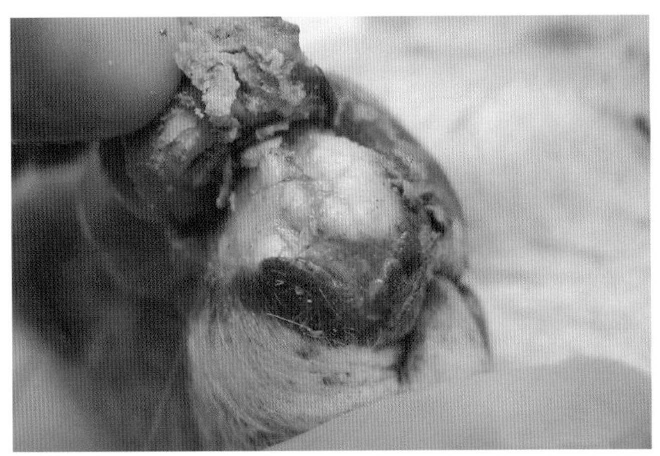

蹄部脱落

鞋子都掉了，不能到处跑了

蹄部产生水疱、溃烂后蹄壳脱落

舌头上有个坑啊，吃饭都疼

舌头产生水疱，产生溃疡

● **防治措施**

➢ 免疫预防是关键，仔猪65日龄免疫，其他猪除妊娠母猪外每年3、7、11月三次免疫。

儿啊，多吃点吧，过
几天就断奶了，你们
记得65日龄一定要打
口蹄疫疫苗啊

➢ 一经发现本病应立即扑杀病畜，尸体焚烧或深埋，疫区要隔离、严格消毒，防止病原扩散。

五、猪乙型脑炎

猪乙型脑炎又称流行性乙型脑炎，是由流行性乙型脑炎病毒引起人畜共患的传染病。

● **临床病理表现**　体温升高到40～41℃，病猪精神委靡，食欲减退或废绝，其主要特征为妊娠母猪发生流产，产死胎或木乃伊；公猪出现睾丸炎。有季节性，与蚊虫的活动密切相关。

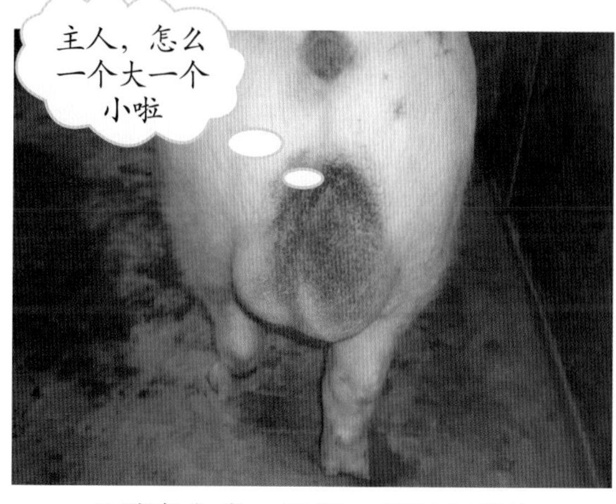
主人，怎么
一个大一个
小啦

公猪睾丸炎，后期一侧睾丸萎缩

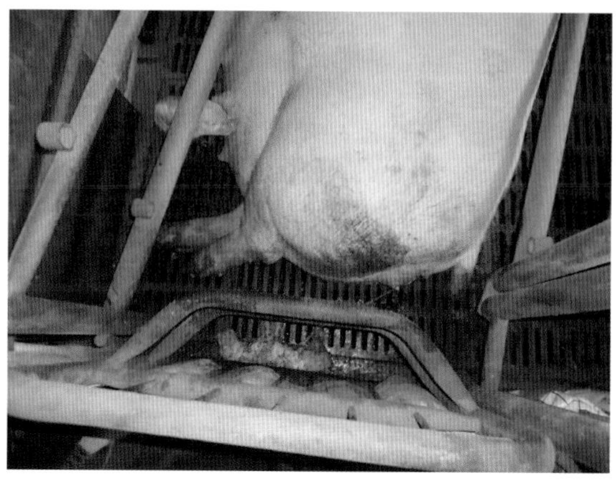

母猪胎衣滞留

其实我没有这么胖
的，生病了难受啊
皮下水肿

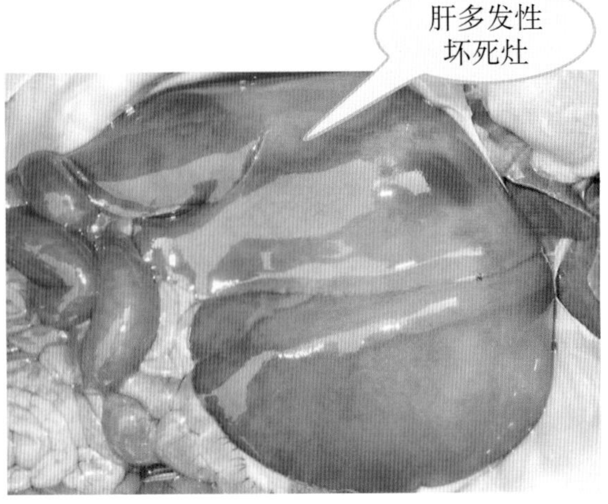
肝多发性
坏死灶
肝脏坏死灶

● **防治措施**

➢ **免疫预防是主要控制手段**

乙型脑炎到底凶不凶

夏季防蚊也是非常重要的环节

后备母猪180日龄首次免疫，2周后加强免疫。种猪每年三次免疫（3、7、11月）

我染上乙型脑炎，孩
子出生后都不健康

我一哥们儿，因为被
蚊子叮咬了一下，结
果阳痿啦

➢ 发生流行性乙型脑炎时应及时隔离患病者。患病动物、死猪、流产胎儿、胎衣、羊水等须消毒后进行深埋或无害化处理。

➢ 污染场所及用具应彻底消毒。

讲卫生，无病害，保持猪舍卫生，较少蚊虫寄生

猪场清洁

六、猪圆环病毒病

猪圆环病毒病是由猪圆环病毒（PCV）引起的猪的一类传染性疾病。现已知PCV有两个血清型，即PCV1和PCV2。其中，PCV1为非致病性的病毒，而PCV2可致病，对猪的危害极大，与仔猪多系统衰竭综合征、皮炎肾病综合征等相关。

● **临床病理表现**

➢ 患猪表现为体质下降、消瘦、贫血、生长发育不良。颌部以及颈部淋巴结肿大。呼吸困难、张口呼吸、咳喘。

发育不良，贫血，消瘦

发育不良

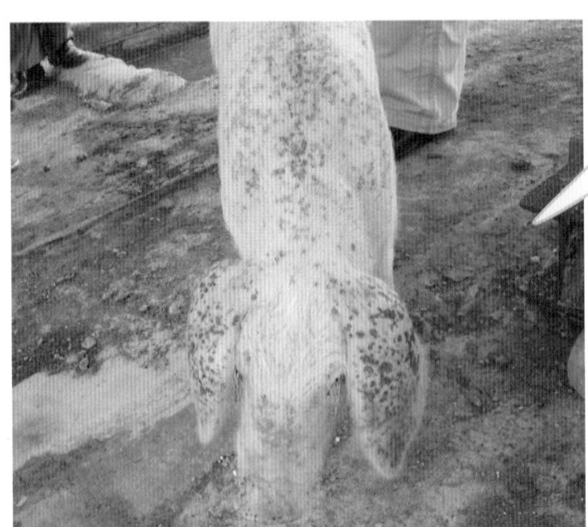

皮炎肾病综合征

全身性黄疸

➢ 肺脏肿胀，间质增宽；肺脏出血。

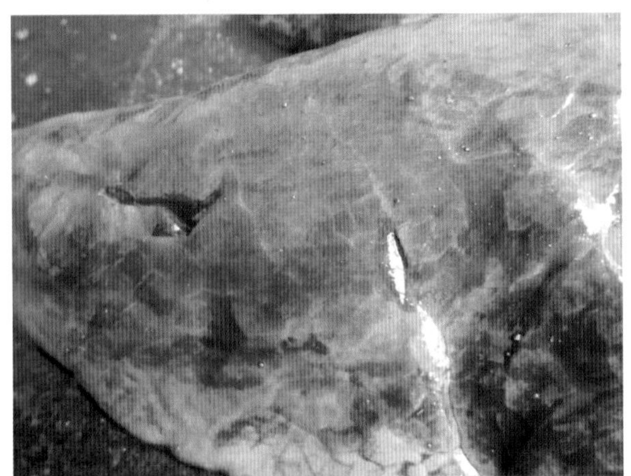

肺脏肿胀、出血

➢ 肾脏肿大，有点状出血。

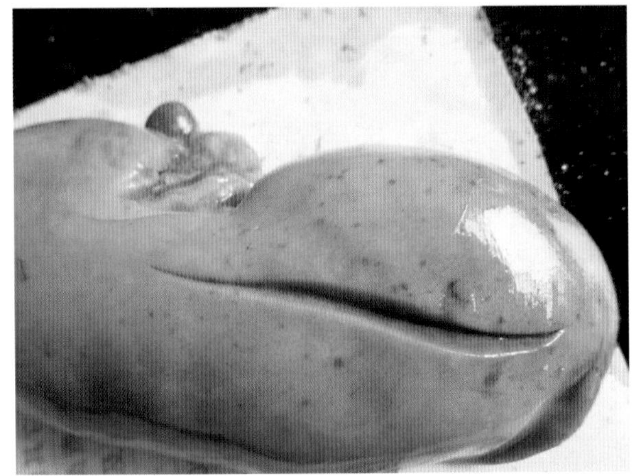

肾脏点状出血

➢ 全身淋巴结高度肿大、出血和坏死，尤其是腹股沟、肠系膜、支气管以及纵隔淋巴结肿胀明显。此外，圆环病毒病可以继发许多细菌感染而使病情复杂化，如继发副猪嗜血杆菌感染。

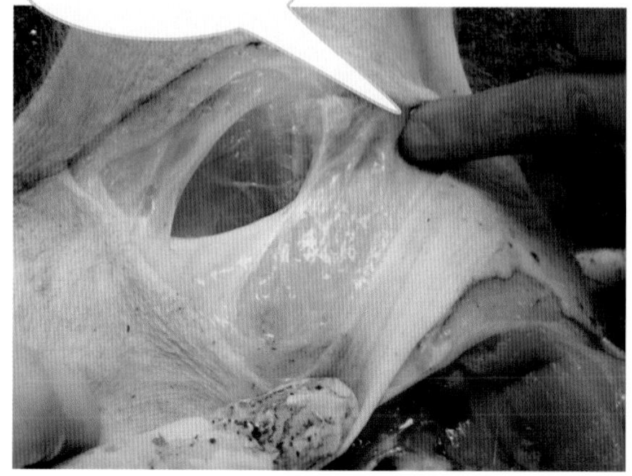
腹股沟淋巴结肿大
患病猪腹股沟淋巴结肿大

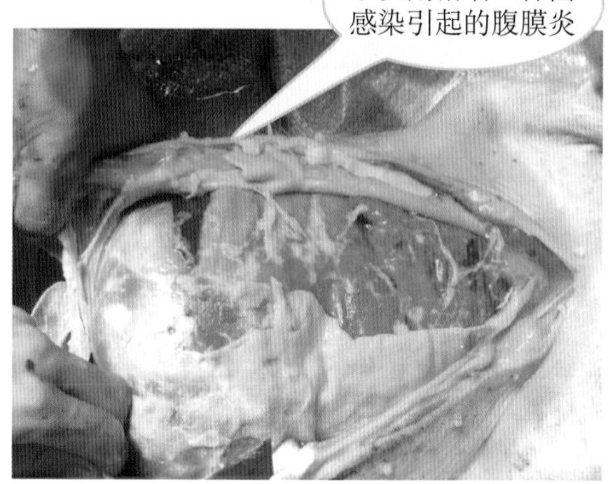
继发副猪嗜血杆菌
感染引起的腹膜炎
继发副猪嗜血杆菌感染引起的腹膜炎

● **综合防制**

➢ 目前有商业化的疫苗可供使用，疫苗免疫有一定效果。除疫苗免疫外还应该加强环境消毒和饲养管理，环境剧变时添加复合多维，减少仔猪应激。

➢ 定期添加保健型药物（如替米考星等）控制支原体、传染性胸膜肺炎以及副猪嗜血杆菌细菌性继发感染。

➢ 健全生物安全体系，防止外来人员随意进入，引入猪群要检疫。

七、猪细小病毒病

猪细小病毒病主要引起猪繁殖障碍性传染病，表现为初产母猪早产、流产、死胎和木乃伊胎，小猪感染加剧了断奶仔猪多系统消耗综合征的病情。

● **临床病理表现**　成年猪不出现临床症状，初产母猪久配不孕、早产、产仔数少以及流产、死胎和木乃伊胎，幼龄仔猪感染出现精神倦怠、食欲不振、呕吐、下痢、跛行。胎儿发生水肿、充血、出血及体腔内渗出物积聚。

感染猪精神沉郁，食欲差，与圆环病毒混合感染可以加剧病情

感染猪细小病毒仔猪精神倦怠

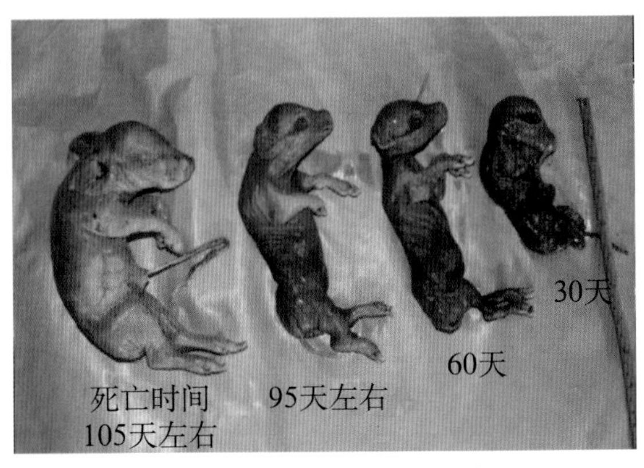
死亡时间
105天左右
95天左右
60天
30天

感染母猪所产木乃伊胎

● 防治

➢ 免疫接种是目前预防本病的主要措施，常用的疫苗有弱毒疫苗和灭活疫苗。

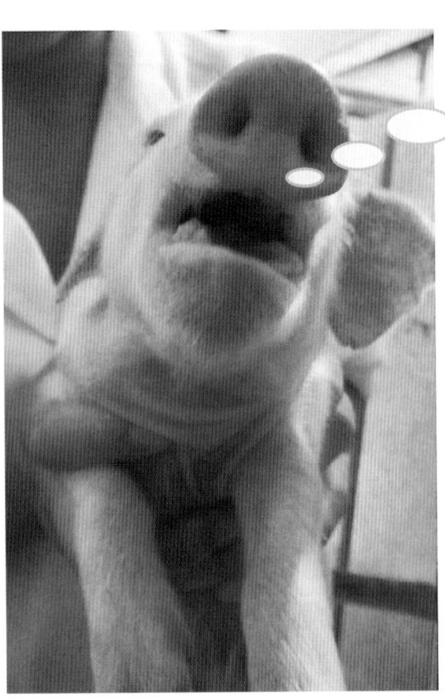
配种前进行两次疫苗接种，间隔2～3周。母猪疫苗免疫期可达4个月以上，且仔猪体内母源抗体持续14～24周
遇见细小病毒我不怕不怕啦，哈哈，妈妈打了预防针啦

免疫接种

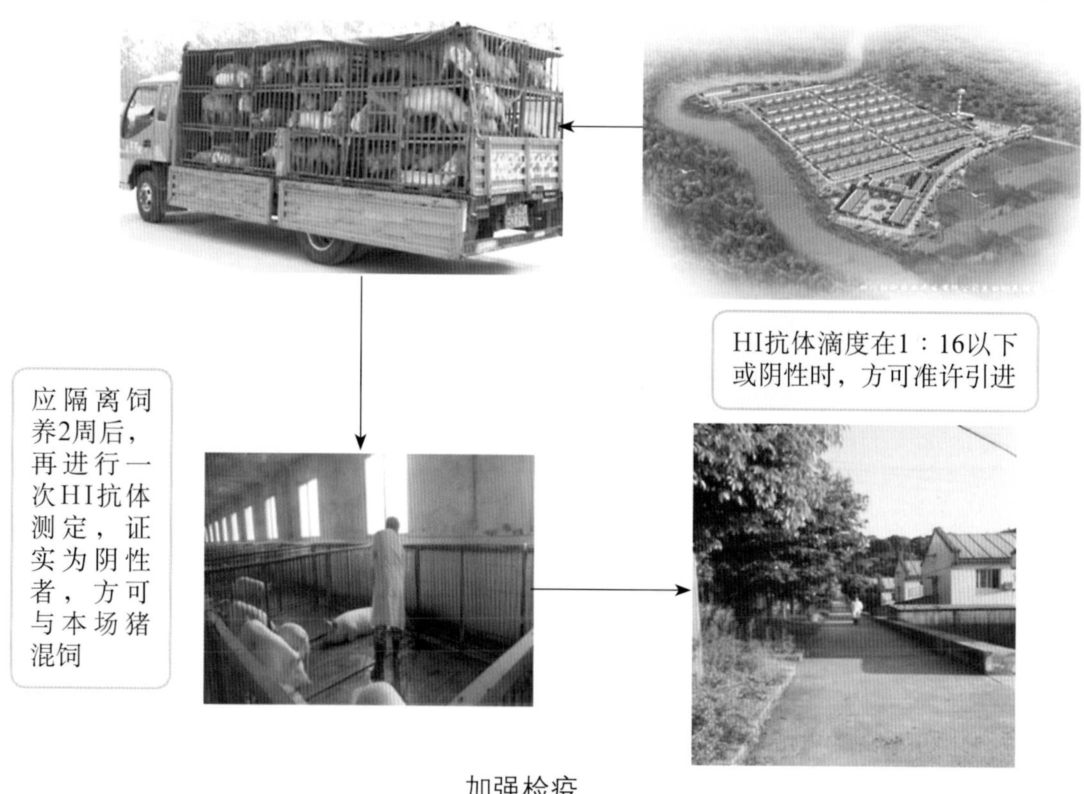
HI抗体滴度在1：16以下或阴性时，方可准许引进
应隔离饲养2周后，再进行一次HI抗体测定，证实为阴性者，方可与本场猪混饲

加强检疫

八、猪流行性腹泻

猪流行性腹泻是由猪流行性腹泻病毒引起的猪的一种高度接触性肠道传染病，以呕吐、腹泻和食欲下降为基本特征，各种年龄猪均易感。本病的流行特点、临诊症状和病理变化都与猪传染性胃肠炎十分相似，但哺乳仔猪死亡率较低，在猪群中的传播速度相对缓慢。

● **临床病理表现**　该病特征性病理表现为呕吐、腹泻、脱水。

水样腹泻，呕吐，迅速脱水，消瘦。年龄越小死亡率越高，秋冬季节多发

感染流行性腹泻病毒仔猪

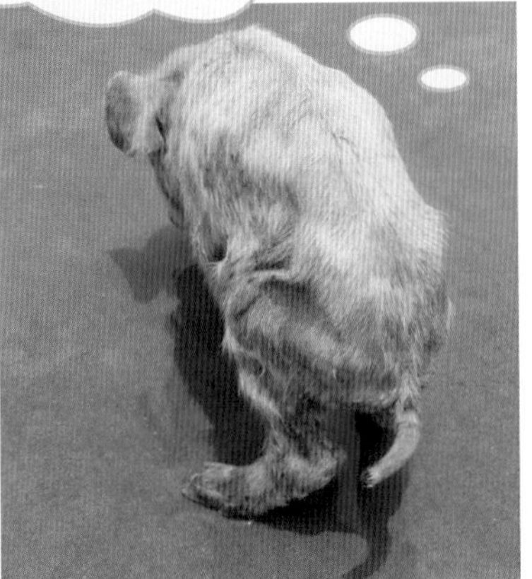
连续拉了好几天，
走路都走不稳了

仔猪流行性腹泻临床表现

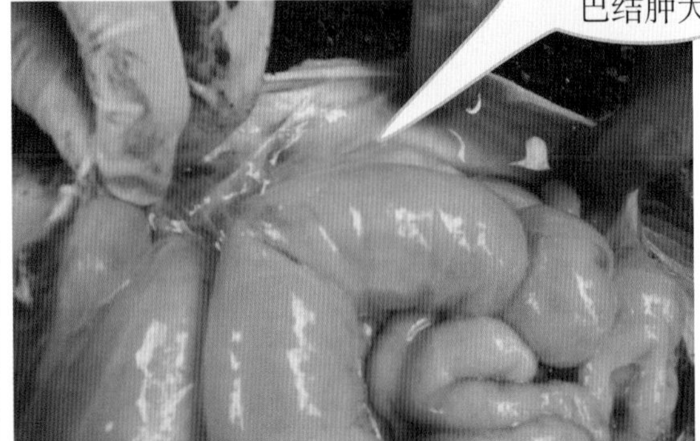
肠道充盈，充满黄
色液体，肠系膜淋
巴结肿大

仔猪感染流行性腹泻解剖症状

● **防治策略**

➢ 免疫预防是关键。

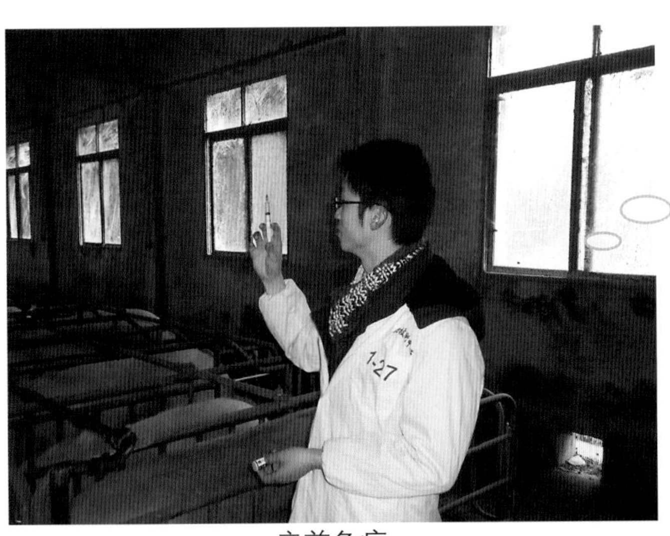
主人，我不想孩子
生下来就病了！记
得在产前1个月给
我打预防针，让宝
宝有抵抗力

产前免疫

➢ 药物治疗　发病猪可使用干扰素肌内注射，每天1～2次，同时口服蒙脱石散保护胃肠道黏膜，脱水严重的进行腹腔注射补液并使用抗生素（如四环素、庆大霉素、头孢曲松钠），防止细菌继发感染。

➢ 发病时严格消毒，待产空圈舍严格消毒每日1次，待产母猪进入产房后要彻底进行带猪消毒。

主人！拉稀要吃蒙脱石散和抗生素！脱水严重了还要腹腔补液

房子要消毒，我们也要讲卫生，这样才能远离疾病

猪舍消毒

九、仔猪副伤寒

仔猪副伤寒是由致病性沙门氏菌引起仔猪的一种传染病，其急性病例为败血症变化，慢性病例为大肠的坏死性炎症，有时发生卡他性或干酪性肺炎。多发于幼龄仔猪（1 ～ 2月龄），成年猪少见。

● 临床病理表现

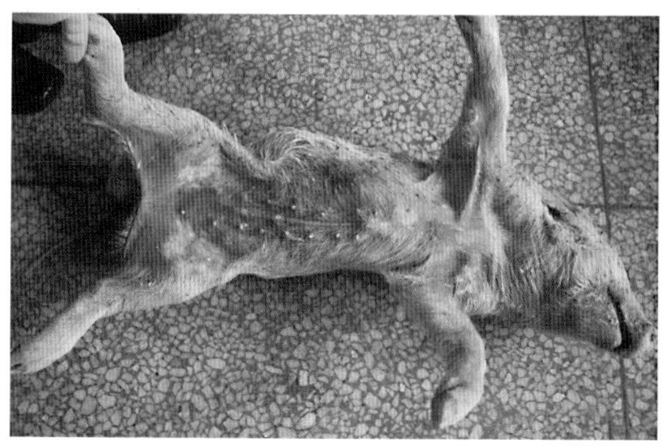

腹、四肢内侧出血

全身皮肤出血

脾脏肿大，色暗，坚如橡皮

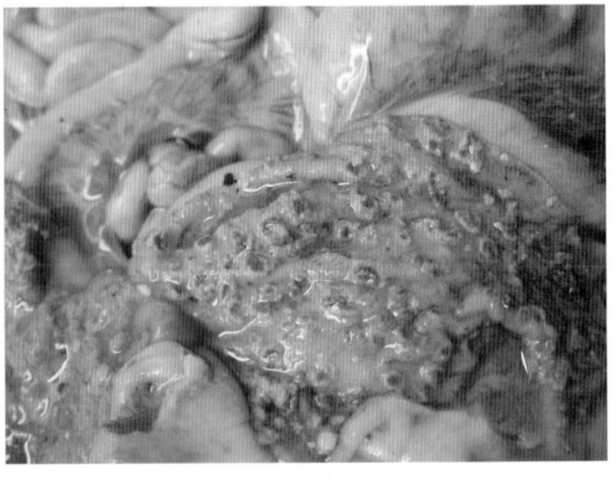

肠黏膜糠麸样坏死

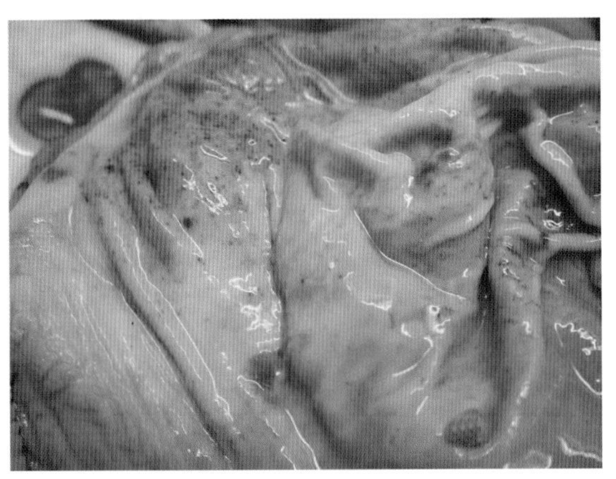

胃黏膜出血

● 综合防治

➢ 1月龄以上哺乳或断奶仔猪，用仔猪副伤寒冻干弱毒菌苗预防。

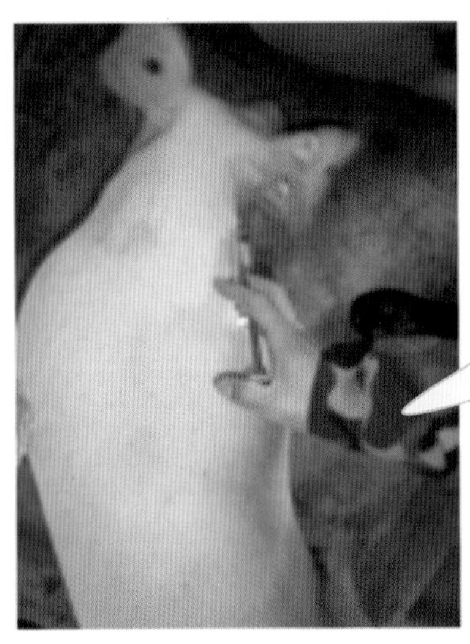

用20%氢氧化铝胶悬液稀释成每头份1毫升，耳后浅层肌内注射，稀释后的疫苗限4小时内用完

小贴示
常发病的地方可进行2次，即断奶前后各1次，间隔3～4周

➢ 改善饲养管理和卫生条件，消除引起发病的诱因，圈舍彻底清扫、消毒。

饲养员，要记得给
我们打疫苗

定期清扫和消毒

➢ 致病性沙门氏菌对大多数抗生素具有抗药性，治疗的目的在于控制其临床症状到最低限度。治疗的药物有庆大霉素、氟哌酸、环丙沙星、恩诺沙星、磺胺嘧啶等抗菌药。

十、猪大肠杆菌病

猪大肠杆菌病主要有仔猪黄痢、仔猪白痢和猪水肿病3种。

● **仔猪黄白痢** 又称早发性大肠杆菌病。仔猪黄痢多发生于7日龄内的仔猪，1 ～ 3日龄多发。仔猪白痢由致病性迟发大肠杆菌引起，发生于10 ～ 30日龄仔猪，10 ～ 20日龄仔猪多发。

➢ **临床病理表现**

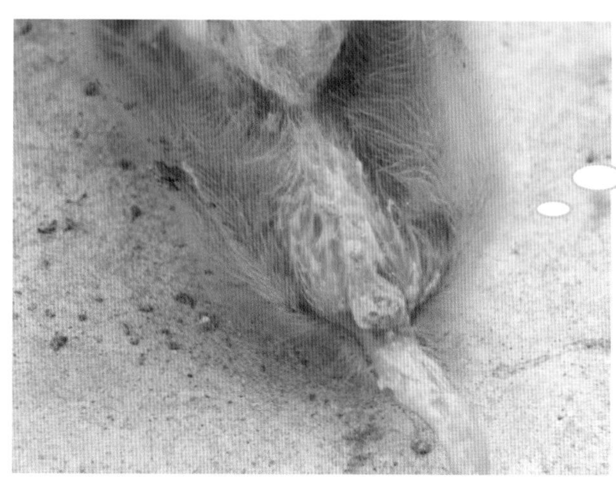
我们刚出生没几天
就开始拉黄色稀
粪，很快我和我的
兄弟们都死掉了

初生仔猪拉黄色稀粪

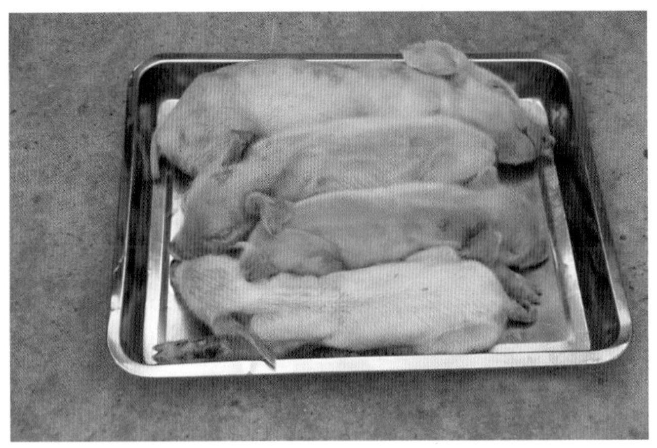

仔猪脱水死亡

● **猪水肿病** 由病原性大肠杆菌毒素引起断奶仔猪的一种急性、散发性疾病，多发生于生长快而健壮的仔猪，以胃壁和体表某些部位发生水肿为特征。

➢ **临床病理表现**

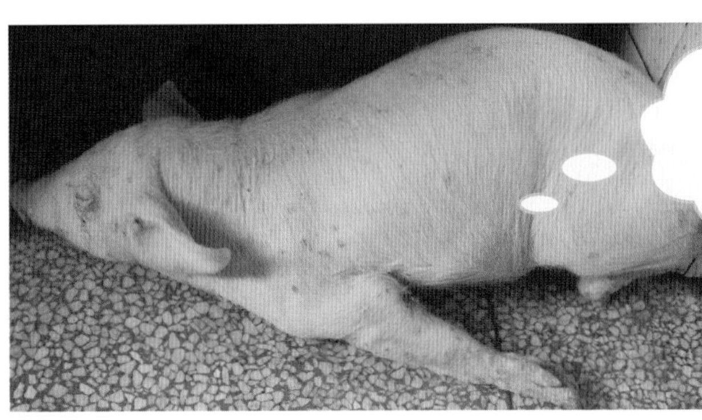
我本来胃口好，
身体棒，现在走
路没力，连站都
站不稳了

四肢无力

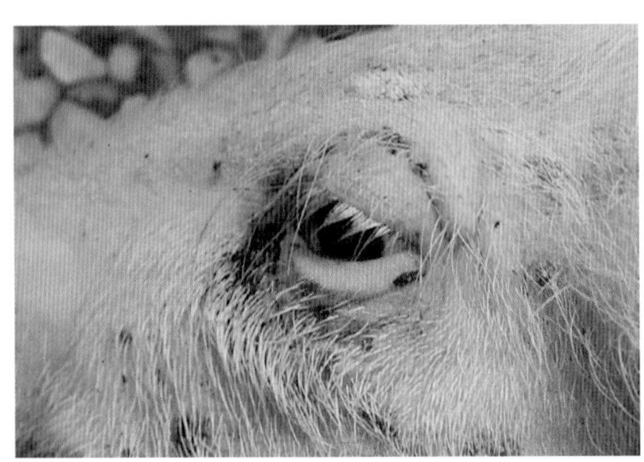

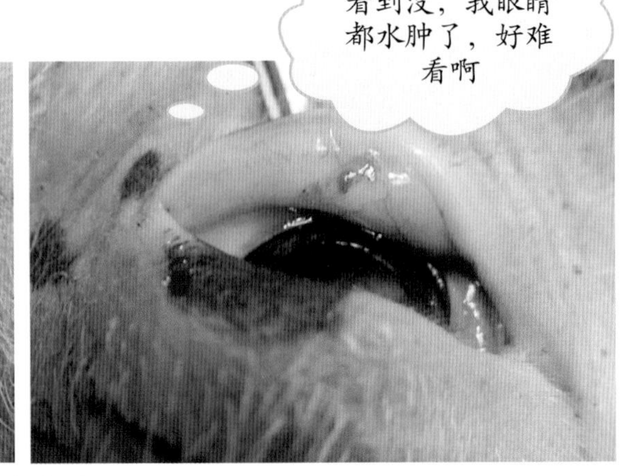
看到没，我眼睛
都水肿了，好难
看啊

眼睑水肿

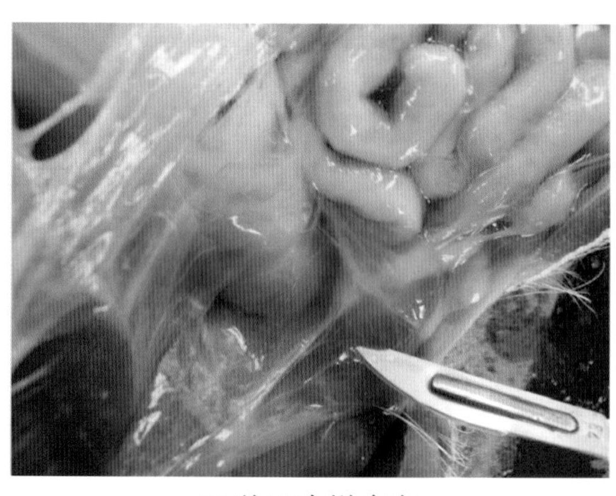

肠道果冻样病变

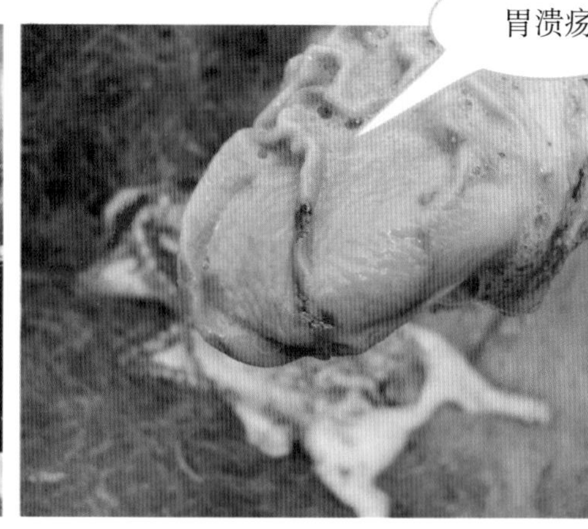
胃溃疡

大肠杆菌感染引起的胃溃疡

● **综合防治**

➢ 母猪产前45天和15天分别注射K88、K99大肠杆菌基因工程多价苗。

➢ 通过药敏试验选择对本场大肠杆菌最敏感的药物，常用药物有痢菌净、庆大霉素、氧氟沙星和头孢曲松钠等。

➢ 加强饲养管理，执行良好的卫生防疫制度，平常每周消毒2次，发病期每天消毒1次，猪场间通道撒生石灰消毒。

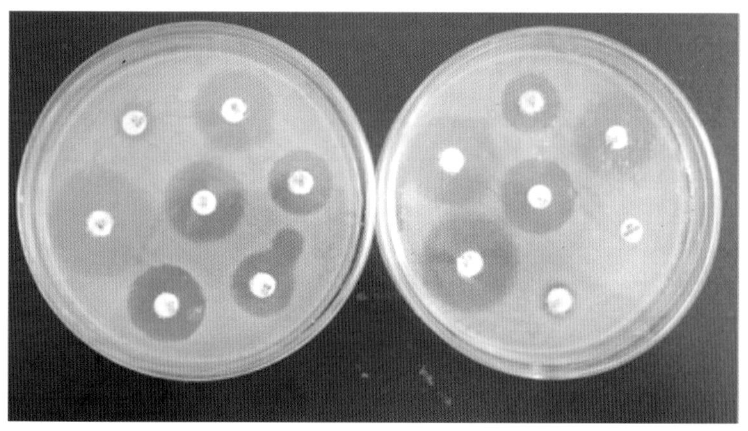

药敏试验

十一、猪传染性胸膜肺炎

猪传染性胸膜肺炎又称坏死性胸膜肺炎，是由胸膜肺炎放线杆菌引起的一种急性呼吸道传染病，主要特征为急性纤维素性肺炎和慢性纤维素性坏死性胸膜炎。根据临床症状和病程可分为最急性型、急性型和慢性型三个病型。

● **临床病理表现**

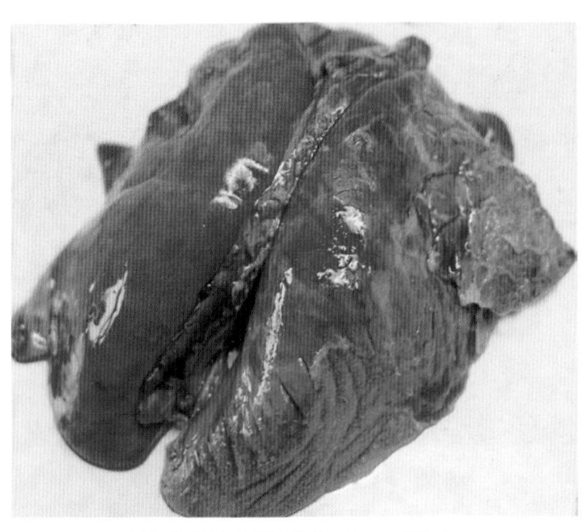
肺病灶区呈紫红色，坚实，表面附有绒毛纤维素

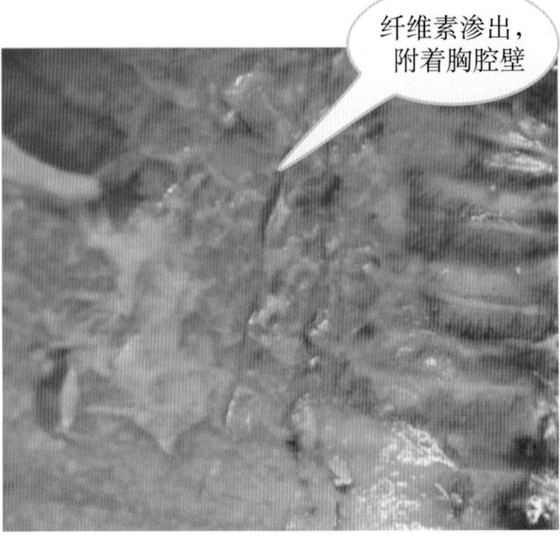
纤维素渗出，
附着胸腔壁
胸壁上也纤维素粘连

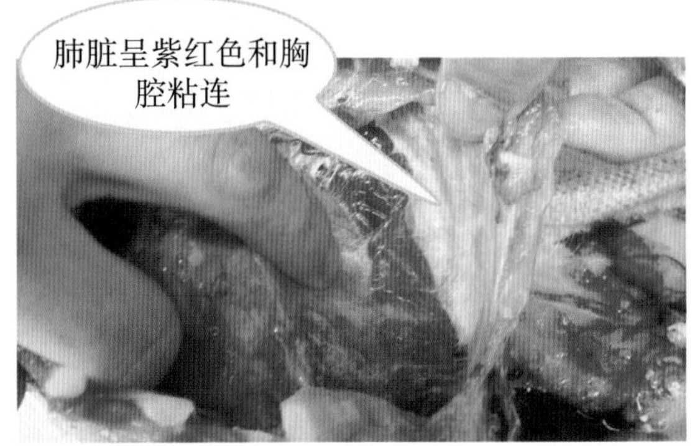
肺脏呈紫红色和胸
腔粘连
纤维素渗出，肺脏与胸腔粘连

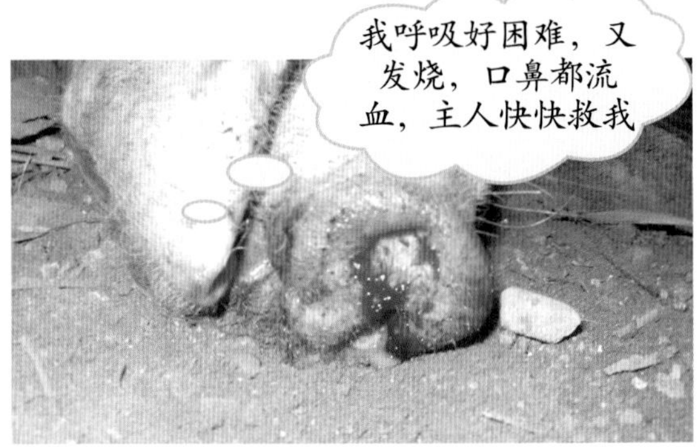
我呼吸好困难，又
发烧，口鼻都流
血，主人快快救我
严重者从口鼻流出泡沫血性分泌物

● 综合防治

➢ 坚持自繁自养，防止由外引入慢性、隐性猪和带菌猪，一旦感染健康猪群，难以清除。

自繁自养，全进全出

小贴示
免疫要用当地流行多价苗。坚持全进全出，可用泰妙菌素、四环素、泰乐菌素、磺胺类等药物进行预防和治疗！

➢ 一旦发生感染，应进行细菌分离和药物敏感性试验，选择敏感性药物进行治疗。一般阿米卡星、头孢噻呋、林可霉素可有效果。

十二、副猪嗜血杆菌病

本病是由副猪嗜血杆菌引起的猪的多发性浆膜炎和关节炎，主要感染5～8周龄仔猪，主要表现为发热，咳嗽，呼吸困难，跛行，共济失调。病理变化表现为胸膜炎、肺炎、心包炎、腹膜炎、关节炎和脑膜炎。

● **临床病理表现**　疾病早期表现为发热、咳嗽、呼吸困难、食欲不振等症状。部分急性病例可引起脑膜炎，颤抖、共济失调症状。疾病发展到一定时期可见关节肿胀，跛行。

发热，咳嗽，呼吸困难，关节还肿大
副猪嗜血杆菌病患猪

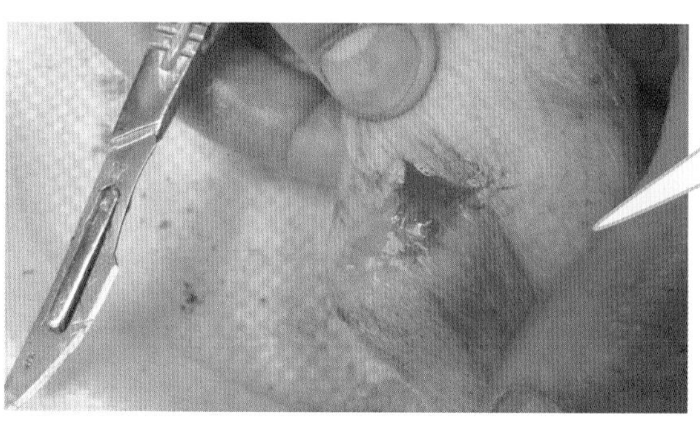
关节肿大,关节腔积液
关节肿大、积液

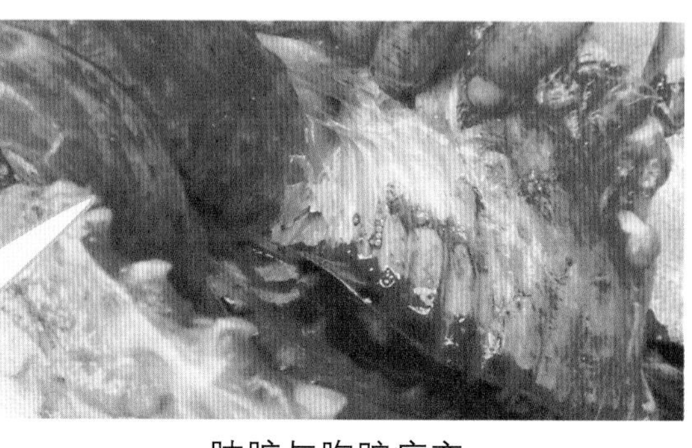
肺脏出血，胸腔纤维素渗出，肺脏与胸腔粘连
肺脏与胸腔病变

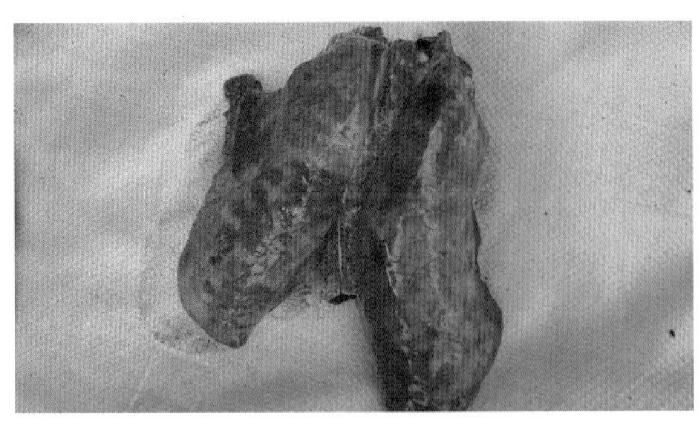

肺脏出血

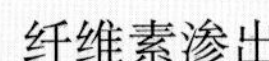
纤维素渗出

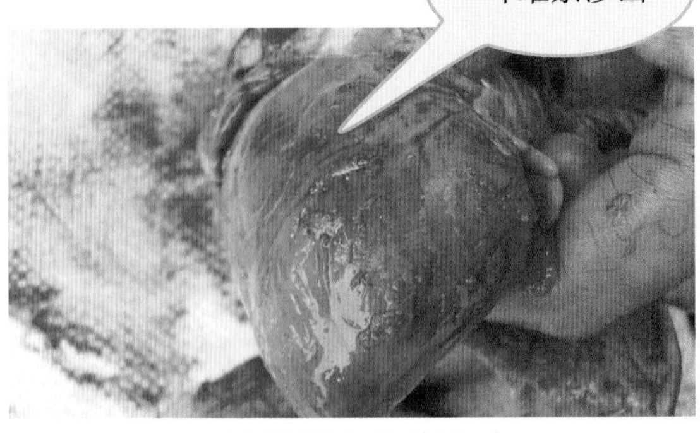

感染猪心脏病变

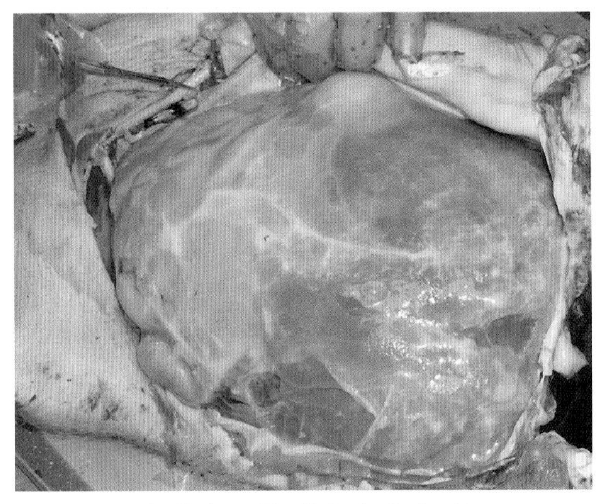

胸膜炎、肋膜炎和心包炎

● 综合防治

➢ 可以根据地区流行情况，选用当地流行血清型菌苗免疫。

副猪嗜血杆菌病具有明显的地方性特征

不同血清型菌株之间的交叉保护率很低

用当地分离的菌株制备灭活苗，可有效控制副猪嗜血杆菌病的发生

➢ 分离病原进行药物敏感性试验，选择敏感抗生素进行治疗。

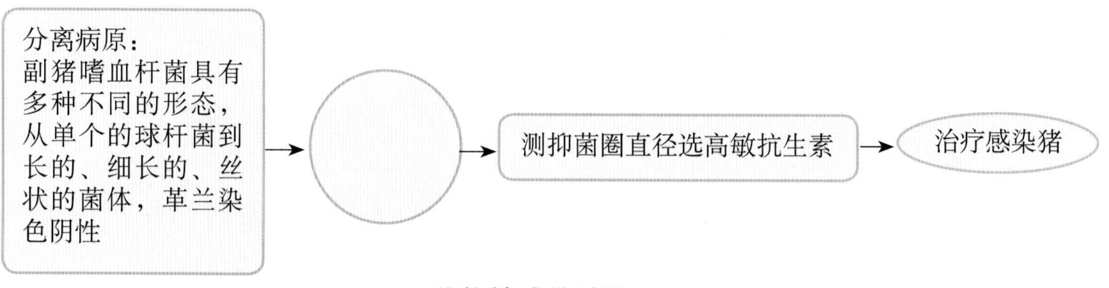
分离病原：
副猪嗜血杆菌具有多种不同的形态，从单个的球杆菌到长的、细长的、丝状的菌体，革兰染色阴性
测抑菌圈直径选高敏抗生素
治疗感染猪

药物敏感性试验

➢ 发病后做好病猪隔离，对易感仔猪进行药物预防或疫苗免疫。

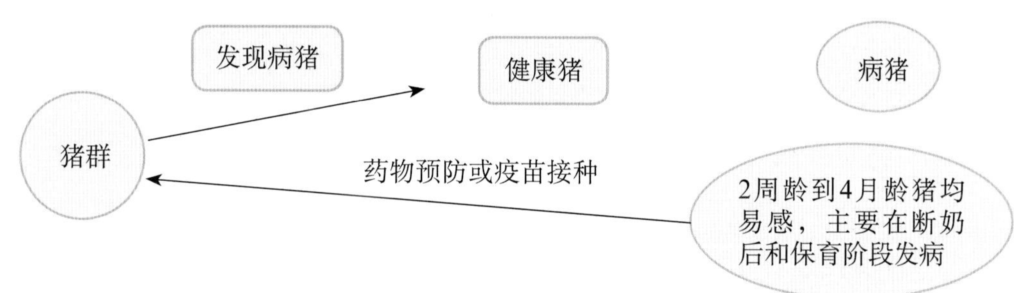
发现病猪
健康猪
病猪
猪群
药物预防或疫苗接种
2周龄到4月龄猪均易感，主要在断奶后和保育阶段发病

十三、猪链球菌病

猪链球菌病在各种年龄的猪都有易感性，但30～50千克的架子猪多发。根据临床症状主要分为败血症型、脑膜脑炎型、关节炎型、化脓性淋巴结炎型，其中仔猪多发败血症和脑膜炎，中猪多发化脓性淋巴结炎。

● 临床病理表现

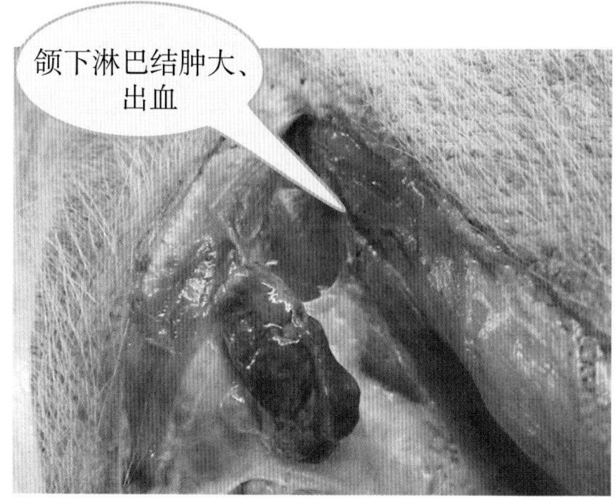
颌下淋巴结肿大、出血

颌下、颈部等部位的淋巴结病变

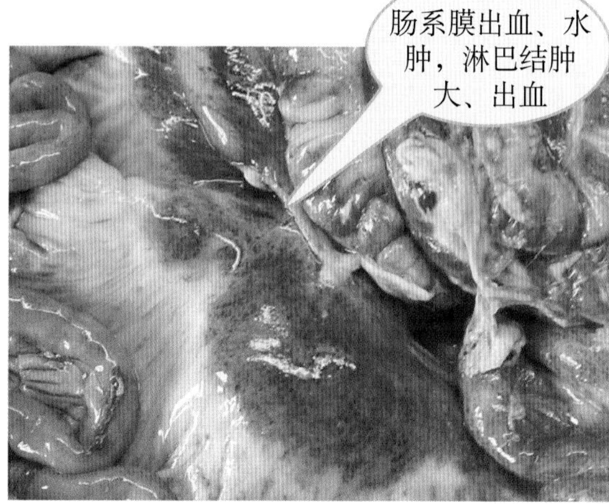
肠系膜出血、水肿，淋巴结肿大、出血

肠 病 变

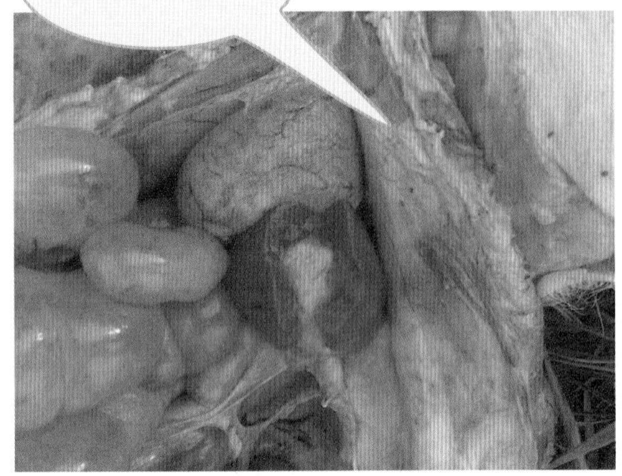
肾脏化脓性病变
肾脏化脓

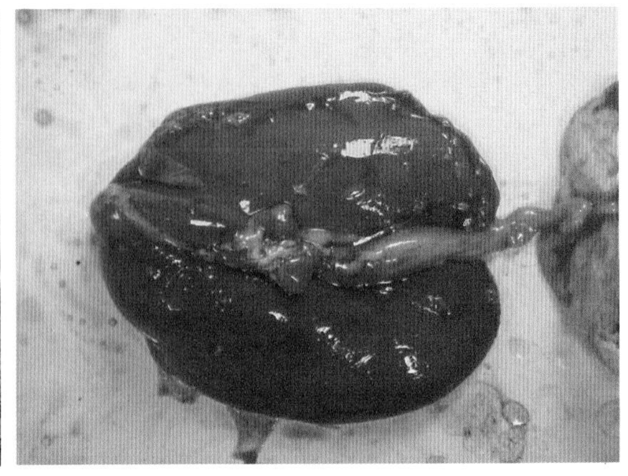
链球菌2型感染肾脏病变

大脑积液，所以有
些病猪有神经症状
链球菌2型感染大脑积液

● **综合防治**

➢ **免疫接种** 需应用多价苗才可获得较好效果。

用链球菌多价苗2～3毫升于仔猪出生后7日龄接种

↓

仔猪生长1个月后再加强免疫

↓

若有发病，则可采集病死猪病料制备自家菌苗，于停药5～7天后紧急接种

➢ **平时建立和健全消毒隔离机制**　隔离病猪，清除传染源，带菌母猪尽可能淘汰，污染的用具用3%来苏儿或1/300的菌毒灭等彻底消毒。

➢ **药物预防**　对于未发病猪场可用抗菌药物进行预防，以控制本病的发生。

➢ **治疗**　可使用氨苄西林、阿莫西林、头孢噻呋、庆大霉素、泰妙菌素以及含增效剂的磺胺类药物进行治疗。

抗生素
部分抗生素是我们的天敌！快跑啊
链球菌

十四、猪巴氏杆菌病

猪巴氏杆菌病又称猪肺疫、猪出血性败血症（猪出败），俗称锁喉疯或肿脖子瘟，是由特定血清型的多种杀伤性巴氏杆菌所引起的一种急性或散发性和继发性传染病。潜伏期一般1～14天。根据病的发展过程，可分为最急性、急性和慢性三个病型。

● **临床病理表现**

➢ 病猪张口喘气，口吐白沫。

快来救救我
啊！呜呜呜，
不能呼吸了

口吐白沫

➢ 严重者呈犬坐姿势，张口呼吸，终因窒息死亡。病程1～2天，死亡率100%。

好累啊，体温都41～42℃了，只能像狗一样坐着喘气了

犬坐姿势，呼吸困难

➢ 咽喉部肿大、坚硬，有热痛，可视黏膜发绀。

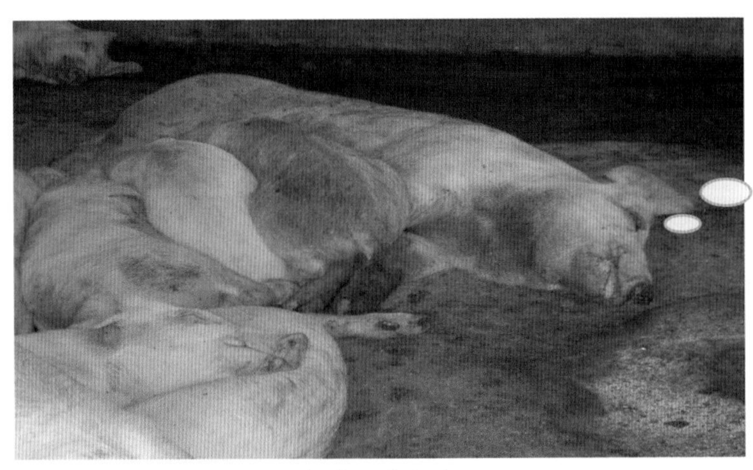
皮肤从白色都变成紫红色了，大家还认识我么

皮肤呈紫红色

➢ 有时出现关节肿胀、跛行。皮肤出现湿疹，有的病猪皮肤上出现痂样湿疹，经2周以上因衰竭死亡，病死率60%～70%。不死的成为僵猪；白猪在耳根、颈、腹等部皮肤可见明显的红斑。肺急性水肿，整个心叶、尖叶及横膈膜叶前端有广泛性肺炎病变。

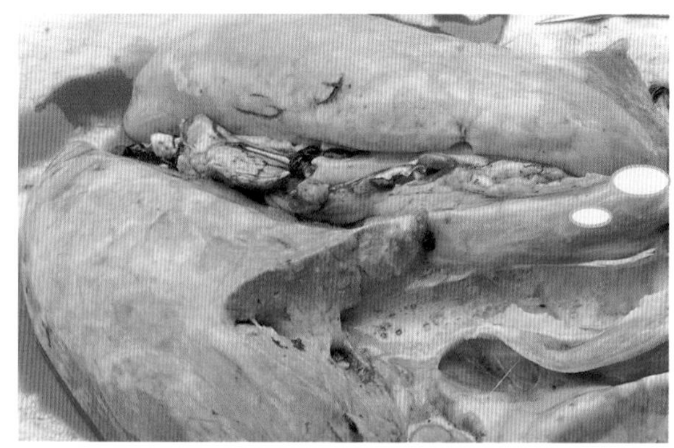

原来是肺脏出了毛病，难怪呼吸不顺畅呢

肺水肿、气管内有大量黏液

● **综合防治**

➢ 每年定期进行预防接种，接种疫苗前几天和后 7 天内禁用抗菌药物。
➢ 采用全进全出制的生产程序。
➢ 封闭式的猪群，减少从外面引猪。
➢ 减少猪群的密度，做好饲养场的消毒工作对控制本病会有所帮助。
➢ 对常发病猪场，要在饲料中添加敏感的抗菌药物进行预防。

妈妈说：要想不得病，必须打预防针

十五、猪附红细胞体病

猪附红细胞体病是由附红细胞体寄生于猪的红细胞表面或游离于血浆、组织液及脑脊液中引起猪的一种以急性黄疸性贫血和发热为特征的传染病。猪发病时，皮肤发红，故又称猪红皮病。

● 临床病理表现

➢ 病猪体温突然升高为40.5 ~ 42℃，皮肤发红，指压褪色。发病中期，皮肤苍白，耳内侧、背侧、颈背部、腹侧部皮肤出现暗红色出血点。剖检可见血液稀薄，皮下水肿，黏膜、浆膜、腹腔内的脂肪、肝脏等呈不同程度的黄染。全身淋巴结肿大，肺脏水肿，心包积液，肝脾肿大，胆囊肿大，胆汁充盈。

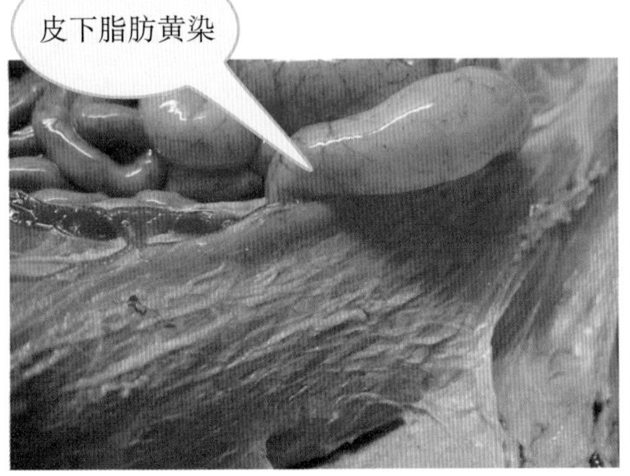
皮下脂肪黄染

皮肤黄染

胆囊肿大，
胆汁充盈

黄染胆囊肿大

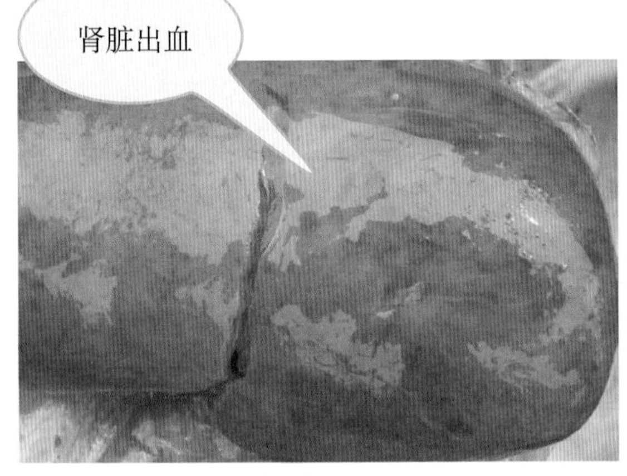
肾脏出血

肾脏出血

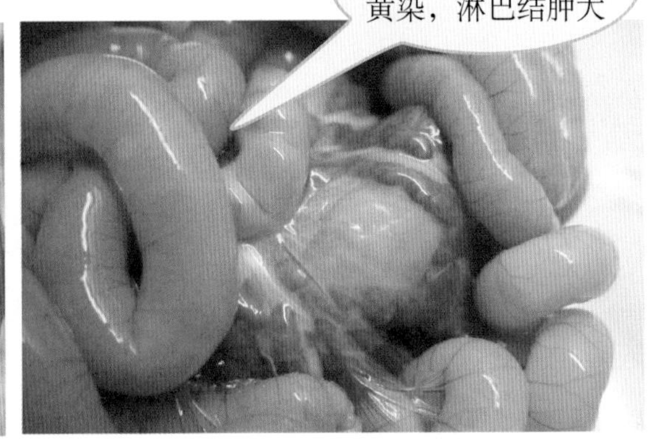
小肠及肠系膜弥漫性
黄染，淋巴结肿大

肠 病 变

● 综合防制

➢ 加强饲养管理，保持猪舍、饲养用具卫生，减少不良应激等是降低猪群感染率的关键因素。

➢ 夏秋季节，应经常喷洒杀虫药物，扑灭蜱、虱子、蚤、螫蝇等吸血昆虫，杜绝或减少吸血昆虫与猪的接触是防治此病的关键。

➢ 在实施诸如预防注射、断尾、打耳号、阉割等饲养管理程序时，均应更

换器械、严格消毒。猪场创伤管理是减少传染病发病率的关键。

➢ 药物预防，可定期在饲料中添加预防量的土霉素、四环素、强力霉素、磺胺六甲氧嘧啶，对本病有很好的预防效果。

十六、猪支原体肺炎(喘气病)

猪喘气病是由猪肺炎支原体引起的猪的一种接触性呼吸道传染病，又叫猪地方流行性肺炎。本病在正常饲养管理条件下死亡率不高，但在恶劣条件下造成继发感染后，也可造成严重死亡，是规模化养猪场的常见疫病之一。

● **临床病理表现**

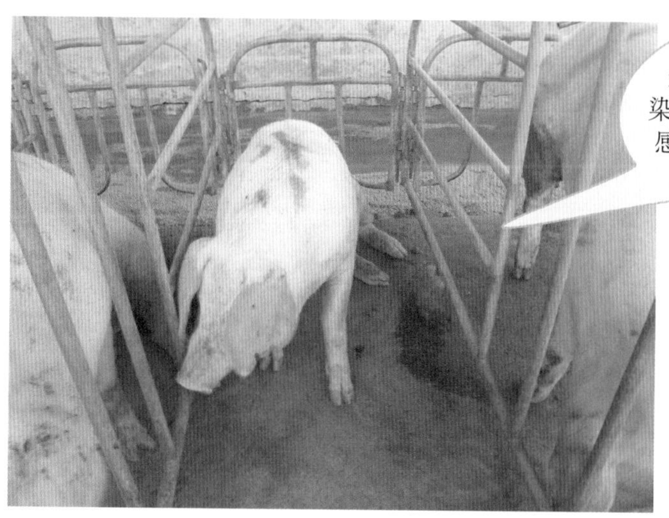
最早2～3周龄感染，6～10周龄普遍感染。喘气，腹式呼吸

蓝耳病和支原体混合感染临床表现

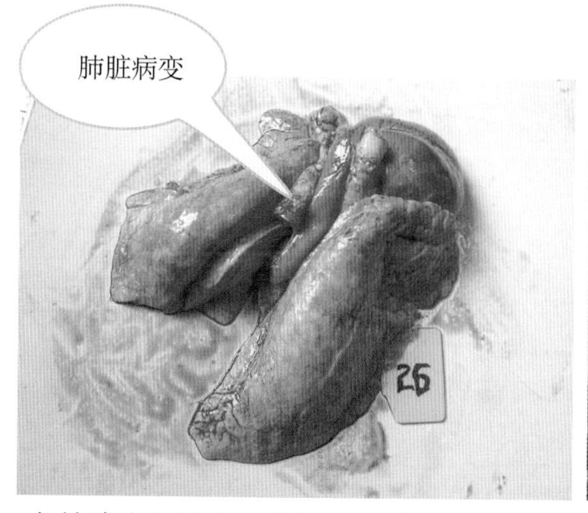
肺脏病变
26

急性猪瘟和肺炎支原体混合感染肺脏病变

肺部典型病变

支原体和副猪嗜血杆菌混合感染肺脏病变

● 防治策略

➢ 加强饲养管理 冬、春加强防寒保暖，夏秋做好防暑降温，减少各种不良因素的刺激。其中改善空气质量，控制继发感染是防治本病的关键。

➢ 进行疫苗免疫接种 用喘气弱毒苗进行免疫预防。

大家好：
今天猪博士要给大家讲讲支原体肺炎免疫日程：
仔猪在7～15日龄首免，60～80日龄二免；成年种猪或后备母猪每年8～10月份免疫1次；新购苗猪或架子猪，临诊无症状可以立即注射疫苗；暴发场未发病猪可进行紧急接种

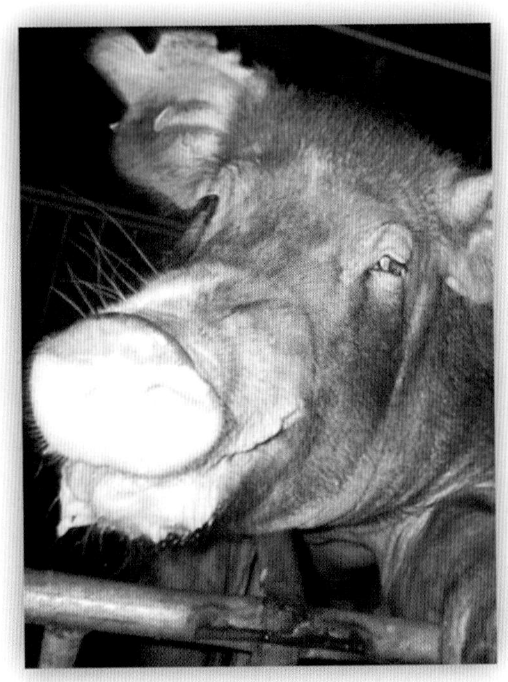

➢ 抗生素治疗 对隐性感染猪和有临床症状猪进行药物治疗，一疗程需15天以上，可选用利高霉素、卡那霉素、泰妙菌素、恩诺沙星等。

➢ 高发季节预防性投药 在换季时节或断奶时期，仔猪可在饲料中添加抗生素。

7 第七章　猪场经营管理

养猪生产是以猪肉生产为中心的一种商业行为。成功的猪场经营管理者往往能准确地掌握当年或近期内的市场动向，以调整生产计划满足市场需求；设法提高猪群生产性能的同时，做好经营核算，对成本投入和支出关键点进行精细化分析，从而实现盈利最大化。

第一节　生产管理

一、生产技术指标管理

为了使养殖场的管理工作正规化，使管理工作有章可循，提高饲养员的责任心和积极性，体现多劳多得的分配原则，应该制定详细的生产指标和绩效考核方法，不同的猪场应该根据自身的情况确定生产指标数据，下表为某万头猪场的生产技术指标表。

生产技术指标表

项　目	指　标
配种分娩率	85%～90%
胎均活产仔数	11
出 生 重	1.3～1.5千克
胎均断奶活仔数	10
21日龄个体重	6千克
8周龄个体重	20千克
24周龄个体重	100千克
哺乳期成活率	95%
保育期成活率	97%
育成期成活率	99%
全期成活率	91%
全期全场料肉比	2.8

二、计划管理

● 引种计划

➢ 新建猪场的引种计划

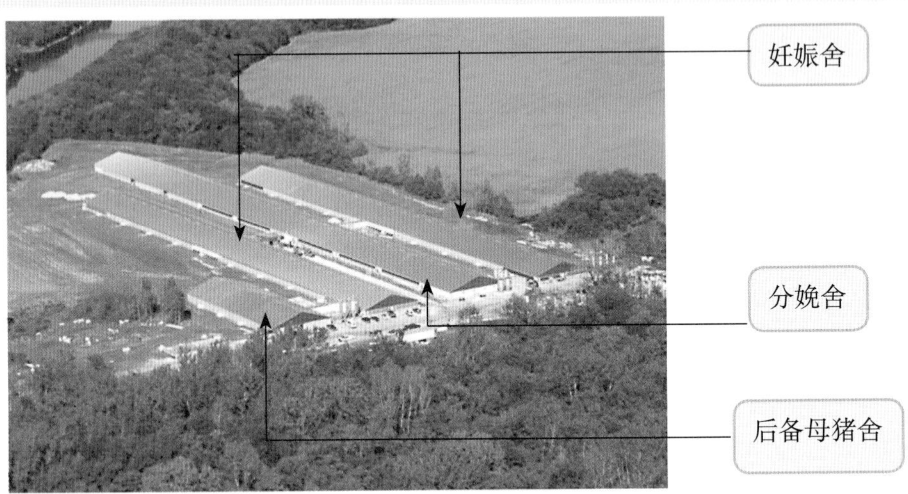
妊娠舍
分娩舍
后备母猪舍

新建猪场示意图

以10 000头猪生产规模的生产线为例：

基础母猪数量：10 000×（1+15%）÷23头/年=500头

每月引种数量：基础母猪数量500头÷5个月÷配种分娩率85%÷后备母猪利用率85%=138头。

➢ 生产场的种猪更新计划 根据胎龄结构制定种猪更新的时间和引种数量，母猪胎龄结构：1～2胎母猪30%，3～7胎母猪60%，8胎以上母猪10%。

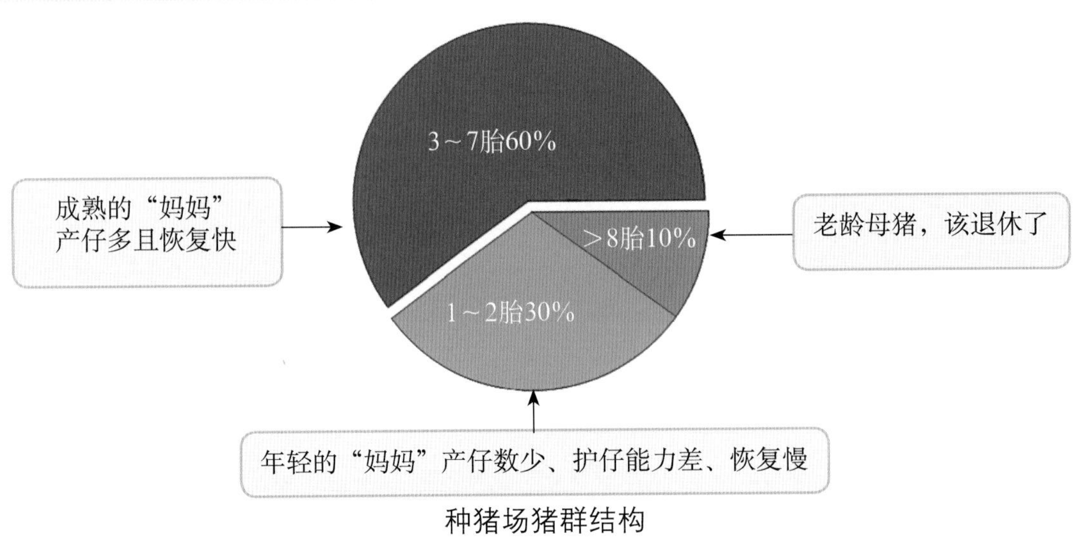
3～7胎60%
>8胎10%
1～2胎30%
成熟的“妈妈”产仔多且恢复快
老龄母猪，该退休了
年轻的“妈妈”产仔数少、护仔能力差、恢复慢

种猪场猪群结构

母 猪 群 结 构

猪群类别	生产母猪（头）					
空怀配种母猪	25	50	75	100	125	150
妊娠母猪	51	102	156	204	255	306
分娩母猪	24	48	72	96	120	144
后备母猪	10	20	26	39	45	52
公猪（包括后备公猪）	5	10	15	20	25	30
哺乳仔猪	180	360	540	720	900	1 080
断奶保育仔猪	203	406	609	812	1015	1 218
生长猪	195	390	585	780	975	1 170
育肥猪	460	920	1 380	1 840	2 300	2 760
合计存栏	1 153	2 306	3 459	4 612	5 760	6 910
全年上市商品猪	1 800	3 600	5 400	7 200	9 000	10 800

● **生产计划的制定**　根据市场和猪场的实际情况来制定猪场的生产计划（猪群、栏舍等），确定出栏猪数量，每周母猪配种数量和基础母猪数量；不能无限度追求基础数量，导致栏舍紧张，饲养密度过大。

生产计划（头）

基础母猪数量	473		
	周	月	年
配种母猪数量	24	96	1 248
分娩胎数	20	80	1 040
活产仔数	220	880	11 440
断奶仔猪数	200	800	10 400
保育成活数	194	776	10 088
上市肉猪数	182	728	9 464

注：万头猪场以周为节律；一年按52周计算；按基础母猪470 ～ 500头计划。

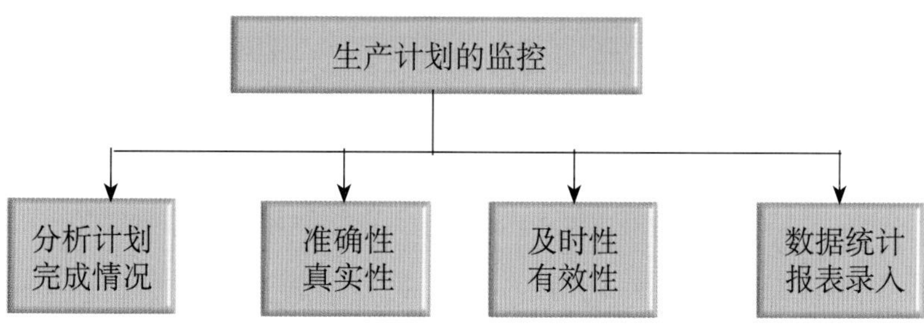
生产计划的监控
分析计划完成情况
准确性真实性
及时性有效性
数据统计报表录入

三、信息化管理

猪场信息化管理可以全面提升一个养猪企业的管理水平，使养猪企业的各种生产数据有据可依。猪场管理者可随时查看每个猪场、每个批次的猪群，甚至每头猪的现状及历史记录，以便及时淘汰不符合生产标准的猪只，调整饲养管理方式、及时监控动物疫情和防疫程序等。通过管理系统的标准参数设置，有利于养殖企业进行标准化饲养，提高畜禽的生产性能，生产出更加标准化的产品。通过信息化管理，比较准确、容易地进行成本核算，从而使企业更加准确地计算出猪场的盈利情况。企业领导依据信息化管理系统分析出的生产和收支等情况做出决策，做到有据可依。

● **猪场信息化管理系统举例**

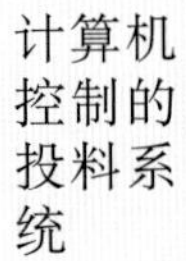
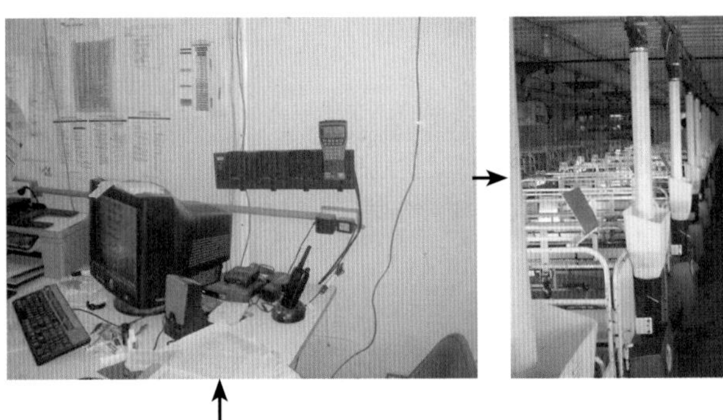
计算机控制的投料系统
螺旋式自动投料管道

猪场信息化管理流程和操作培训至关重要

生产数据现场采集

数据分析及全程生产实时监控

发送生产数据到猪场管理中心电脑贮存

猪场信息化管理流程

母猪“生产档案”

序号	耳号	胎次	配种日	返情复配日	损失天数（NPD1）	分娩日	妊娠期	健仔数	断奶日	日龄	断奶数（头／窝）	总窝重（千克）	断奶均重（千克／头）	发情间隔（NPD2）
1														
2														
3														
4														
平均	非生产天数＝				周转率＝						每年每头母猪断奶仔猪数＝			

周转率=365天（1年）÷1次分娩周期（本次分娩到下次分娩的天数）

● **构建猪肉安全生产的可追溯信息系统** 构建从猪场生猪生产到猪肉销售的猪肉安全生产可追溯信息系统。该技术框架包括：母猪繁育、生猪饲养、屠宰加工、产品数据库，生猪饲养管理子系统，猪肉加工管理子系统，猪肉仓储物流信息数据系统，流通及零售信息子系统，猪肉产品追溯查询及召回管理网站。

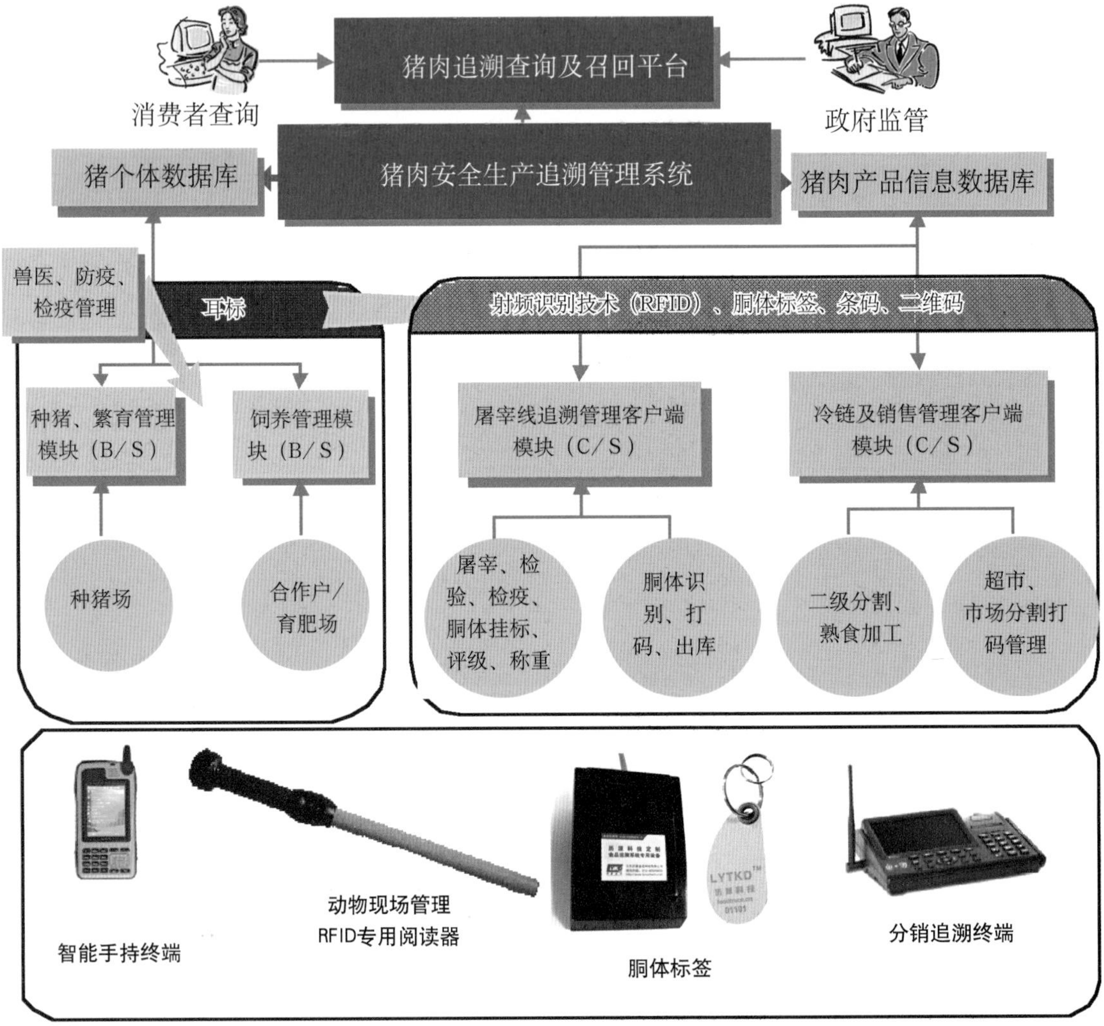

消费者查询
猪肉追溯查询及召回平台
政府监管
猪个体数据库
猪肉安全生产追溯管理系统
猪肉产品信息数据库
兽医、防疫、检疫管理
耳标
射频识别技术（RFID）、胴体标签、条码、二维码
种猪、繁育管理模块（B/S）
饲养管理模块（B/S）
屠宰线追溯管理客户端模块（C/S）
冷链及销售管理客户端模块（C/S）
种猪场
合作户/育肥场
屠宰、检验、检疫、胴体挂标、评级、称重
胴体识别、打码、出库
二级分割、熟食加工
超市、市场分割打码管理
智能手持终端
动物现场管理RFID专用阅读器
LYTKD
胴体标签
分销追溯终端

猪肉安全追溯系统结构示意图

四、卫生防疫管理

为了搞好猪场的卫生防疫工作，确保养猪生产的顺利进行，向用户提供优质健康的种猪或商品猪，必须贯彻“预防为主，防治结合，防重于治”的原则，杜绝疫病的发生。

● **消毒防疫制度**　非生产区工作人员及车辆严禁进入生产区，确有需要者必须经场长或主管兽医批准并经严格消毒后进入指定范围。

生活

非生产工人必须经批准后严格消毒才能进入生产区

生产

各生产舍饲养员的鞋分开放置，避免疫病传染

生产人员进场时必须严格消毒，任何疫病的带入将导致巨大损失

“病从口入”，所有进入猪场的车辆及人员必须严格消毒

进入生产区消毒防疫措施

● **后备种猪隔离及防疫制度**　外地购入的种猪必须经过检疫，场内隔离舍饲养观察40天，确认为无病健康猪，经冲洗干净并彻底消毒后方可进入生产线。出售猪只不能带病销售，且只能单向流动，如遇质量不合格退回时，要作淘汰处理，不得返回生产线。

当“妈妈”前一定
要做好孕前体检

后备种猪隔离防疫措施

● 药品的保存及使用制度

检查药品的生产日
期，切勿使用过期
变质药品

严格记录和保存好
兽医用药处方单，
建立猪场用药档案

药品保存及使用制度

● 饲料妥善保存

杜绝使用发霉
变质饲料

饲料保存

第二节　经营管理

一、组织结构

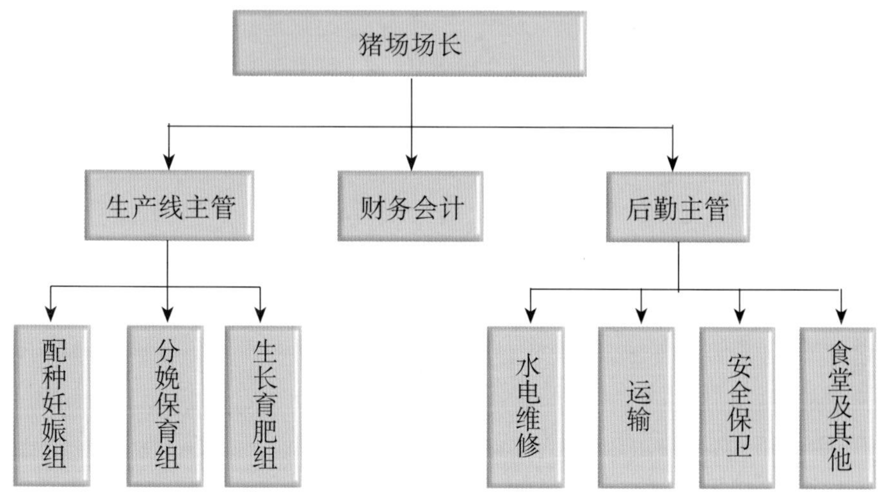
猪场场长
生产线主管
财务会计
后勤主管
配种妊娠组
分娩保育组
生长育肥组
水电维修
运输
安全保卫
食堂及其他

二、人员配置

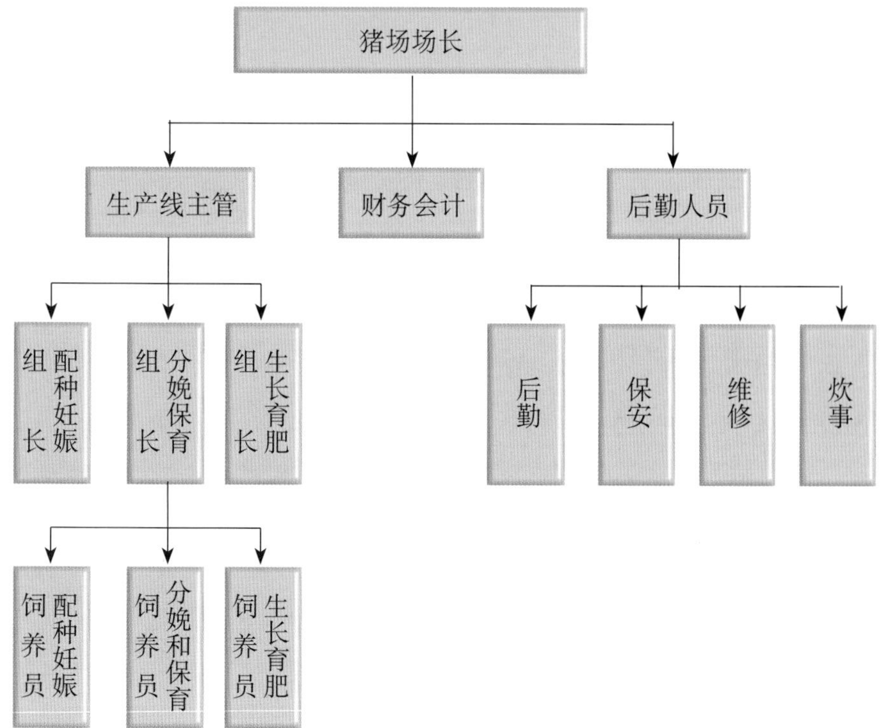
猪场场长
生产线主管
财务会计
后勤人员
配种妊娠组长
分娩保育组长
生长育肥组长
后勤
保安
维修
炊事
配种妊娠饲养员
分娩和保育饲养员
生长育肥饲养员

三、岗位职责

● **场长**

◆ 负责猪场的全面工作。

◆ 负责制定和完善本场的各项管理制度、技术操作规程。

◆ 负责后勤保障工作的管理，及时协调各部门之间的工作关系。

◆ 负责制定具体的实施措施，落实和完成公司各项任务。

◆ 负责监控本场的生产情况，员工工作情况和卫生防疫，及时解决出现的问题。

◆ 负责编排全场的生产经营计划、物资需求计划。

◆ 负责全场的生产报表，并督促做好月结工作、周上报工作。

◆ 做好全场员工的思想工作，及时了解员工的思想动态，出现问题及时解决，及时向上反映员工的意见和建议。

◆ 负责全场直接成本费用的监控与管理。

◆ 负责落实和完成公司下达的全场经济指标。

◆ 直接管辖生产线主管，通过生产线主管管理生产线员工。

◆ 负责全场生产线员工的技术培训工作，每周或每月主持召开生产例会。

● **生产线主管**

◆ 负责生产线日常工作。

◆ 协助场长做好其他工作。

◆ 负责执行饲养管理技术操作规程、卫生防疫制度和有关生产线的管理制度，并组织实施。

◆ 负责生产线报表工作，随时做好统计分析，以便及时发现问题并解决问题。

◆ 负责猪病防治及免疫注射工作。

◆ 负责生产线饲料、药物等直接成本费用的监控与管理。

◆ 负责落实和完成场长下达的各项任务。

◆ 直接管辖组长，通过组长管理员工。

● **组长**

➢ 配种妊娠舍组长

◆ 负责组织本组人员严格按《饲养管理技术操作规程》和每周工作日程进行生产。

◆ 及时反映本组中出现的生产和工作问题。

◆ 负责整理和统计本组的生产日报表和周报表。

◆ 本组人员休息替班。

◆ 负责本组定期全面消毒、清洁绿化工作。

◆ 负责本组饲料、药品、工具的使用计划与领取及盘点工作。

◆ 服从生产线主管的领导，完成生产线主管下达的各项生产任务。

◆ 负责本生产线配种工作，保证生产线按生产流程运行。

◆ 负责本组种猪转群、调整工作。

◆ 负责本组公猪、后备猪、空怀猪、妊娠猪的预防注射工作。

➢ 分娩保育舍组长

◆ 负责组织本组人员严格按《饲养管理技术操作规程》和每周工作日程进行生产。

◆ 及时反映本组中出现的生产和工作问题。

◆ 负责整理和统计本组的生产日报表和周报表。

◆ 本组人员休息替班。

◆ 负责本组定期全面消毒，清洁绿化工作。

◆ 负责本组饲料、药品、工具的使用计划与领取及盘点工作。

◆ 服从生产线主管的领导，完成生产线主管下达的各项生产任务。

◆ 负责本组空栏猪舍的冲洗、消毒工作。

◆ 负责本组母猪、仔猪转群、调整工作。

◆ 负责哺乳母猪、仔猪预防注射工作。

➢ 生长育成舍组长

◆ 负责组织本组人员严格按《饲养管理技术操作规程》和每周工作日程进行生产。

◆ 及时反映本组中出现的生产和工作问题。

◆ 负责整理和统计本组的生产日报表和周报表。

◆ 本组人员休息替班。

◆ 负责本组定期全面消毒、清洁绿化工作。

◆ 负责本组饲料、药品、工具的使用计划与领取及盘点工作。

◆ 服从生产线主管的领导，完成生产线主管下达的各项生产任务。

◆ 负责肉猪的出栏工作，保证出栏猪的质量。

◆ 负责生长、育肥猪的周转、调整工作。

◆ 负责本组空栏猪舍的冲洗、消毒工作。

◆ 负责生长、育肥猪的预防注射工作。

● **饲养员**

➢ 妊娠母猪饲养员

◆ 协助组长做好妊娠猪转群、调整工作。

◆ 协助组长做好妊娠母猪预防注射工作。

◆ 负责定位栏内妊娠猪的饲养管理工作。

➢ 哺乳母猪、仔猪饲养员

◆ 协助组长做好临产母猪转入、断奶母猪及仔猪转出工作。

◆ 协助组长做好哺乳母猪、仔猪的预防注射工作。

◆ 负责2个单元约40个产栏哺乳母猪、仔猪的饲养管理工作。

➢ 保育猪饲养员

◆ 协助组长做好保育猪转群、调整工作。

◆ 协助组长做好保育猪预防注射工作。

◆ 负责2个单元或约400头保育猪的饲养管理工作。

➢ 生长育肥猪饲养员

◆ 协助组长做好生长育肥猪转群、调整工作。

◆ 协助组长做好生长育肥猪预防注射工作。

◆ 负责3个单元大约600头生长育肥猪的饲养管理工作。

➢ 夜班人员

◆每天工作时间为：白班人员的午休时间及夜间。一般为：午间11 ： 30 ～ 14 ： 00，晚间17 ： 30 ～次日早7 ： 30，两名夜班轮流。

◆ 负责值班期间猪舍猪群防寒、保温、防暑、通风工作。

◆ 负责值班期间防火、防盗等安全工作。

◆ 重点负责分娩舍接产、仔猪护理工作。

◆ 负责哺乳仔猪夜间补料工作。

◆ 做好值班记录。

第三节 财务管理

一、经营核算

经营核算是通过养猪户的算账，减少饲料、药物及人工等费用，加强固定资产和流动资金的管理，达到增产增收的目的。掌握生产经营过程中的资金流动关键点，才能有效地组织生产。

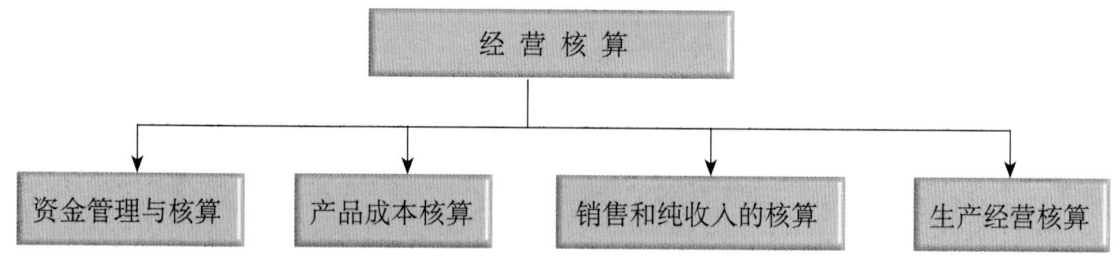
经 营 核 算
资金管理与核算
产品成本核算
销售和纯收入的核算
生产经营核算

二、账务评估

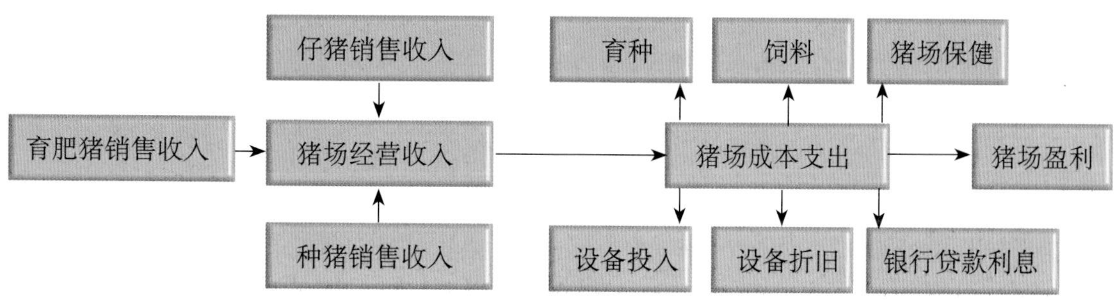
仔猪销售收入
育种
饲料
猪场保健
育肥猪销售收入
猪场经营收入
猪场成本支出
猪场盈利
种猪销售收入
设备投入
设备折旧
银行贷款利息

8 第八章　生猪屠宰、分割及副产物的综合利用

第一节　屠宰厂及其设施

一、屠宰厂的设计原则

● 厂址选择的基本原则

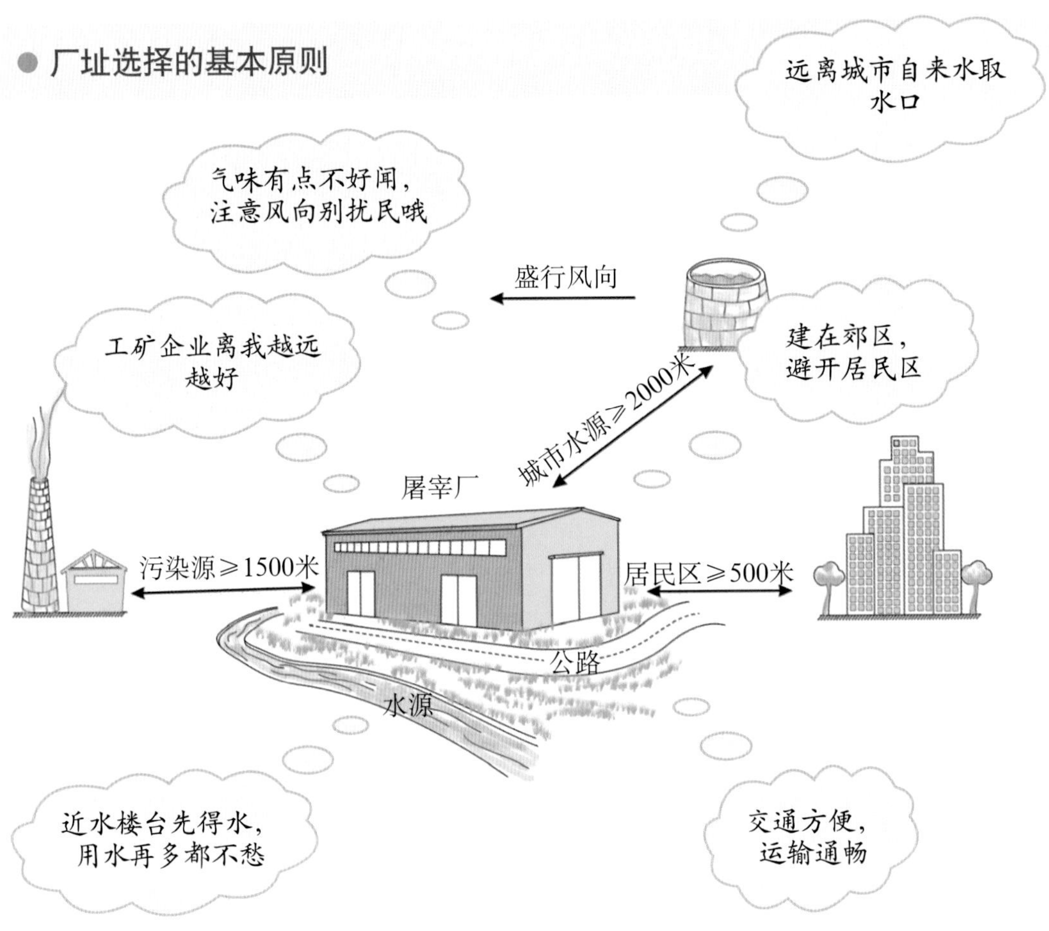
远离城市自来水取水口
气味有点不好闻，注意风向别扰民哦
盛行风向
工矿企业离我越远越好
建在郊区，避开居民区
城市水源≥2000米
屠宰厂
污染源≥1500米
居民区≥500米
公路
水源
近水楼台先得水，用水再多都不愁
交通方便，运输通畅

屠宰厂的选址要求

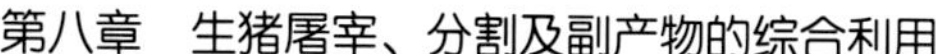

屠宰厂的屠宰量、厂址处近五年平均风速所对应的卫生防护距离（米）

班屠宰量（头）	近5年平均风速（米／秒）		
	＜2	2～4	＞4
＜2 000	700	500	400
≥2 000	800	600	500

厂区总体平面布局

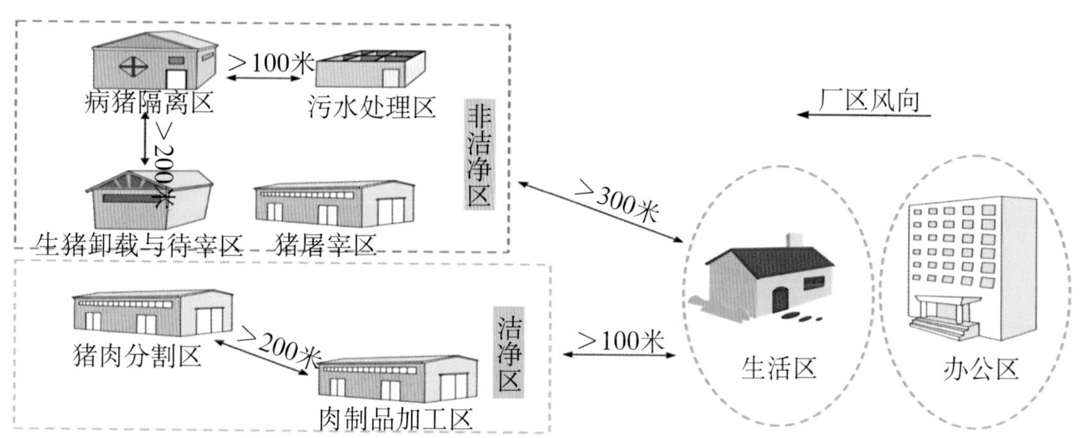

＞100米
病猪隔离区
污水处理区
＞200米
生猪卸载与待宰区
猪屠宰区
非洁净区
厂区风向
＞300米
猪肉分割区
＞200米
肉制品加工区
洁净区
＞100米
生活区
办公区

猪屠宰、分割及肉制品加工厂的厂区总体平面布局示意图

肉制品加工厂厂区平面布局

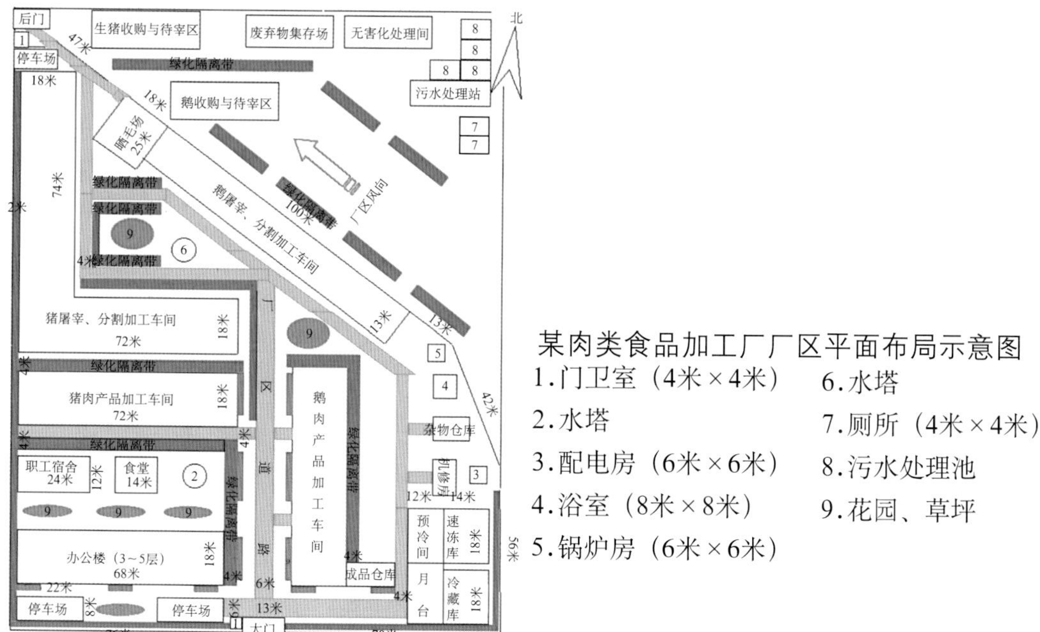

后门
生猪收购与待宰区
废弃物集存场
无害化处理间
北
停车场
47米
18米
绿化隔离带
鹅收购与待宰区
污水处理站
晒毛场 25米
鹅屠宰、分割加工车间
100米
厂区风向
74米
猪屠宰、分割加工车间
72米
猪肉产品加工车间
72米
厂区道路
鹅肉产品加工车间
杂物仓库
职工宿舍 24米
食堂 14米
速冻库
预冷间
冷藏库
月台
成品仓库
办公楼（3～5层） 68米
停车场
停车场
大门
76米
70米
56米
42米

某肉类食品加工厂厂区平面布局示意图

1.门卫室（4米×4米）
2.水塔
3.配电房（6米×6米）
4.浴室（8米×8米）
5.锅炉房（6米×6米）
6.水塔
7.厕所（4米×4米）
8.污水处理池
9.花园、草坪

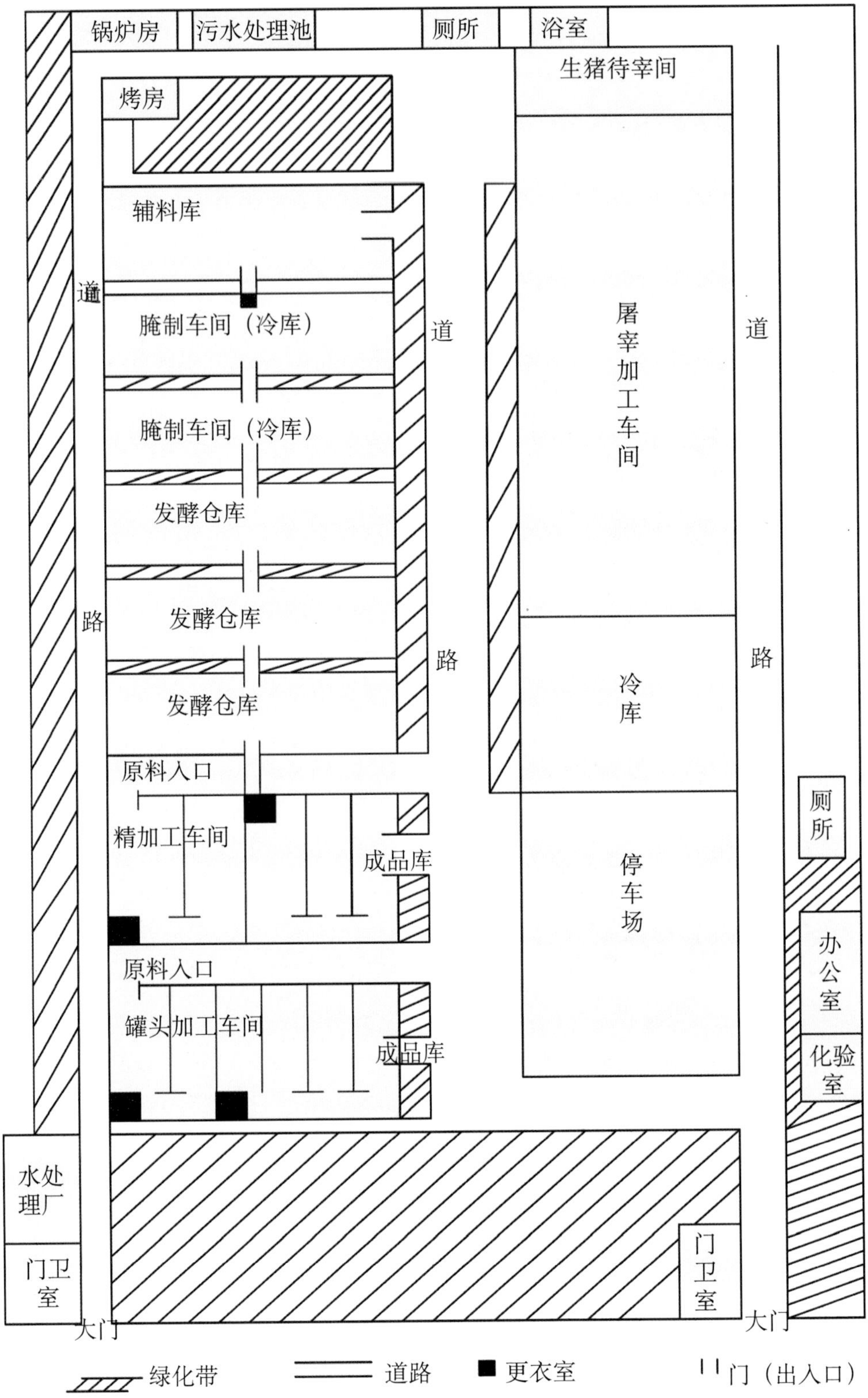

锅炉房 污水处理池 厕所 浴室

生猪待宰间

烤房

辅料库

腌制车间（冷库）

腌制车间（冷库）

发酵仓库

发酵仓库

发酵仓库

原料入口

精加工车间

成品库

原料入口

罐头加工车间

成品库

屠宰加工车间

冷库

停车场

道路

道路

道路

厕所

办公室

化验室

水处理厂

门卫室

门卫室

大门

大门

绿化带 道路 ■ 更衣室 门（出入口）

某猪肉制品加工厂厂区平面布局示意图

● **屠宰、分割车间平面布局** 屠宰和分割车间的布局必须符合流水线作业要求，应避免产品倒流及原料、半成品、成品之间，健畜和病畜之间，产品和废弃物之间互相接触，以免交叉污染。

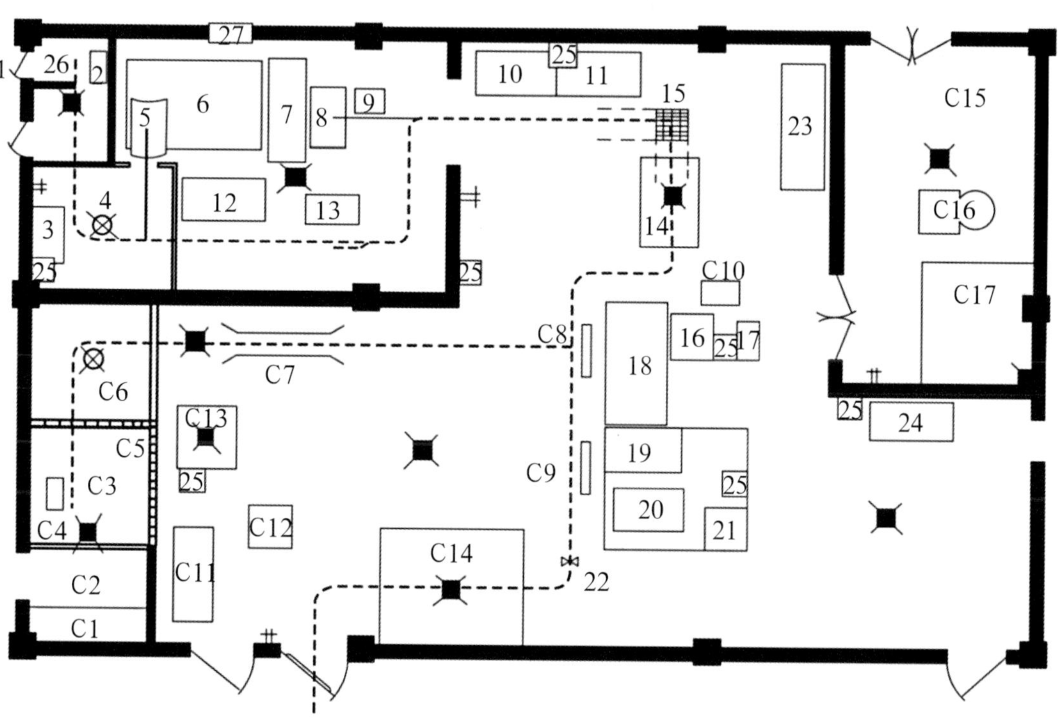
27
1
26
2
6
5
7
8
9
10
25
11
15
23
C15
4
12
13
3
14
C16
25
25
C10
C17
C8
16
25
17
C7
18
C6
C13
C5
C3
25
C9
19
25
20
21
24
25
C4
C12
C11
C14
22
C2
C1

屠宰车间平面布置图（适用于猪和牛的屠宰）

宰猪车间：1.套脚链、致晕栏 2.套链提升 3.刺杀放血站台 4.放血区域 5.滑槽 6.热烫池 7.除毛机 8.扁担台 9.燎毛机 10.刮猪毛站台（高） 11.刮猪毛站台（低） 12.冲洗站台 13.换轨站台 14.淋浴间 15.可移动格栅 16.冲落间 17.内脏盘消毒 18.取内脏工作台 19.内脏检验台 20.可移动检验站台 21.最终检验台 22.过磅 23.头加工台 24.杂碎处理台 25.盥洗和消毒池 26.猪夹持栏 27.排气扇。

宰牛车间：C1.致晕站台 C2.致晕箱 C3.装运区 C4.提升机 C5.安全围栏 C6.放血区 C7.剥皮架 C8.半胴体提升机（高位） C9.半胴体提升机（低位） C10.锯消毒器 C11.头检验车 C12.内脏检验车 C13.头冲灌间 C14.冲洗、套袋站台 C15.非食物或废弃物间 C16.劣畜提升机和非食用桶 C17.小车消毒区域

全封闭式
分割剔骨洁净车间
（车间温度：7～9℃）
冷风机出风口
分割剔骨
猪肉传送线

猪肉分割剔骨车间流水线作业现场图

二、屠宰设施及卫生要求

● 厂房与设施

➢ **结构** 厂房与设施必须结构合理、坚固，便于清洗和消毒。必须设有防止蚊、蝇、鼠及其他害虫侵入或隐匿的设施，以及防烟雾、灰尘的设施。

钢筋混凝土结构——坚固、可靠又隔热，质量好
浅色瓷砖——耐磨、防腐、反光易清洗，保障卫生
五星级酒店标准，美丽与环保同行

某肉类食品厂生猪屠宰与分割车间的局部外观图

➢ 高度　能满足生产作业、设备安装与维修、采光与通风的需要。

车间采光良好
屠宰车间天棚高度不低于6米
高度不低于6米，采光良好

屠宰车间的空间要求和采光要求

➢ 地面　使用防水、防滑、不吸潮、可冲洗、耐腐蚀、无毒的材料，坡度应为1%～2%（屠宰车间应在2%以上），表面无裂缝、无局部积水，易于清洗和消毒，设明地沟且应呈弧形，设排水口且须设网罩。

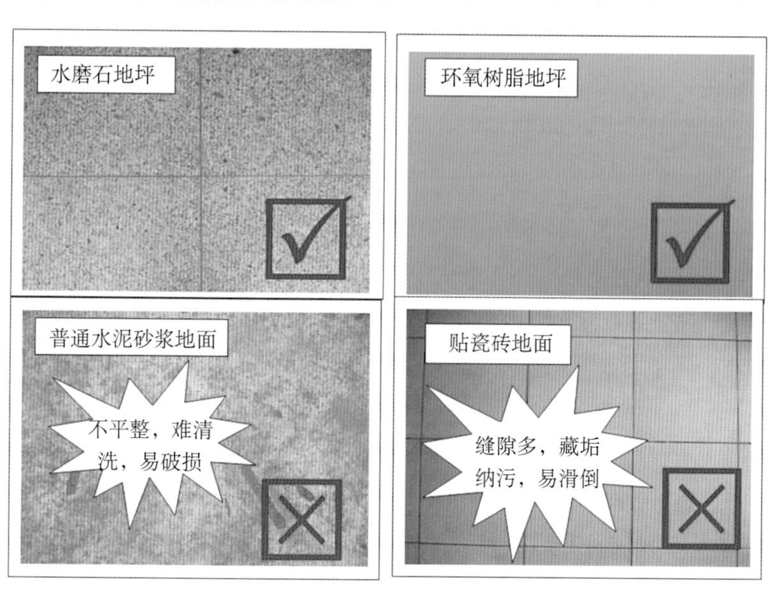
水磨石地坪
环氧树脂地坪
普通水泥砂浆地面
不平整，难清洗，易破损
贴瓷砖地面
缝隙多，藏垢纳污，易滑倒

屠宰车间地面材料的选择

➢ 墙壁

◆ **要求**

材料防水、不吸潮、可冲洗、无毒、淡色；

墙内面贴高度不低于2米的浅色瓷砖；

顶角、墙角、墙与地面的夹角均呈弧形；

墙裙如采用不锈钢或塑料板制作，所有板缝间及边缘连接处应密闭。

➢ **天花板** 表面涂层应光滑，不易脱落，防止污物积聚。

屠宰车间陶瓷砖墙面至少3米高
弧形陶瓷墙角线，便于清洗，不留卫生死角

分割车间PVC洁净墙面板和天花板，耐腐蚀，坚固，光洁，易清洗消毒

屠宰车间墙裙高度不足3米
地面材料不光洁、不平整、无坡度，不利于清洗和排水
墙角线未经处理，呈直角，不符合卫生要求

分割车间的墙角、顶角未经处理，呈直角，不符合卫生要求

分割车间未使用瓷砖或洁净板装裱墙裙，难以清洗

屠宰、分割车间墙面、墙角、天花板及辅助设施的要求

➤ **屠宰车间**　屠宰车间应根据加工工艺进行布局，采用连续流水作业，同时配备兽医卫生检验设施及化验室等。

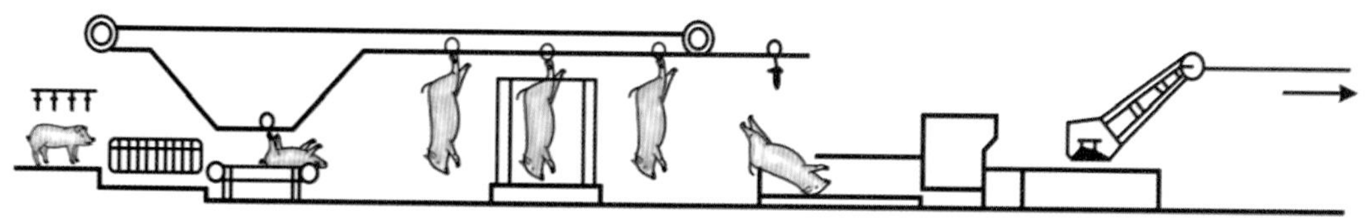
冲淋
限位至昏
套脚提升
刺杀放血
清洗猪身
头部检验
落猪浸烫
乱毛
乱毛修整提升

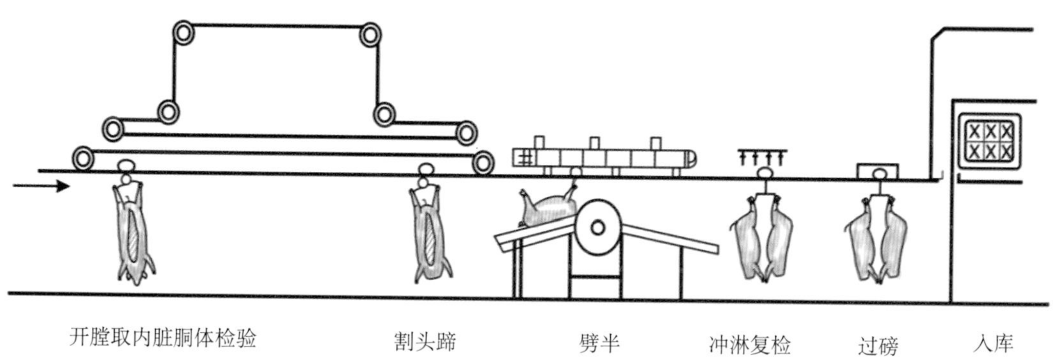
开膛取内脏胴体检验
割头蹄
劈半
冲淋复检
过磅
入库

猪屠宰加工工艺流程示意图

检测内容
盐酸克仑特罗(瘦肉精)和莱克多巴胺
注水猪肉及PSE猪肉
猪肉颜色、气味、弹性和黏度的检验
水分、挥发性盐基氮的检测

常规理化检验室

检测内容
猪肉的品质分析
猪肉的营养成分分析
重金属检测

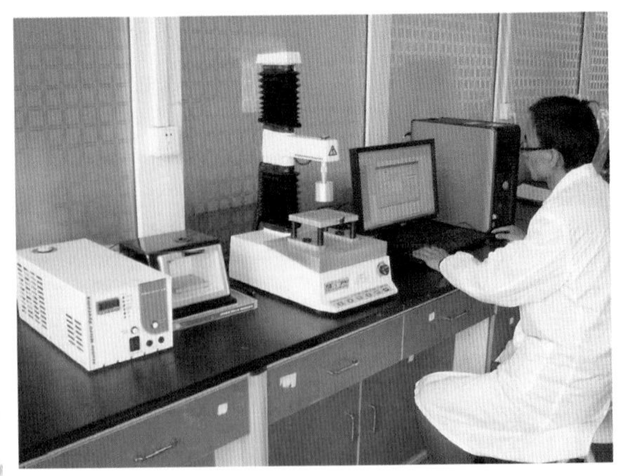

现代仪器分析室

ESCO

微生物分析室

检测内容
菌落总数
大肠菌群
病原微生物

某屠宰厂的化验室

待宰车间

要求

圈舍防寒、隔热、通风，饮水、宰前淋浴设施齐全；

设置疑似病畜圈、病畜隔离圈和兽医工作室；

疑似病畜圈和病畜隔离圈单独建设，与健畜圈的距离大于100米。

容量为日屠宰量的一倍
夏季通风，采光良好
冬季保温、防寒

淋浴水管分布于猪的通道上方及两侧
屠宰前开启淋浴设施，保证屠宰卫生

某屠宰场待宰车间的一角

● **卸猪台**　屠宰厂应设有专门的卸猪台和车辆清洗、消毒等设施，并设有良好的污水排放系统。

运猪车停放处

无卸猪台，易导致猪
外伤，效率低；卫生
无法保障

各走其道，
畅通无阻。
那个爽

多层式卸猪台与运输车辆配套，卸猪操作更科学

● **冷库**　冷库一般设有预冷间（0～4℃）、冻结间（－23℃以下）和冻藏间（－18℃以下）。

● **卫生设施**

➢ 洗手、清洗、消毒设施

生产车间进口处及车间内的适当地点，必须设置非手动式热水和冷水的流水洗手设施。

应设有工具、容器和固定设备的清洗、消毒设施。

活畜进口处及病畜隔离间、急宰间、化制车间门口，应设车轮、鞋靴消毒池。

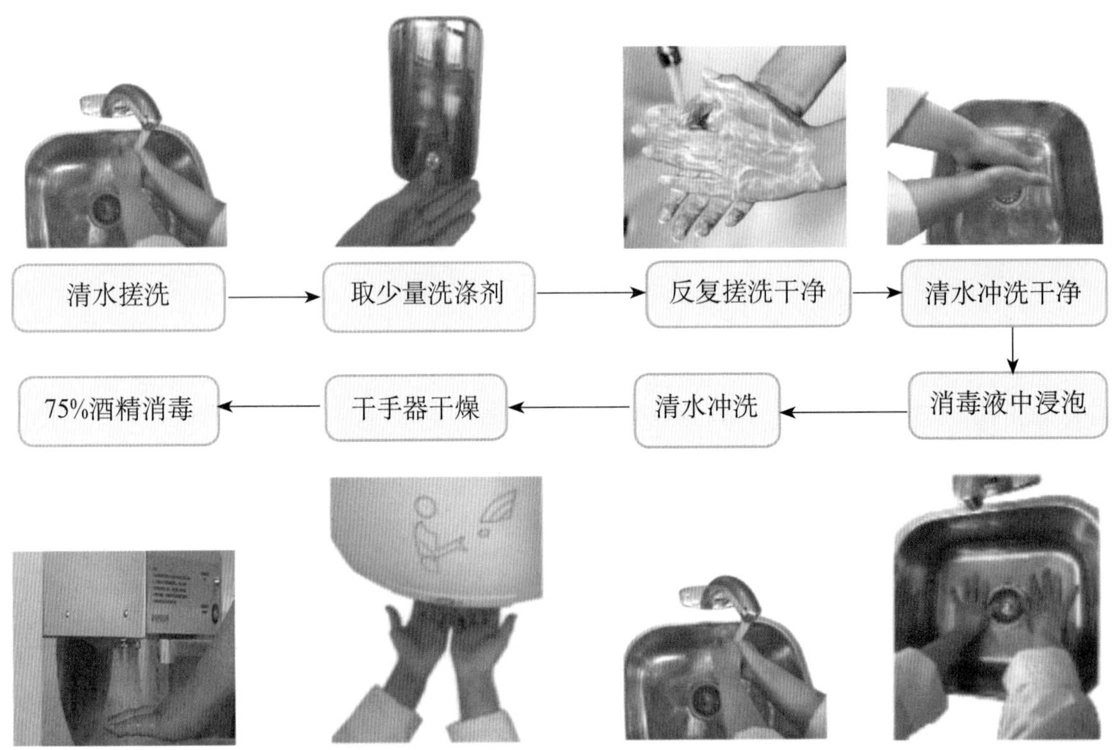
清水搓洗
取少量洗涤剂
反复搓洗干净
清水冲洗干净
消毒液中浸泡
清水冲洗
干手器干燥
75%酒精消毒

屠宰、分割车间洗手和消毒的标准流程

➢ 更衣室、淋浴室、厕所 设有与职工人数相适应的更衣室、淋浴室、厕所。

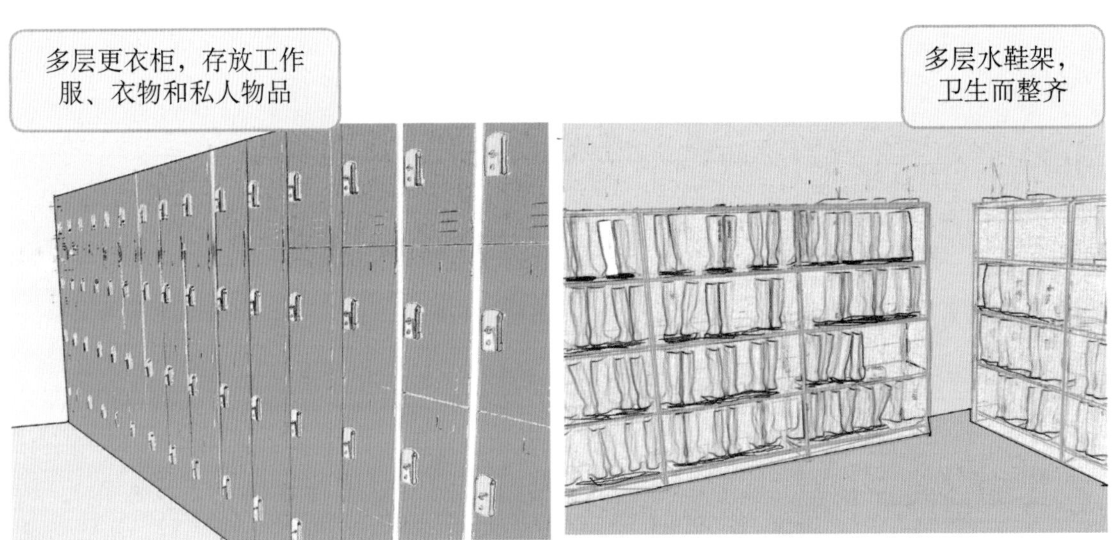
多层更衣柜，存放工作服、衣物和私人物品
多层水鞋架，卫生而整齐

屠宰车间入口处更衣室

➢ 废水、废气处理系统　必须设有废水、废气处理系统，生产车间的下水道口须设地漏、铁箅。

● 采光、照明

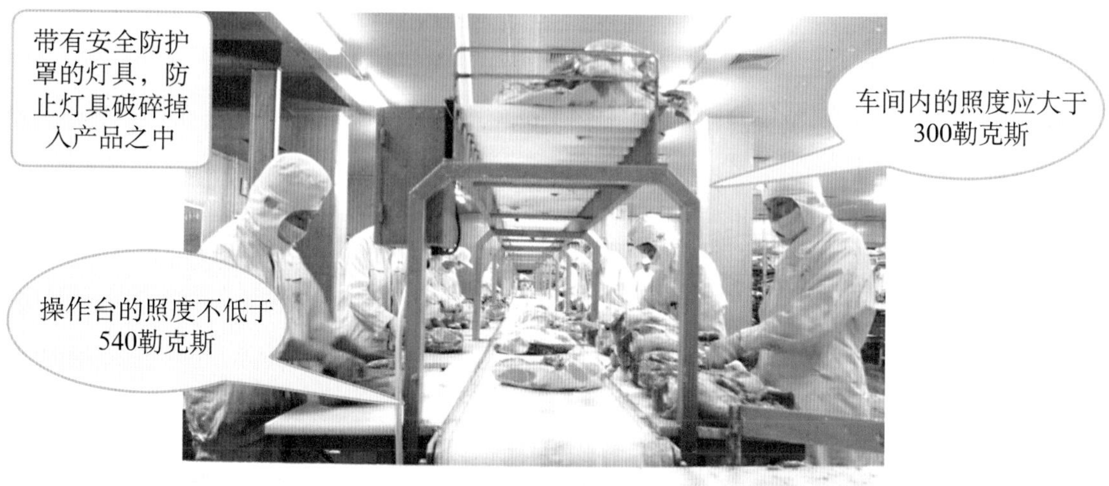
带有安全防护罩的灯具，防止灯具破碎掉入产品之中
车间内的照度应大于300勒克斯
操作台的照度不低于540勒克斯

屠宰与分割车间的采光要求

● 通风和温控装置　车间内应有良好的通风、排气装置，及时排除污染的空气和水蒸气。空气流动的方向必须从非污染作业区流向污染作业区，不得逆流。分割肉车间及其成品冷却间、成品库应有降温或调节温度的设施。

● 供、排水设施　车间内应安装冷水和热水供应设施。车间地面坡度应大于2%，减少积水。地面应有不锈钢地漏，便于清洗和防止碎肉块进入排水系统。车间中央设置排水沟，保证污水充分排出。屠宰厂污水必须经过处理后方可排放。

气浮池

曝气池

某屠宰厂污水处理系统中的气浮池和曝气池

第二节 猪的屠宰工艺

猪的屠宰俗称杀猪，我国的《生猪屠宰管理条例》明确规定，禁止任何单位和个人未经许可从事商业性的生猪屠宰活动。

一、宰前准备和管理

● 宰前检验、选择

➢ **检验步骤和程序** 当生猪从产地运送到屠宰加工企业后，经过初步视检和调查了解，认为合格时可以入厂卸猪，将生猪赶入预检圈；若发现有患病或疑似患病的生猪，应赶入隔离圈，并按照《肉品卫生检验试行规程》中的规定处理。

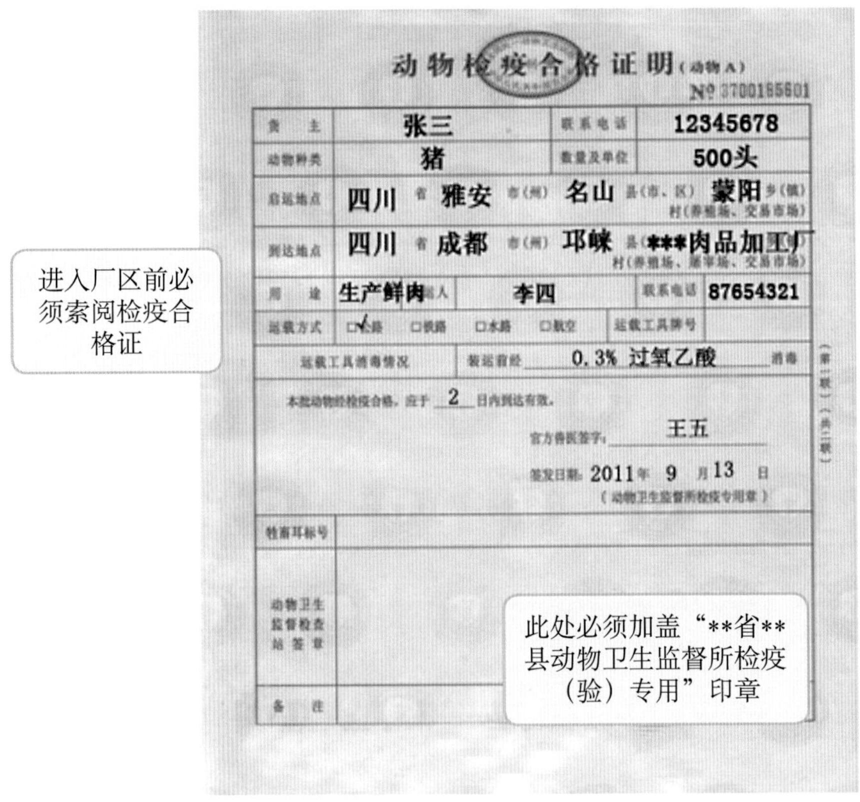

动物检疫合格证明（动物A）

№ 3700165601

货主	张三	联系电话	12345678
动物种类	猪	数量及单位	500头
启运地点	四川 省 雅安 市（州） 名山 县（市、区） 蒙阳 乡（镇） 村（养殖场、交易市场）		
到达地点	四川 省 成都 市（州） 邛崃 县（市、区） ***肉品加工厂 村（养殖场、屠宰场、交易市场）		
用途	生产鲜肉 承运人 李四	联系电话	87654321
运载方式	□✓公路 □铁路 □水路 □航空	运载工具牌号	
运载工具消毒情况	装运前经 0.3% 过氧乙酸 消毒		
本批动物经检疫合格，应于 2 日内到达有效。 官方兽医签字：王五 签发日期：2011年 9 月13 日 （动物卫生监督所检疫专用章）			
牲畜耳标号			
动物卫生监督检查站签章			
备注			

（第二联）（共二联）

进入厂区前必须索阅检疫合格证
此处必须加盖“**省**县动物卫生监督所检疫（验）专用”印章

生猪入厂检查及兽医卫检合格证书样例

➢ **宰前检验的方法**　生产实践中多采用群体检查和个体检查相结合的办法。群体检查重在观察猪的动、静、食三态，个体临床的检查步骤可总结为“看、听、摸、检”四个主要步骤。

➢ **宰前选择**　要求生猪宰前的健康状况良好，肥瘦适中，身体无外伤。如果生猪有外伤或者化脓，细菌会从伤口进入血液或肌肉，这种肉的含菌量高，保鲜困难。

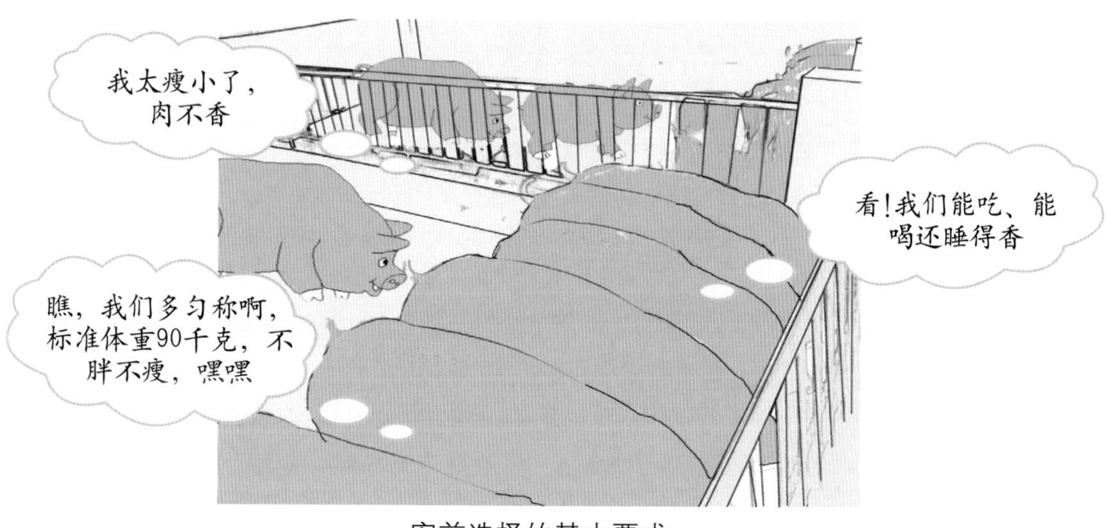
我太瘦小了，
肉不香
看!我们能吃、能
喝还睡得香
瞧，我们多匀称啊，
标准体重90千克，不
胖不瘦，嘿嘿

宰前选择的基本要求

● **宰前管理**　屠宰前及屠宰加工过程中，实行人道主义屠宰，实现生猪屠宰现代化和规范化。

请坚持
人道主义
宰杀
只有坚持人道主义宰杀
才能得到更好质量的肉
我们走得痛快……
您也吃得爽快……

人道屠宰计划改善猪肉品质

➢ **宰前休息** 为了消除运输过程的应激反应，在宰前应休息24小时以上。受到应激的猪，易产生颜色苍白、质地松软和肉汁渗出的肉，称为PSE猪肉。

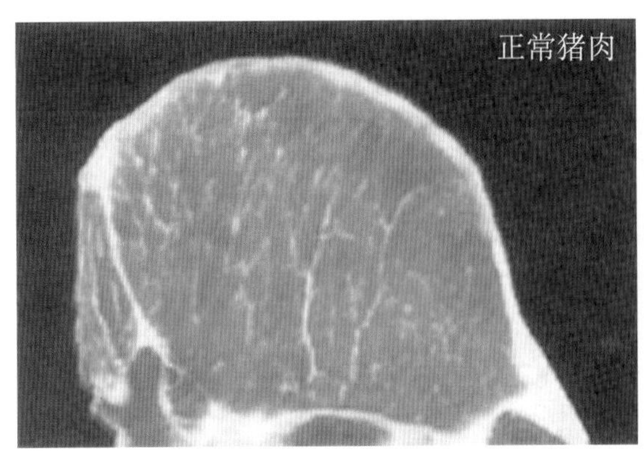
正常猪肉

PSE猪肉

正常猪肉与PSE猪肉外观比较

➢ **宰前禁食、供水** 宰前禁食，即饥饿管理，以减少胃肠内容物，防止屠宰时肠道破裂污染胴体。猪的禁食时间一般为12小时。禁食时可以自由饮水，以降低血液的黏稠度，使放血更充分，提高肉的贮藏性。猪在宰前2～4小时应停止给水，以防止倒挂放血时胃内容物从食道流出而污染胴体。

➢ **猪屠宰前的淋浴** 猪在屠宰前必须洗净体表污物，减少胴体污染。此外，淋浴可降低体温，促使外周毛细血管收缩，提高放血质量，降低劣质肉的产生。

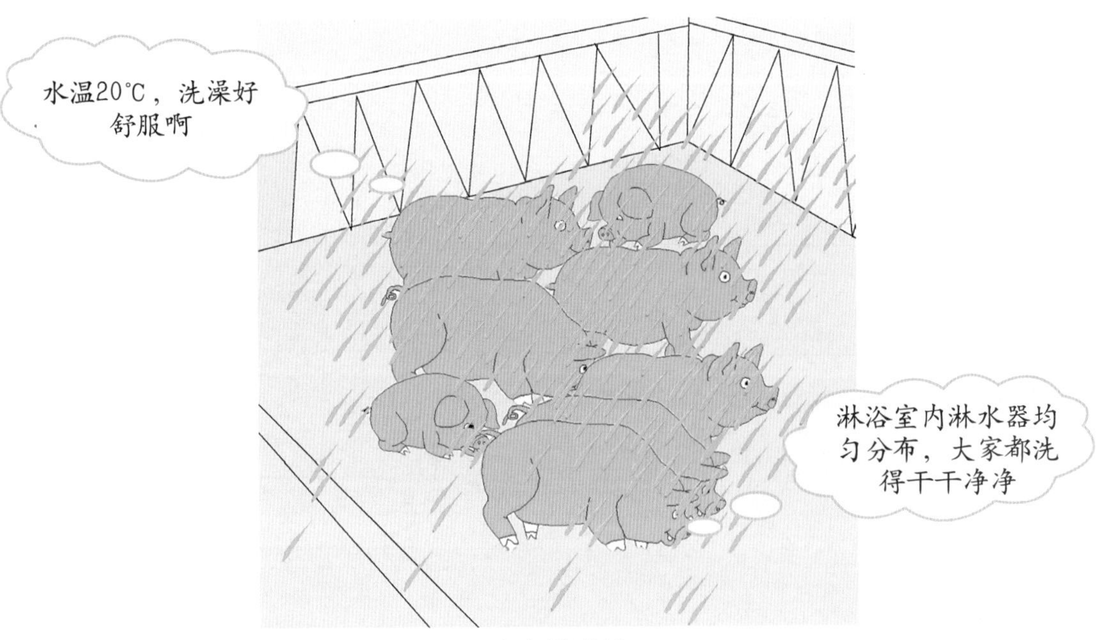
水温20℃，洗澡好舒服啊
淋浴室内淋水器均匀分布，大家都洗得干干净净

猪宰前淋浴

冬天的水好冷啊
主人，我还没洗到呢

猪宰前淋浴

➢ **击晕前的管理**　当生猪进入击晕通道后，粗暴驱赶或电刺激棒辅助驱赶，将对动物产生非常强烈的应激，并可能产生大量的劣质肉。因此，加强击晕前的监督和管理工作，对于提高肉品质有重要的意义。

采用塑料隔板，缓慢移动，将待宰猪转移到击晕通道，不易产生外伤，应激反应小，确保肉质好

粗暴、野蛮对待动物，易产生外伤，动物福利差，应激反应大，宰后猪肉品质差

使用软质塑料管缓慢驱赶，可避免应激和动物擦伤

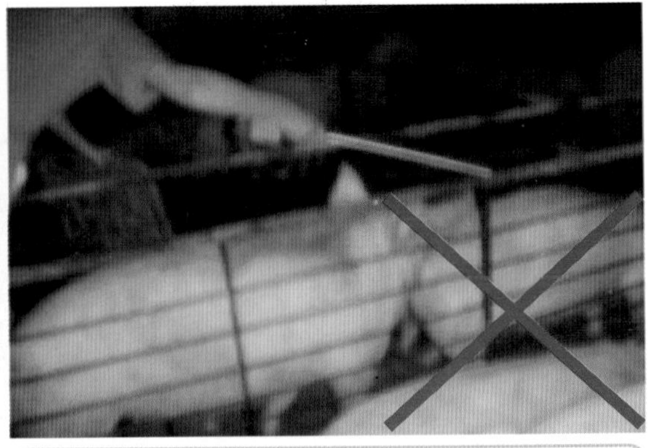

使用电棍加速驱赶，应激反应大，动物容易被护栏擦伤，宰后皮肤上有红斑或瘀血

猪进入击晕通道之后的驱赶方法

二、屠宰工艺

● 猪屠宰的工艺流程

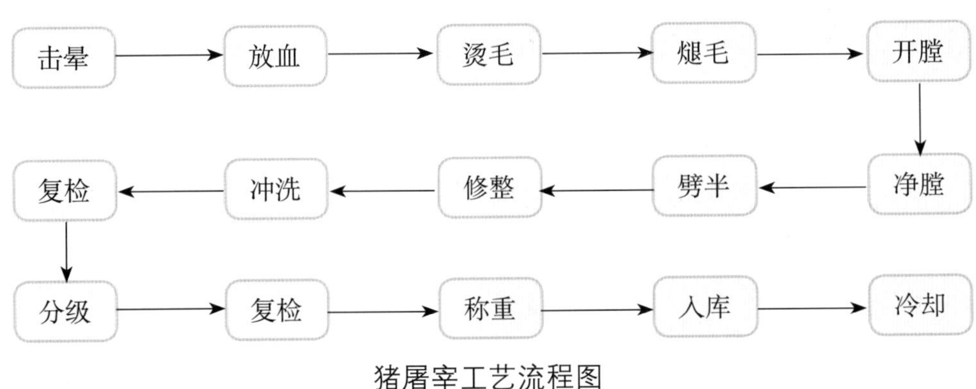
击晕
放血
烫毛
燎毛
开膛
净膛
劈半
修整
冲洗
复检
分级
复检
称重
入库
冷却

猪屠宰工艺流程图

● 猪屠宰工艺的要点

➢ **击晕（或致昏）** 击晕就是采用特殊方法使猪暂时失去知觉，减少动物的痛苦，防止刺杀放血时猪受到强烈刺激而引起大血管收缩，造成放血不全，同时大幅度减少劣质肉的发生率。

➢ **电击晕系统**

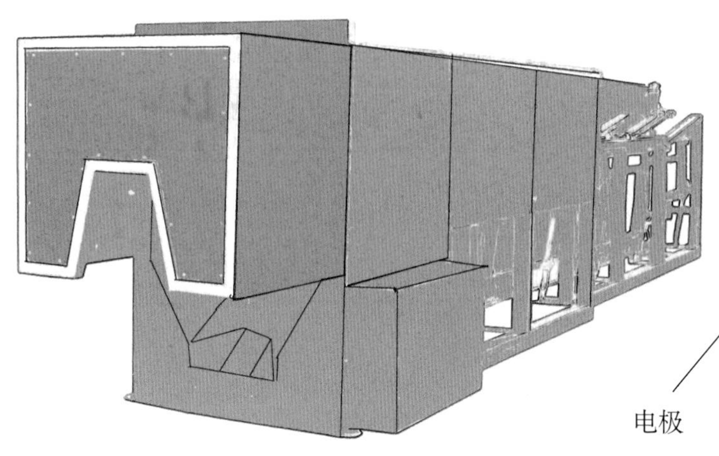

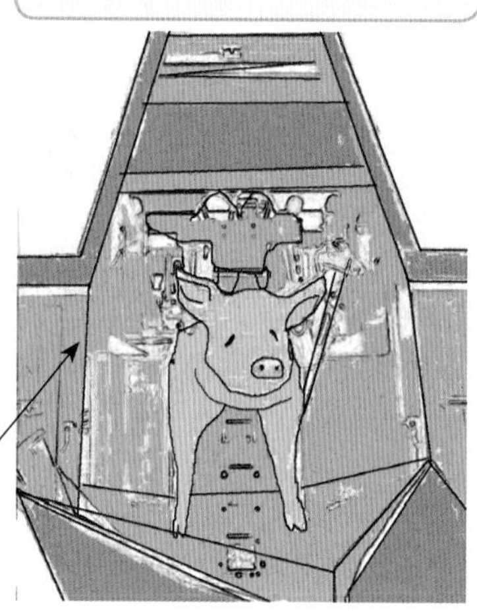
头部两个电极，心脏附近一个电极，三点电击晕系统对猪的应激反应小；击晕后放血充分，断骨率低，肉质好
电极

猪屠宰的三点电击晕系统

➢ **二氧化碳击晕系统** 一次可容纳6头生猪，击晕室中二氧化碳浓度65%～85%。猪在击晕室中经历15～45秒钟即可晕倒，并在2～3分钟内完全失去知觉。二氧化碳击晕的应激反应小，宰后皮肤的瘀血和血斑少，肉质更好。

➢ **刺杀放血** 工业生产上经常采用垂直吊挂放血和滴血，手工屠宰多为卧式水平放血。前者沥血充分，放血彻底，后者放血效果较差。

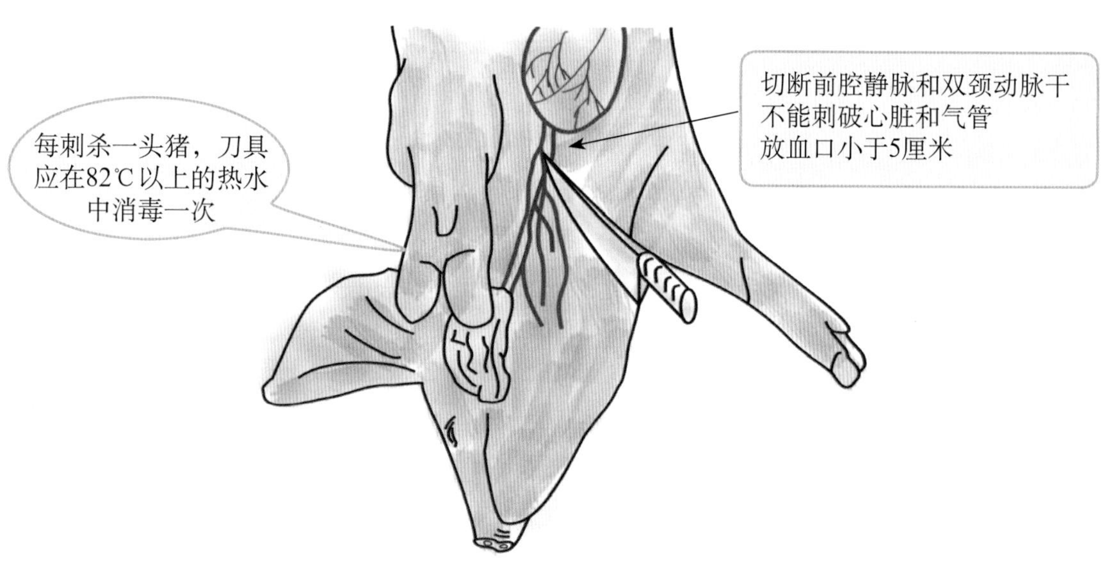
每刺杀一头猪，刀具应在82℃以上的热水中消毒一次
切断前腔静脉和双颈动脉干
不能刺破心脏和气管
放血口小于5厘米

垂直吊挂血管刺杀放血法示意图

倒悬挂胴体，血液所受阻力小，放血较完全，且放血时间较快
滴血时间5～6分钟

容器收集血液，减少环境污染，便于副产物综合利用

垂直倒挂滴血

侧卧平躺时血管阻力大，血液流通不畅，放血不完全，且放血时间长
不适于工厂化猪的屠宰

刺破心脏，死亡快，但胸腔有大量积血

刺杀刀具未经消毒处理，微生物通过血液循环污染猪肉，肉品卫生差

卧式水平刺杀放血法

➢ **烫毛**　国内运用最多的是运河式烫池烫毛，比较理想的烫毛方式是采用蒸汽烫毛隧道烫毛。蒸汽烫毛时冷凝水顺着胴体向下流动，避免了个体之间的交叉污染，可减少90%的用水量，节省蒸汽30%。

吊轨
烫毛池

运河式烫猪池

优点：
基本实现了生产的机械化、自动化
烫池温度63～65℃
温度稳定、均匀，烫毛效果好
操作简单，处理量大

缺点：
一池水浸烫很多头猪，易造成胴体交叉污染
热水用量多，对水和热能浪费大
污水处理量大

➢ **刮毛、燎毛、清洗**　烫毛后的猪体应尽快进入刮毛机内刮毛，以免猪的体温下降，毛孔收缩，影响刮毛效果。

煺毛后出口

双级自动螺旋刮毛机

刮毛后的猪胴体表面还有少量残毛，这就需要经过燎毛炉和清洗机处理，燎毛火焰温度1 000～1 100℃，时间为5～8秒钟，燎毛后应迅速清洗降温，然后用清洗机使胴体表面清洁，达到卫生标准。

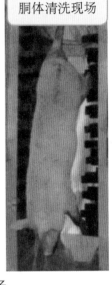

胴体清洗机箱体
胴体清洗现场
滚筒毛刷（尼龙丝或橡胶刷），可对胴体全方位清洗
滚筒旋转时，水管可从不同角度对胴体喷淋清洗和降温

立式胴体清洗机及清洗现场

➢ **开膛、净膛** 胴体在煺毛和清洗干净后，应在30分钟内开膛并取出内脏，否则较高的胴体温度对猪肉品质和内脏器官的综合利用均有不良影响。净膛后，内脏进入同步卫检线并对其进行检验检疫。卫检合格的内脏自动进入单独设立的内脏整理间进行清洗和处理。

沿腹中线切开腹壁
劈开耻骨联合处
小心！可不能把我弄破了哦，不然猪肉就给严重污染了
锯开胸骨
取出胃肠
摘出心、肝、肺等内脏
开肛器

猪的开膛程序

➢ **劈半、整理** 开膛和净膛后，将胴体劈成两半，修整的目的是清除胴体上能够造成微生物繁殖的任何损伤和污血、污物等，同时使外观整洁，提高商品价值。

修割横膈膜、槽头肉、颈部的血肉、伤斑、污垢等
修整后的胴体立即用冷水冲洗干净
手提式电锯
劈半时从背部正中线锯开，不要劈偏了哦

猪屠宰过程中胴体劈半和整理操作现场

➢ **宰后检验及处理** 宰后检验是肉品卫生检验最重要的环节，其目的是发现各种妨碍人类健康或已经丧失食用价值的胴体、脏器及组织，最大限度控制肉品污染，防止疫病传染，保证消费者健康。宰后检验的各项内容作为若干环节安插在屠宰加工恰当的过程之中，包括头部检验、体表检验、内脏检验、胴体检验、旋毛虫检验以及复检等不同检验点。

剖检两侧颌下淋巴结和咬肌
观察鼻唇部
必要时检验口腔、咽喉黏膜及扁桃体病变

猪屠宰过程中的头部检验

视检体表四肢、体表皮肤
检查颈部耳后有无注射针孔及局部肿胀、化脓
检查煺毛是否干净

猪屠宰过程中的体表检查

检查体表检验是否留下记号，检查腹股沟浅淋巴结、体腔内有无脓肿、肿瘤等异常，检查皮下脂肪和肌肉组织有无异常

猪屠宰过程中的胴体检验

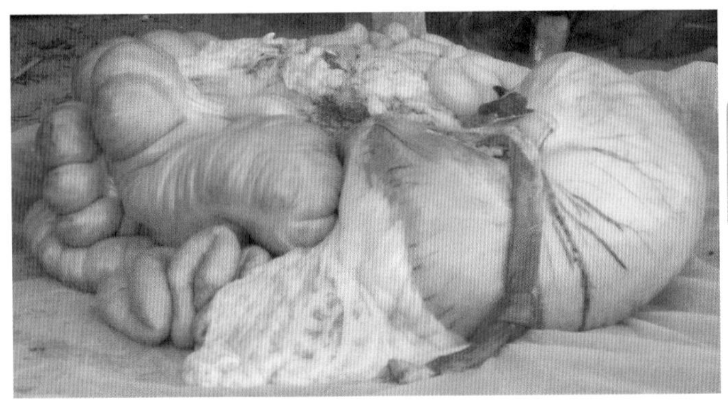

检验胃、肠、脾、心、肝、肺、膀胱和肾脏等

猪屠宰过程中的内脏检验

割取左右横膈膜肌脚两块，每块20克左右，按照胴体号码编号
先肉眼检查，然后制片在显微镜下检查

猪屠宰过程中的旋毛虫检验

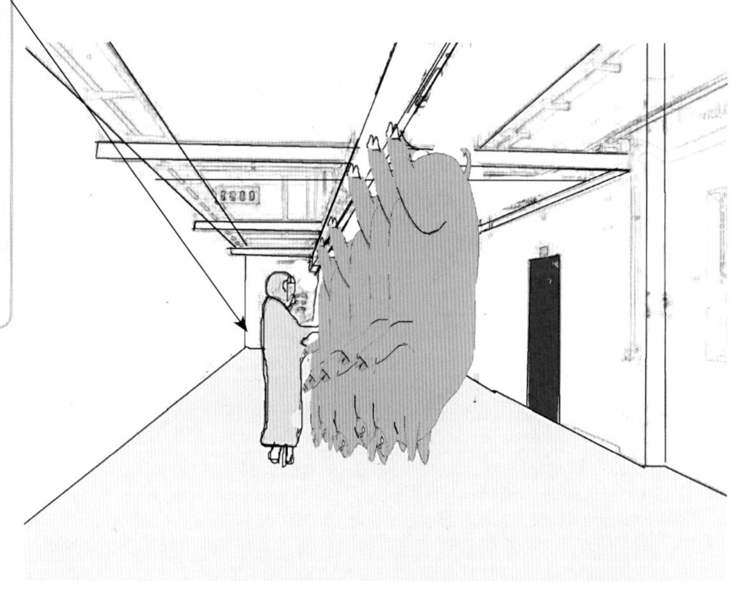
复检的主要内容：
结合头部、体表、内脏、胴体进行全面复查，看是否漏检
检查骨髓有无化脓、钙化，骨髓颜色有无褐变和溶血
检查肌肉和脂肪有无异常
检查三腺是否摘除
检查膈肌有无出血、变性和寄生虫性损害
对肉品按检验结果进行分类处理，加盖检验结果印章
对检验合格的肉品发放检验合格证

猪屠宰过程中的复检

经检验合格确认健康的胴体，盖以“检疫合格验讫”和“肉品品质检验验讫”的合格印章，再经过快速降温后进行分割肉的加工，或冷藏等待出厂销售；在卫生检验过程中，若发现有异常的胴体和内脏，应按照国内现行《肉品卫生检验规程》中的规定作相应处理，如高温处理、炼工业油、焚烧等。

冷风机出口温度-10～-15℃；风速1～2米/秒

快速降温可最大限度抑制微生物的活动，提高猪肉的卫生品质
胴体表面温度降至0～1℃即可
注意防止表面冻结

宰后胴体的快速预冷

第三节　猪胴体的分割

一、猪胴体的分割方法

由于猪胴体不同解剖部位的组织结构和理化组成存在较大差异，不同部位猪肉的加工特性和风味特点各不相同。

大排
小里脊
夹心
方肉
槽头
后腿
奶脯
前蹄
后蹄
脚爪
脚爪

国内屠宰厂鲜销猪肉的常用分割方法示意图

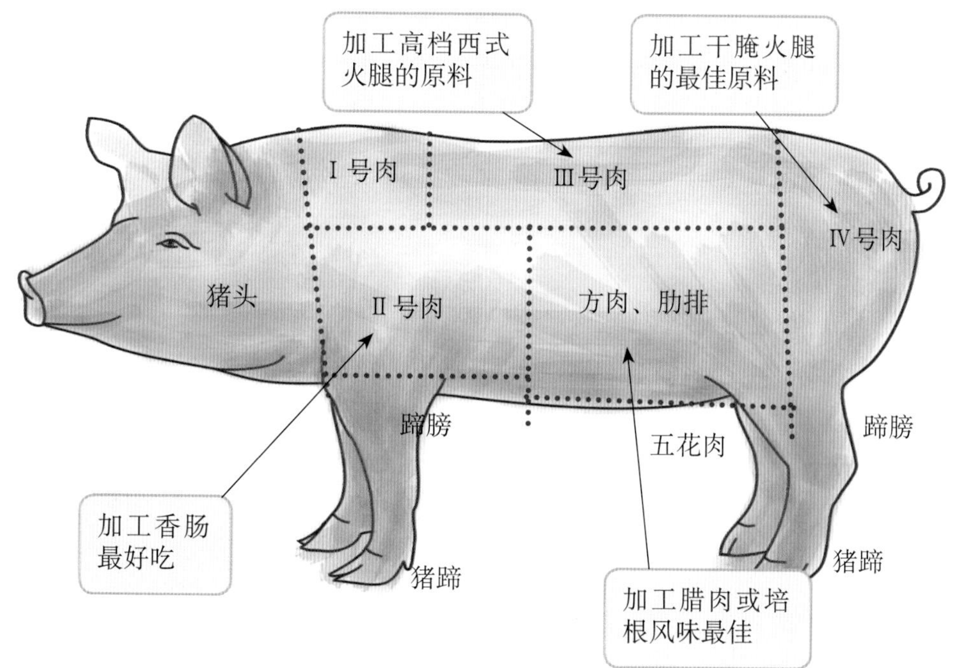
加工高档西式
火腿的原料
加工干腌火腿
的最佳原料
Ⅰ号肉
Ⅲ号肉
Ⅳ号肉
猪头
Ⅱ号肉
方肉、肋排
蹄膀
五花肉
蹄膀
加工香肠
最好吃
猪蹄
猪蹄
加工腊肉或培
根风味最佳

国内加工冷冻分割肉和肉制品对猪胴体的分割方法示意图

按部位分割，赚钱更多

13
2
3
5
14
4
6
8
7
1
9
10
9
11
12

国内超市对猪胴体常用的分割方法示意图

1.头皮（头骨）　2.颈肉　3.中头肉　4.猪扒　5.龙骨　6.尾龙骨　7.前上肉　8.排骨　9.五花肉　10.后腿肉　11.猪手　12.猪脚　13.猪尾　14. 猪耳

二、冷冻分割肉的加工简介

国内加工冷冻分割肉的企业主要用于出口，或者专门为肉制品加工厂提供原料肉。

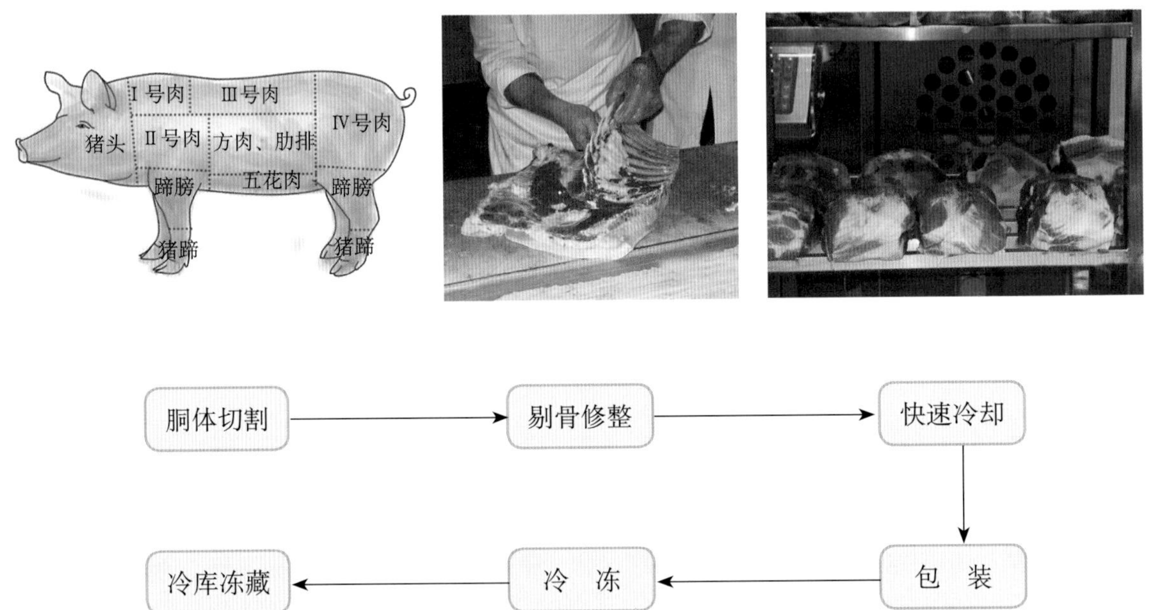
Ⅰ号肉
Ⅲ号肉
Ⅳ号肉
猪头
Ⅱ号肉
方肉、肋排
蹄膀
五花肉
蹄膀
猪蹄
猪蹄
胴体切割
剔骨修整
快速冷却
包 装
冷 冻
冷库冻藏

冷冻分割肉的加工工艺流程

猪肉的分割工艺对产品的卫生质量有重要影响，生产中应采用全封闭式车间，严格控制车间环境和工人的卫生条件，规范猪肉的分割剔骨操作。

分割剔骨车间要求
全封闭式车间
车间温度7～9℃
相对适度70%左右
工人头发不外露，
不留长指甲，不
戴首饰
分割刀具和工人的
手每小时清洗和消
毒一次

猪肉分割剔骨操作现场

第四节　猪屠宰后副产物的综合利用简介

一、猪血的综合利用

● 猪血制备血浆蛋白粉

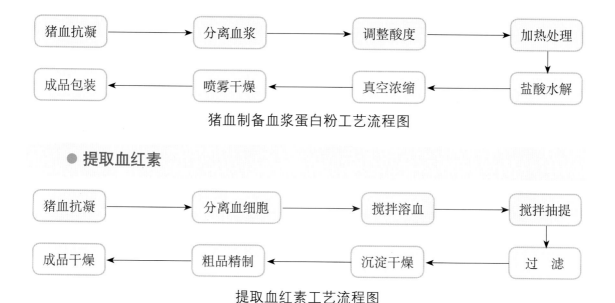

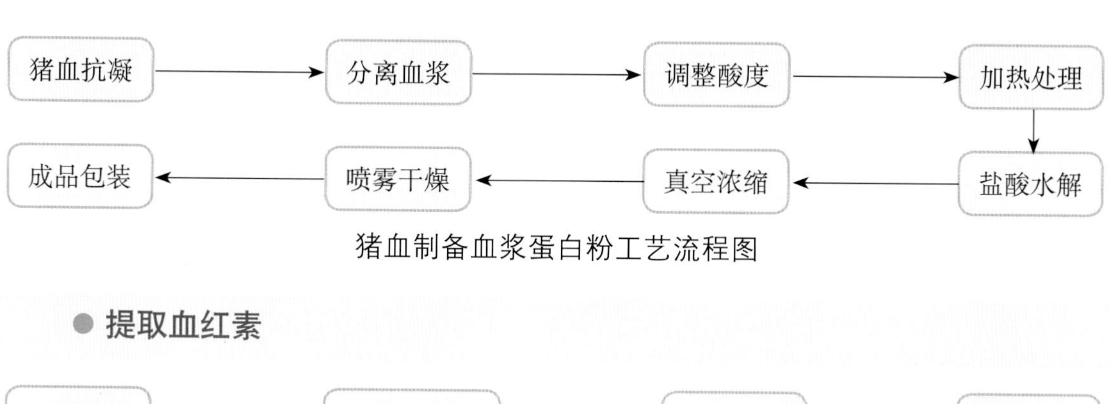
猪血抗凝
分离血浆
调整酸度
加热处理
盐酸水解
真空浓缩
喷雾干燥
成品包装

猪血制备血浆蛋白粉工艺流程图

● 提取血红素

猪血抗凝 → 分离血细胞 → 搅拌溶血 → 搅拌抽提 → 过　滤 → 沉淀干燥 → 粗品精制 → 成品干燥

提取血红素工艺流程图

二、猪皮的利用

● 制取食用明胶

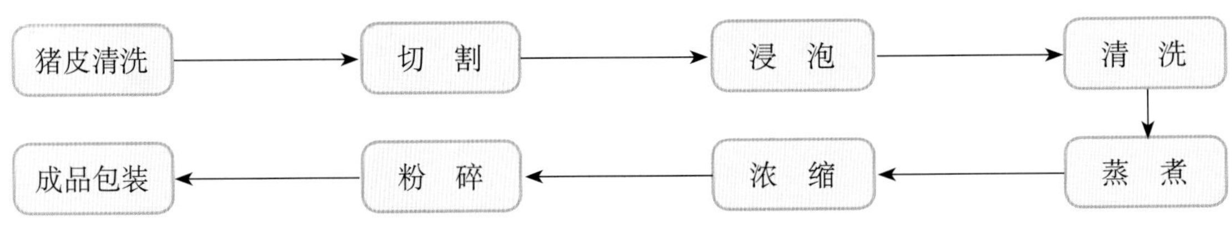
猪皮清洗
切 割
浸 泡
清 洗
蒸 煮
浓 缩
粉 碎
成品包装

猪皮制备食用明胶的工艺流程图

● 猪皮膨化小食品

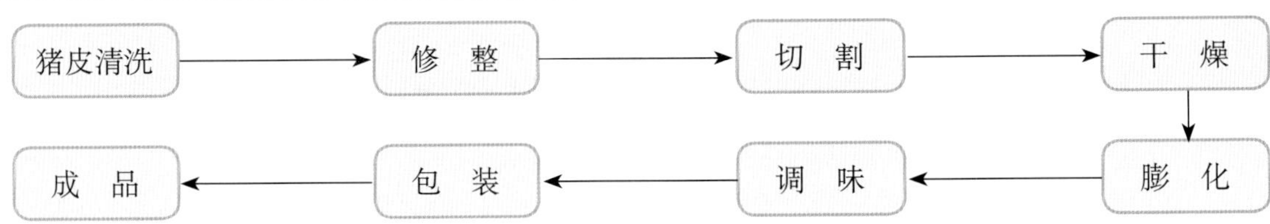
猪皮清洗
修 整
切 割
干 燥
膨 化
调 味
包 装
成 品

膨化猪皮的加工工艺流程图

三、猪鬃的加工

猪鬃即猪的颈部和脊部的刚毛。猪鬃性刚韧而富有弹性，受压后能立即伸直；耐热，在高温下不会熔化；耐潮湿，不受冷热影响；有天然的鳞片状纤维，能吸附油漆，为工业和军需用刷的主要原料。

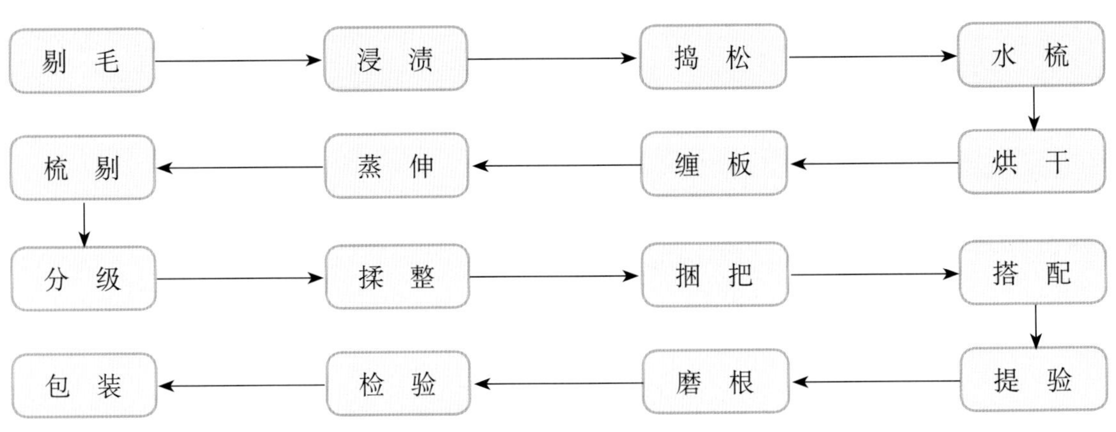
剔 毛
浸 渍
捣 松
水 梳
烘 干
缠 板
蒸 伸
梳 剔
分 级
揉 整
捆 把
搭 配
提 验
磨 根
检 验
包 装

猪鬃的加工工艺流程图

四、猪骨的利用

● **超微细骨粉**　超微细骨粉是近年来采用超微粉碎设备生产的一种粒度小于10微米的产品，其特点是粒度细，高钙低脂，营养全，易于人体吸收。超微细骨粉已成功用于粮食制品、肉制品和调味品的生产。

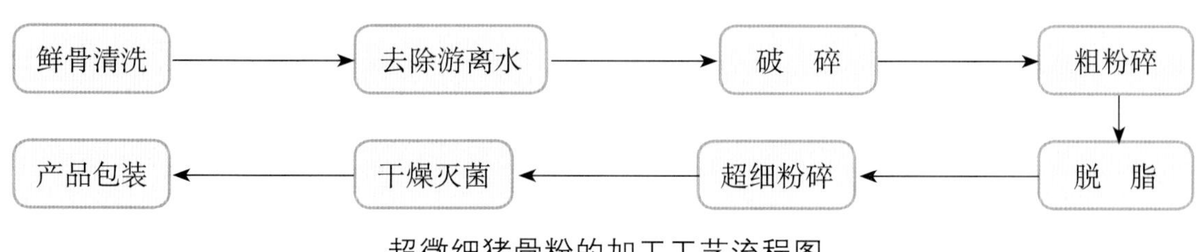
鲜骨清洗
去除游离水
破　碎
粗粉碎
脱　脂
超细粉碎
干燥灭菌
产品包装

超微细猪骨粉的加工工艺流程图

● **猪骨泥**　骨泥也称为骨糊，它是采用超微粉碎系统将鲜骨粉碎成超细的微粒，其口感与肉类食品相似，但其钙、磷含量比肉类更丰富。新鲜猪骨泥可直接添加于香肠、罐头、肉丸子等食品中作为天然补钙添加物，也可进一步加工成骨松、骨味素、骨味汁、骨味肉等系列食品。

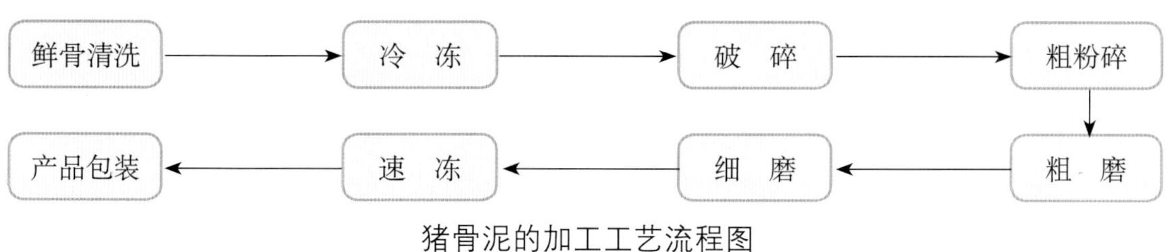
鲜骨清洗
冷　冻
破　碎
粗粉碎
粗　磨
细　磨
速　冻
产品包装

猪骨泥的加工工艺流程图

● **骨胶**

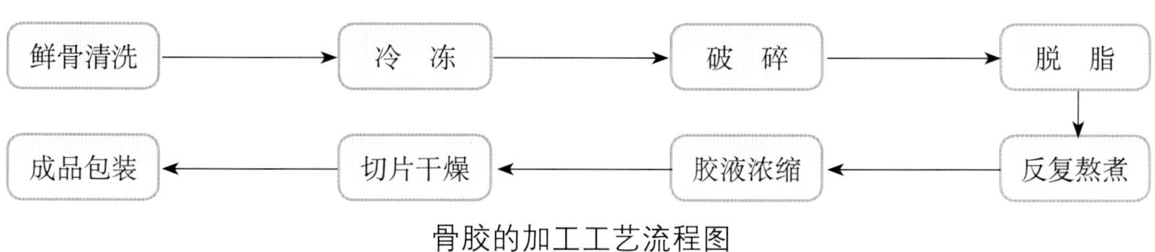
鲜骨清洗
冷　冻
破　碎
脱　脂
反复熬煮
胶液浓缩
切片干燥
成品包装

骨胶的加工工艺流程图

参考文献

褚庆环.2005.动物性食品副产品加工技术.青岛：青岛出版社.

甘孟侯，杨汉春.2005.中国猪病学.北京：中国农业出版社.

葛长荣，等.2002.肉与肉制品工艺学.北京：中国轻工业出版社.

龚利敏，王恬.2010.饲料加工工艺学.北京：中国农业大学出版社.

苟清碧，廖运华. 2009.断奶仔猪的饲养管理. 畜牧与饲料科学(6)：98-99，102.

蒋爱民.2000.畜产食品工艺学.北京：中国农业出版社.

匡宝晓. 2005.保育猪的保健管理. 养猪(2)：48-49.

李帅.2011.妊娠母猪饲养管理.新农业(6)：20.

刘磊，曹阳，宋志刚.2012.化学分析法评估饲料原料营养价值的稳定性初探.饲料工业，33(3)：48-50.

卢荣洲，黄如渠，徐杰，等.2005.添加高能饲料对哺乳母猪生产性能的影响.广西农业科学，36 (5)：462-464.

吕霄鹏.2010.信息化管理在规模化养猪企业中的应用.中国猪业（6）.

骆承庠. 2000.畜产品加工学.北京：中国农业出版社.

马美湖，等.2003.动物性食品加工学.北京：中国轻工业出版社.

南庆贤.2003.肉类工业手册.北京：中国轻工业出版社.

齐凤宝.2009.种公猪的饲养与使用.科学种养(1)：32.

斯特劳. 2008.猪病学. 赵德明，张仲秋，沈建忠，等，译. 9版. 北 京：中国农业大学出版社.

唐春艳，齐德生，张妮娅.2005.添加膨化大豆对哺乳母猪繁殖性能的影响.饲料与养殖(12)：22-23.

夏文水. 2003.肉制品加工原理与技术.北京：化学工业出版社.

谢三星.2007.猪多种病原混合感染症.合肥：安徽科学技术出版社.

徐光明.2009.种公猪的饲养管理及合理利用.中国猪业(94)：29.

杨凤.1999.动物营养学.北京：中国农业出版社.

杨公社 . 2002. 猪生产学 . 北京：中国农业出版社 .

杨光希 . 2000. 提高哺乳母猪的日粮浓度 . 四川畜牧兽医(8)：33.

袁文华 . 2009. 种公猪的“五化”管理技术 . 畜牧与兽医(1)：111.

张放俊 . 2009. 育肥猪的饲养管理 . 畜牧与饲料科学(6)：97.

张克家 . 2009. 中兽医方剂大全 . 北京：中国农业出版社 .

张守全 . 2002. 工厂化猪场人工授精技术 . 成都：四川大学出版社 .

张忠群，郭桂香 . 2012. 夏季妊娠母猪饲养应注意的7个方面 . 养殖技术顾问(3)：14.

郑丕留 . 1986. 中国猪品种志 . 上海：上海科学技术出版社 .

周光宏 . 2002. 畜产品加工学 . 北京：中国轻工业出版社 .

周光宏 . 2008. 肉品加工学 . 北京：中国农业出版社 .

NY/T117—1989　饲料用小麦 .

NY/T211—1992　次粉 .

NY/T126—2005　菜粕 .

NY/T119—1989　小麦麸 .

GB/T17890—1999　饲料用玉米 .

GB/T 19541—2004　饲料用豆粕 .

GB/T21264—2007　饲料用棉籽粕 .

GB/T19614—2003　鱼粉 .

GB23238—2009　种猪常温精液 .

Azain M J. 1993. Effects of addin medium-chain triglycerides to sow diets during late gestation and early lactation on litter performance. J. Anim. Sci.，71：3011-3019.

Dourmad J Y，M Etienne and J Noblet et al. 1996. Reconstitution of body reserves in multiparous sows during pregnancy：effect of energy intake during pregnancy and mobilization during the previous lactation. J. Anim. Sci.，74：2211-2219.

NRC. 2012. Nureiwn Requirements of Swine：Eleventh Revised Edition. The National Academies Press，Washington，D. C.

Whittemore C T. 1996. Nutrition reproduction interactions in primiparous sows. Livestock Production Science，46：65.

图书在版编目（CIP）数据

猪标准化规模养殖图册 / 吴德主编. —北京：中国农业出版社，2013.1
（图解畜禽标准化规模养殖系列丛书）
ISBN 978-7-109-17348-4

Ⅰ. ①猪… Ⅱ. ①吴… Ⅲ. ①养猪学－图解 Ⅳ. ①S828-64

中国版本图书馆CIP数据核字（2012）第264422号

中国农业出版社出版
（北京市朝阳区农展馆北路2号）
（邮政编码 100125）
责任编辑　颜景辰

北京通州皇家印刷厂印刷　　新华书店北京发行所发行
2013年1月第1版　　2013年1月北京第1次印刷

开本：787mm × 1092mm　1/16　　印张：17.5
字数：321千字
定价：168.00元